新型太阳电池

材料·器件·应用

靳瑞敏 等编著

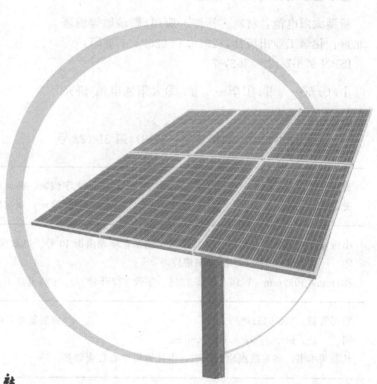

化学工业出版社

·北京·

目前我国太阳能光伏产业仍处于高速发展之中。本书以作者长期实践经验和成果为基础，汲取国内外新技术编写而成，主要内容包括：太阳能利用与太阳电池，太阳电池硅材料，硅片加工，晶硅太阳电池生产，晶硅太阳电池组件生产，太阳电池浆料，硅太阳电池背场铝浆等；还重点介绍了各类新型太阳电池（如上转换材料、钙钛矿太阳电池、量子点太阳电池等），以及太阳电池应用系统与技术（如独立型太阳电池系统、并网太阳电池系统、独混合型太阳电池系统、光伏建筑一体化等），既重视基础理论又涉及应用。

本书内容丰富，语言精练，具有很强的实践指导意义和实用价值。本书可供广大从事新材料、新能源、光伏器件、光伏应用等科研院所、企事业单位及相关学科的科研人员和工程技术人员使用，也可作为相关专业在校师生的教学参考书或教材。

图书在版编目（CIP）数据

新型太阳电池：材料·器件·应用/靳瑞敏等编著.
北京：化学工业出版社，2018.11（2023.1 重印）
ISBN 978-7-122-33027-7

Ⅰ.①新… Ⅱ.①靳… Ⅲ.①太阳能电池-研究
Ⅳ.①TM914.4

中国版本图书馆 CIP 数据核字（2018）第 214083 号

责任编辑：朱　彤		文字编辑：孙凤英
责任校对：边　涛		装帧设计：刘丽华

出版发行：化学工业出版社（北京市东城区青年湖南街 13 号　邮政编码 100011）
印　　装：涿州市般润文化传播有限公司
787mm×1092mm　1/16　印张 12½　字数 327 千字　2023 年 1 月北京第 1 版第 2 次印刷

购书咨询：010-64518888　　　　　　售后服务：010-64518899
网　　址：http://www.cip.com.cn
凡购买本书，如有缺损质量问题，本社销售中心负责调换。

定　　价：59.00 元　　　　　　　　　　　　　　　　　**版权所有　违者必究**

目前我国光伏太阳能产业与太阳电池行业仍然处于高速发展之中。我国太阳能光伏产业从小到大、从弱变强，其应用几乎是从无到有，快速发展；到2015年，无论是太阳能光伏电池、组件产量，还是太阳能光伏的年安装总量，我国已经居于世界第一位。太阳电池能否与常规能源发电技术相竞争并大规模普及，通常存在两个关键问题：一是具有比较低的生产成本；二是具有比较高的光电转换效率。为了解决这些问题，需要太阳电池材料技术和电池工艺技术的密切配合。需要提及的是，我国作为太阳电池生产大国，如何在目前生产技术的基础上，更加有效地利用目前已有的生产线，深入研究太阳电池工艺的改造和太阳电池材料技术、新型太阳电池系统应用技术的创新，这是我国光伏行业面临的重要课题。本书重点关注这一问题，即强调将太阳电池材料和太阳电池工艺、新型太阳电池应用系统与技术紧密配合、相互促进、共同发展，这也是当前太阳电池行业蓬勃发展的显著特征。

本书汲取当前国内外光伏行业更新理论和实践成果编写而成，同时还介绍作者和同仁在这方面的研究和实践。其中，本书第1章介绍太阳能利用与太阳电池，第2章介绍半导体太阳电池原理，第3章介绍太阳电池硅材料，第4章介绍物理法太阳电池多晶硅，第5章～第9章分别介绍了硅片加工、晶硅太阳电池生产、晶硅太阳电池组件生产、太阳电池浆料、硅太阳电池背场铝浆等，第10章介绍新型太阳电池技术及材料，第11章介绍太阳电池应用。作者希望能为广大太阳电池技术领域工作者提供一本有参考价值的参考书。另外，本书还结合大量太阳电池相关生产一线的具体实际操作内容，因此可以作为太阳电池技术领域和将要进军该领域的企业和公司的专业知识培训教材。本书可供广大从事新材料、新能源、光伏发电、光伏器件等科研院所、企事业单位及相关学科的科研人员和工程技术人员使用，也可作为相关专业在校师生的教学参考书或教材。

全书具体编写分工如下：由靳瑞敏教授编写第1章、第2章，第6章～第11章；洛阳师范学院张相辉博士编写第3章、第4章；洛阳师范学院张伟英博士编写第5章。

由于太阳电池技术发展迅速。由于作者的知识面和水平有限，书中肯定会存在疏漏，恳请读者批评指正。

编著者
2018 年 5 月

CONTENTS

目 录

第1章 太阳能利用与太阳电池

第2章 半导体太阳电池原理

第3章 太阳电池硅材料

第4章 物理法太阳电池多晶硅

第8章　太阳电池浆料

第9章　硅太阳电池背场铝浆

第10章　新型太阳电池技术及材料

第11章 太阳电池应用

参考文献

第1章
太阳能利用与太阳电池

1.1 太阳能与可再生能源

万物生长靠太阳。地球上的风能、水能、海洋温差能、波浪能和生物质能以及部分潮汐能都是来源于太阳；即使是地球上的化石燃料（如煤、石油、天然气等），从根本上说也是远古以来储存下来的太阳能。太阳是离地球最近的一颗自己发光的天体，它给地球带来了光和热。太阳的活动来源于其中心部分，中心温度高达1500万摄氏度，在这里发生着核聚变，太阳能是太阳内部连续不断的核聚变反应过程产生的能量。聚变产生能量并被释放至太阳表面，通过对流过程散发出光和热。太阳核心的能量需要通过几百万年才能到达它的表面，因此使太阳能够发光。到现在为止太阳的年龄约为46亿年，它还可以继续燃烧约50亿年。因此，可以说太阳能是取之不尽、用之不竭的能源。全球年消耗能量的总和只相当于太阳40min内投射到地球表面的能量。太阳辐射能来源于其内部的热核反应，每秒转换的能量约为4×10^{26}J，基本上都是以电磁辐射的形式发射出来。通常将太阳看成是温度6000K、波长$0.3 \sim 3.0 \mu m$的辐射体，辐射波长的分布从紫外区到红外区。尽管地球所接收到的太阳辐射能量仅为太阳向宇宙空间放射的总辐射能量的二十二亿分之一，达到地球大气层外的太阳辐射能在$132.8 \sim 141.8 mW/cm^2$之间，被大气反射、散射和吸收之后，约有70%投射到地面，但已高达1.73×10^{15}W；也就是说太阳每秒钟照射到地球上的能量就相当于500万吨煤燃烧的能量，是全球能耗的数万倍。

从能源的利用特点划分，能源分为可再生能源和不可再生能源。可再生能源是指原材料可以再生的能源，如风能、生物能、地热能、水能和太阳能等能源。可再生能源不存在能源耗竭的可能，因此日益受到许多国家的重视，尤其是能源短缺的国家。

（1）风能

风能是地球表面大量空气流动所产生的动能。由于地面各处受太阳辐照后气温变化不同和空气中水蒸气含量不同，因而引起各地气压的差异，在水平方向高压空气向低压地区流动，即形成风。风能资源取决于风能密度和可利用的风能年累积时间（小时）。风能密度是单位迎风面积可获得的风的功率，与风速的三次方和空气密度成正比关系。据估算，全世界的风能总量约1300亿千瓦。风能资源受地形影响较大，世界风能资源多集中在沿海和开阔大陆的收缩地带。在自然界中，风是一种可再生、无污染而且储量巨大的能源。随着全球气候变暖和能源危机，各国都在加紧对风力的开发和利用，尽量减少二氧化碳等温室气体的排放，保护我们赖以生存的地球。风能利用主要有风能作为动力和风力发电两种形式，其中又以风力发电为主。

（2）生物能

生物能是太阳能以化学能形式储存在生物中的一种能量形式，一种以生物质为载体的能量，它直接或间接地来源于植物的光合作用。光化学反应不同于热化学反应，只要光的波长能被物质所吸收，就是在较低温度下依然可以进行。光化学应用常见的有绿色植物的光合作用，通过植物的光合作用，太阳能把二氧化碳和水合成有机物（生物质能）并放出氧气。光合作用是地球上最大规模转换太阳能的过程，现代人类所用燃料是远古和当今光合作用所固定的太阳能。目前，光合作用机理尚不完全清楚，能量转换效率一般只有百分之几，对其机理的研究具有重大的理论意义和实际意义。

（3）地热能

地热能是由地壳抽取的天然热能，这种能量来自地球内部的熔岩，并以热力形式存在，是引致火山爆发及地震的能量。地球内部的温度高达7000℃，而在80～100km的深度处，温度会降至650～1200℃。透过地下水的流动和熔岩涌至离地面1～5km的地壳，热力被转送至较接近地面的地方。高温熔岩将附近的地下水加热，这些加热了的水最终会渗出地面。运用地热能最简单和最合乎成本效益的方法，就是直接取用这些热源，并抽取其能量。地热能的利用形式：①200～400℃直接发电及综合利用；②150～200℃双循环发电，制冷，工业干燥，工业热加工；③100～150℃双循环发电，供暖，制冷，工业干燥，脱水加工，回收盐类，罐头食品；④50～100℃供暖，温室，家庭用热水，工业干燥；⑤20～50℃沐浴，水产养殖，饲养牲畜，土壤加温，脱水加工。现在许多国家为了提高地热能利用率，采用梯级开发和综合利用的办法，如热电联产联供、热电冷三联产、先供暖后养殖等。

（4）水能

水能是一种可再生能源，是清洁能源，是指水体的动能、势能和压力能等能量资源。广义的水能资源包括河流水能、潮汐水能、波浪能、海流能等能量资源；狭义的水能资源指河流的水能资源。水不仅可以直接被人类利用，它还是能量的载体。太阳能驱动地球上的水循环，使之持续进行。地表水的流动是重要的一环，在落差大、流量大的地区，水能资源丰富。随着矿物燃料的日渐减少，水能是非常重要且前景广阔的替代资源。目前世界上水力发电还处于起步阶段。河流、潮汐、波浪以及涌浪等水运动均可以用来发电。

（5）太阳能

地面接收到的太阳能包括直接辐射能和散射辐射能。直接接收到不改变方向的太阳辐射称为直接太阳辐射；被大气层反射和散射后方向改变的太阳辐射称为散射辐射。为了定量描述太阳能，需要引入一些概念。在地球位于日地平均距离处时，地球大气上界垂直于太阳光线的单位面积在单位时间内所受到的太阳辐射的全谱总能量，称为太阳常数。太阳常数的数值为$1353W/m^2$，常用单位为W/m^2。将大气对地球表面接收太阳光的影响程度定义为大气质量（AM）。大气质量是一个无量纲量，它是太阳光线穿过地球大气的路径与太阳光线在天顶角方向时穿过大气路径之比，并假定在标准大气压（101325Pa）和气温0℃时，海平面上太阳光垂直入射的路径为1。AM数值不同，太阳光谱会产生不同的

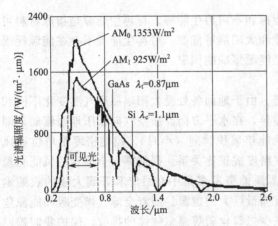

图1.1 AM_0和AM_1太阳光谱

变化。当太阳辐射强度为太阳能常数时，大气质量记为 AM_0，AM_0 光谱适合于人造卫星和宇宙飞船上的情况。大气质量 AM_1 的光谱对应于直射到地球表面的太阳光谱（其入射光功率为 $925W/cm^2$）。图 1.1 是 AM_0 和 AM_1 两种条件下的太阳光谱，它们之间的差别是由大气对太阳光的吸收引起的衰减造成的，主要来自臭氧层对紫外线的吸收和水蒸气对红外光的吸收，以及空气中尘埃和悬浮物的散射。图中太阳光谱辐照度 $E_\lambda = dE/d\lambda$，其中 E 为单位波长间隔的太阳辐射度，给定波长 λ。太阳光谱的这些特点对太阳能电池材料的选择是一个很重要的因素。

太阳活动同地球上的一些现象存在密切关系。现在，人们已经发现太阳活动在以下几方面对地球有显著影响。太阳活动中的耀斑和黑子对地球的电离层、磁场和极区有显著的地球物理效应，使地面的无线电短波通信受到影响，甚至出现短暂的中断，这被称为"电离层突然骚扰"。这些反映几乎与大耀斑的爆发同时出现。磁场沿磁力线下来，与色球层气体相碰撞，使中性线两侧磁力线的足跟部位发光，成为人们所见到的耀斑。耀斑本身是磁场不稳定的结果。正是由于磁场这种非平衡状态，导致了耀斑的爆发，以达到磁场新的平衡，耀斑的爆发过程同时也是大量能量释放过程。较大的耀斑爆发温度可达几千万度甚至上亿度，并且有很强的 X 射线、紫外线以及高能质子放出。这些强烈的辐射光线增加了氢原子的压力，使氢原子、离子及其他微粒以超过 $1000km/s$ 的速度抛出，成为太阳的微粒辐射。"磁暴"现象说明整个地球是一个大磁场，地球的周围充满了磁力线。当耀斑出现时，其附近向外发射高能粒子，带电的粒子运动时产生磁场，当它到达地球时，便扰乱原来的磁场，引起地磁的变动。发生磁暴时，磁场强度变化很大，对人类活动特别是与地磁有关的工作会有很大影响。太阳影响地球的现象还有极光现象：地球南北纬两极地区，在晚上甚至在白天，常常可以看见天空中闪耀着淡绿色或红色、粉红色的光带或光弧，叫作极光。这是因为来自太阳活动的带电高能粒子流到达地球时，在磁场的作用下奔向极区，使极区高层大气分子或原子激发或电离而产生光。太阳的远紫外线和太阳风会影响大气的密度，大气密度的变化周期为 11 年，显然与太阳活动有关。太阳活动还可能影响到大气温度和臭氧层，进而影响到农作物的产量和自然生态系统的平衡。由于太阳活动对人类有影响，特别是在航天、无线电通信、气象等方面影响显著，因此，研究太阳活动，特别是太阳耀斑发生的规律，并设法进行预报，对太阳能的利用具有重要的价值。

1.2　太阳能光伏应用

从原则上讲，太阳能可以转化为任何形式的能量。太阳能转化为热能（见图 1.2）是最常见的一种，比如家庭用的太阳能热水器。光热利用主要为采暖和制冷。一般来说黑色吸收面吸收太阳辐射性能好，可以将太阳能转换成热能，但辐射热损失大，选择性吸收面具有高的太阳吸收比和低的发射比，吸收太阳辐射的性能好，且辐射热损失小，是比较理想的太阳能吸收面。

太阳能利用涉及的技术问题很多，太阳辐射的能流密度低，在利用太阳能时为了获得足够的能量，必须采用一定的技术和装置，对太阳能进行采集、储存、利用。所以，根据太阳能的特点，具有共性的技术主要有四项，即太阳能采集、太阳能转换、太阳能储存和太阳能传输。

本书主要讲述太阳能-电能转换，称为光伏效应，就是通常所说的太阳能电池，简称太阳电池（见图 1.3～图 1.5）。

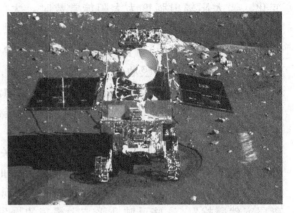

图1.2 太阳能热利用（作者摄于中国
西藏自治区布达拉宫前）

图1.3 探月工程太阳能光伏发电

图1.4 太阳能电池汽车

图1.5 太阳能电池飞机

1.3 太阳电池的发展

在20世纪50年代，第一块实用化的硅太阳电池在美国贝尔实验室诞生了，不久后它即被用于人造卫星的发电系统上。迄今为止，太空中成千上万的飞行器都装备了太阳电池发电系统。由于当时发电成本过高，太阳电池在地面上的应用一直停滞不前，应用不广，主要在通信、农业灌溉等领域作为补充能源。直到20世纪70年代世界开始出现"石油危机"后，地面大规模应用太阳电池发电系统才被列上许多国家的议事日程。进入20世纪80年代，人口快速增长和工业化造成了三个全球性难题：能源短缺、生态破坏和环境污染。因为人类所使用的能源80%以上是由矿物燃料提供的，其中煤炭占28%、石油超过40%。人类每年要燃烧40亿吨煤、25亿吨石油，并以每年大约3%的速度增长。矿物燃料燃烧排放的是温室气体和有毒物质，它们使地球的生态环境急剧恶化。另外，矿物燃料的燃烧每年向大气释放的二氧化碳、二氧化硫以及氮氧化物等有害气体，是造成温室效应和酸雨的主要因素。

人们认识到，常规能源不仅数量有限，而且使用时对环境的污染和生态平衡的破坏日益严重，威胁人类的正常发展。人类要生存下去，现代文明要持续地发展下去，必须寻找一条可持续发展的清洁的能源道路。

我国是"京都议定书"的签字国，我国二氧化硫排放量居世界第一位、二氧化碳排放量居世界第一位，我国将面临越来越大的减排义务的国际压力。同时，对我国人民来讲，也只有减排温室气体，才能逐步改善我们的生存环境，这都要求我们大力发展可再生能源。自1980年以来，中国的能源总消耗量每年增长约5%，为世界平均增长率的近3倍，目前的能源储量与未来发展需求之间存在巨大的缺口，而这个缺口也将越来越大。由于我国石油产量不可能大幅增长，今后新增的石油需求量几乎要全部依靠进口。我国也是世界第一大油品进口国，作为稀缺资源，石油历来被视为战略物资被世界各国所争夺。石油对外依存度过高使我国能源安全出现问题。因此，国家《可再生能源中长期发展规划》（以下简称"规划"）提出在2020年将可再生能源占一次能源的总比重发展到15%。不过，《规划》并没有给太阳能提出很高目标，到2020年的规划光伏发电量只有180万千瓦，这主要是因为太阳能的能量分布十分分散，并且制造太阳能设备需要比较高的能耗和碳排放量，这就需要我们降低太阳能材料的生产成本并提高其光电转换效率。

太阳能光伏发电具有无污染、资源的普遍性和不枯竭等优点，符合保护环境和可持续发展的要求。因此，全人类再次把目光集中到太阳能发电上，各国政府对此高度重视。如美国政府1970年制定有一系列的建筑法规，1978年又将一些法规作为法律写进了国家能源法，硬性要求建筑必须与节能相结合，对购买太阳能系统的买主实行减免税等优惠政策；1997年又计划到2010年要为100万美国家庭安装3～5kW的光伏屋顶，并公布国家光伏计划和2020～2030年的长期规划。该项规划宏大且富有挑战性，美国将其与阿波罗登月计划相媲美，决心使光伏技术像其他能源技术一样得到发展，使太阳电池板安装在每一个房屋上。

德国的政策核心是提供优惠贷款、津贴以及向可再生能源生产者给予较高标准的固定补贴。1990年制定的《电力输送法》中规定，对中型到大型电力用户按居民电价的90%支付风能、太阳能、水力以及生物能生产的电力。对于投资可再生能源的企业，国家还以低于市场利率的优惠利率，提供相当于设备投资成本75%的优惠贷款。德国从1999年起开始推行"10万屋顶"计划，准备在6年中资助10万户家庭装备太阳能电池设备，计划的主要手段是由商业银行向消费者直接提供优惠贷款。

荷兰政府通过提供一系列财政、税收和金融优惠，促进可再生能源开发利用，主要包括加速企业折旧、税收抵扣、对可再生能源项目提供低于市场利率的优惠贷款，以及向独立采用可再生能源等有利于环境的家庭给予低息贷款等；对按国家要求购买了新能源电力的电力工地的新能源电力，采取按比例分配方式销售给有关用户，以收回因此投入的燃料和设备成本；对制造污染但无法再循环利用的企业，征收能源税；建立绿色定价计划，使消费者可以在购买可再生能源电力时，得到奖励性津贴；制定以可再生能源为基础的国家电力标准，向被支持企业做出市场化努力。

英国和上述几个国家不同，英国通过一种称为"非化石燃料义务"的政策手段，来促进可再生能源发展。在"非化石燃料义务"政策框架内，电力供应商必须购买一定量的非化石能源电力。

日本开发的重点是太阳能电池和风能。比较突出的项目是1997年之前推行的"万户屋顶"计划。该计划是通过对电力消耗征收附加税的方式筹资，对所有装备太阳能装备的家庭，给予相当于设备成本三分之一的津贴；同时，电力部门承诺以市场价格回购太阳能装置生产的超出家庭消耗需求的电。日本1997年通过的新能源法，主要政策手段是政府动员各大能源供应商积极购买通过可再生能源方式生产的电力，电力公司要对用可再生能源设备生产的电力支付零售电价；购电合同期为15年，合同期内购电价水平依市场电价随时调整。

1996年联合国召开了"世界太阳能高峰会议"，再次要求全球共同行动，广泛利用太阳能并发表了一系列重要文件，表示了联合国和世界各国对开发太阳能的坚定决心。欧盟还发布了

《可再生能源白皮书》，要求在 2010 年生产 6000 MW 光伏电池，预计仅美国、日本、欧盟的光伏电池生产就可能超过 15300 MW。从 1999 年开始，光伏产业快速发展；在最近十年中，光伏组件的产量增长近 10 倍，而价格下降了 3/4。据美国有关研究所的报告预测，未来光伏产业将与信息产业、通信产业一起，成为全球发展最快的产业之一。据 2004 年发表的欧盟光伏研发路线图指出，2000 年常规能源和核能在能源结构中的比例大约为 80%，可再生能源的比例为 20%。在可再生能源中主要是生物能，太阳能占的比例很小，但到 2050 年常规能源和核能的比例将下降到 47%，可再生能源则上升到 53%。在可再生能源中，太阳能（包括太阳能热利用和太阳能发电）将占据首位，占总能源的 29%。特别值得指出的是，其中仅太阳能发电就占总能源的 25%，将占世界总发电量的 1/5，太阳能将成为常规能源的重要替代者，如图 1.6 所示。另外，生产规模的扩大与产品的价格成反比。随着太阳电池制作成本的降低和生产能力的提高，进一步降低成本的潜力使其完全有可能成为替代能源。

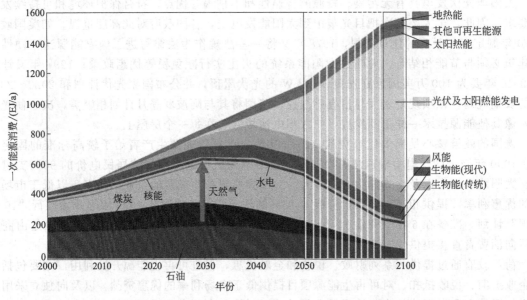

图 1.6　2000～2100 年太阳能发电在能源市场上的预测

　　我国是能源进口国，能源紧缺已成为我国经济持续快速发展的瓶颈，随着我国经济的高速发展，能源消耗还将有大幅度增加。考虑到环境保护的目标，大力发展可再生能源是最佳选择。我国太阳能极为丰富，我国陆地表面接收的太阳辐射能约为每年 50×10^{18} kJ，年辐射总量达到 $335 \sim 837$ kJ/cm^2。从全国太阳能年辐射总量的分布来看，西藏、青海、新疆、内蒙古南部、山西、陕西北部、河北、山东、辽宁、吉林西部、云南中部和西南部、广东东南部、福建东南部、海南岛东部和西部以及台湾的西南部等广大地区的太阳辐射总量很大，全国 2/3 国土年平均日照 2000h 以上，仅 84 万平方公里的沙漠就有太阳能 8400 亿千瓦，是可再生能源中数量最大的，尤其是青藏高原地区，那里平均海拔在 4000m 以上，大气层薄而清洁，透明度好，纬度低，日照时间长。例如，被人们称为日光城的拉萨市 1961～1970 年年平均日照时间为 3005.7h，年平均晴天为 108.5 天，太阳总辐射为 816kJ。另外，我国仍然有交通不方便的边远山区的供电问题得不到解决，因为长途供应成本太大，而太阳能发电主要应用于独立用户系统，所以，这为我国太阳能电池的发展应用提供了优越的条件和巨大的市场。

　　2013 年至今，我国政府连续下发一系列文件，大大推进了光伏发电的普及。近年来，我国光伏产业发展迅速，我国应继续抓住这一难得的战略机遇，大力加强太阳能发电新技术的研究和开发，加快我国太阳电池工业的发展步伐，为我国经济发展提供结构合理的能源保障体系。

太阳能发电原理即光伏效应是 1839 年法国 Becqueral 第一次在化学电池中观察到的；1887 年第一块太阳电池问世，其转换效率为 $1\%\sim2\%$；硅太阳电池出现于 1941 年；1876 年在固态硒（Se）的系统中也观察到了光伏效应。1954 年，贝尔实验室 Chapin 等人开发出效率为 6% 的单晶硅太阳电池；硅太阳电池于 1958 年首先在航天器上得到应用。在随后的十多年里，硅太阳电池在空间应用中不断扩大，工艺不断改进，电池设计逐步定型。20 世纪 70 年代初，许多新技术引入电池制造工艺，转换效率有了很大提高。与此同时，硅太阳电池开始引入地面应用，20 世纪 70 年代末，地面太阳电池产量已经超过了空间电池产量，促使成本不断降低。20 世纪 80 年代初，硅太阳电池进入快速发展时期，技术进步和研究开发使太阳电池效率进一步提高，商业化生产成本持续降低，应用不断扩大。

从电池效率的发展划分的话，$1954\sim1960$ 年是第一个发展阶段：1954 年贝尔实验室 Chapin 等开发出效率为 6% 的单晶硅太阳电池；1960 年提升太阳电池效率的主要技术是使硅材料的制备工艺日趋完善，硅材料的质量不断提高，这一期间电池效率为 15%。$1972\sim1985$ 年是第二个发展阶段，背电场电池（BSF）技术、"浅结"结构、绒面技术、密栅金属化是这一阶段的代表技术，电池效率提高到 17%，电池成本大幅度下降。1985 年后是电池发展的第三阶段，随着各种各样的电池新技术和新材料的出现，改进了电池性能，提高了其光电转换效率，如表面与体钝化技术、Al/P 吸杂技术、选择性发射区技术、双层减反射膜技术等。目前相当多的技术、材料和设备正在逐渐突破实验室的限制而应用到产业化生产当中来，高效太阳电池的概念也已经提出。

总之，由于太阳能发电具有充分的清洁性、绝对的安全性、资源的相对广泛性和充足性、长寿命以及易于维护等其他常规能源所不具备的优点，光伏能源被认为是 21 世纪最重要的新能源之一，光伏发电对解决人类能源危机和环境问题具有重要的意义。

习　题

问答题。
1. 简述太阳能利用的几种形式。
2. 说明太阳能光伏发电的必要性。

第 2 章
半导体太阳电池原理

2.1 半导体简介

为了说明光伏效应这一概念，我们要从半导体说起。固体材料按照导电性能，可分为绝缘体、导体和半导体。通俗地讲，能够导电的称为导体；不能导电的称为绝缘体；介于导体与绝缘体之间的称为半导体。不同材料的导电性如图 2.1 所示。

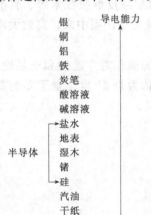

图 2.1　不同材料的导电性

半导体材料的种类很多，可分为无机半导体和有机半导体。又可按其化学成分，分为元素半导体和化合物半导体；按其是否含有杂质，可分为本征半导体和杂质半导体。杂质半导体按其导电类型，又分为 N 型半导体和 P 型半导体。此外，根据半导体材料的物理特性，还有磁性半导体、压电半导体、铁电半导体、有机半导体、玻璃半导体、气敏半导体等之分。目前获得广泛应用的半导体材料有锗、硅、硒、砷化镓、磷化镓、硫化镉、锑化铟等，其中锗、硅材料的半导体生产技术最为成熟、应用得最多。

自然界中物质存在的形态有气态、液态和固态。固体材料是由原子组成的，原子是由原子核及其周围的电子构成的，一些电子脱离原子核的束缚，能够自由运动时，称为自由电子。金属之所以容易导电，是因为在金属体内有大量能够自由运动的电子，在电场的作用下，这些电子有规则地沿着电场的相反方向流动，形成电流。自由电子的数量越多，或者它们在电场的作用下有规则流动的平均速度越高，电流就越大，我们把这种运载电量的粒子，称为载流子。在常温下，绝缘体内仅有极少量的自由电子，因此对外不呈现导电性。半导体内有少量的自由电子，在一些特定条件下才能导电。半导体的导电能力介于导体与绝缘体之间。

半导体材料是一类具有半导体性能、可用来制作半导体器件和集成电路的电子材料，其电导率在 $10^{-3} \sim 10^{-9}$ S/cm 范围内。半导体材料的电学性质对光、热、电、磁等外界因素的变化十分敏感，在半导体材料中掺入少量杂质可以控制这类材料的电导率。首先，掺入微量杂质可以使半导体的导电能力大大增强。其次，通过控制温度可以控制半导体的性质。当环境温度升高时，半导体的导电能力就会显著增加；当环境温度下降时，半导体的导电能力就会显著下降。这种特性称为半导体的"热敏性"。热敏电阻就是利用半导体的这种特性制成的。此外，很多半导体对光十分敏感，当有光照射在这些半导体上时，这些半导体就像导体一样，具有较强的导电能力。

尽管半导体材料种类众多，但是归结起来都有以下相同的基本特征。

① 电阻率特性。电阻率在杂质、光、电、磁等因素的作用下，可以产生大范围的波动，从而使其电学性能可以被调控。

② 导电特性。有两种导电的载流子：一种是电子，为带负电荷的载流子；另一种就是空穴，为带正电荷的载流子。而在普通的金属导体中，导电的载流子仅仅是电子。

③ 负的电阻率温度系数。随温度的升高，其电阻率下降；而金属则恰恰相反，随温度的升高，电阻率也增大。

④ 整流特性。半导体具有单向导电性能。

⑤ 光电特性。能在太阳的光照射下产生光生电荷载流子效应。

正是利用半导体材料的这些性质，才制造出功能多样的半导体器件。半导体材料按化学成分和内部结构，大致可分为以下几类。

① 元素半导体有锗、硅等。20世纪50年代，锗在半导体中占主导地位，但锗半导体器件的耐高温和抗辐射性能较差，到20世纪60年代后期逐渐被硅材料取代。用硅制造的半导体器件，耐高温和抗辐射性能较好，特别适宜制作大功率器件。因此，硅已成为应用最多的一种半导体材料。

② 化合物半导体。由两种或两种以上的元素化合而成的半导体材料。它的种类很多，常用的有砷化镓、磷化铟、锑化铟、碳化硅、硫化镉及镓砷硅等。其中，砷化镓是制造微波器件和集成电路的重要材料。碳化硅由于其抗辐射能力强、耐高温和化学稳定性好，在航天技术领域有广泛应用。

③ 无定形半导体材料。是一种非晶体无定形半导体材料，分为氧化物玻璃和非氧化物玻璃两种。这类材料具有良好的记忆特性和很强的抗辐射能力，主要用来制造阈值开关、记忆开关和固体显示器件。

④ 有机半导体材料。已知的有机半导体材料有几十种，其中有一些目前尚未得到应用。

2.1.1　晶体结构

固态物质可根据它们的质点（原子、离子和分子）排列规则的不同，分为晶体和非晶体两大类。具有确定熔点的固态物质称为晶体，如硅、砷化镓、冰及一般金属等；没有确定的熔点、加热时在某一温度范围内逐渐软化的固态物质称为非晶体，如玻璃、松香等。所有晶体都是由原子、分子、离子或这些粒子集团在空间按一定规则排列而成的。这种对称、有规则的排列，叫作晶体的点阵或晶体格子，简称晶格。最小的晶格，称为晶胞。晶胞的各向长度称为晶格常数；将晶格周期地重复排列起来，就构成为晶体。晶体分为单晶体和多晶体。整块材料从头到尾都按同一规则作周期性排列的晶体，称为单晶体。整个晶体由多个同样成分、同样晶体结构的小晶体（即晶粒）组成的晶体，称为多晶体。在多晶体中，每个小晶体中的原子排列顺序的位向是不同的。非晶体没有上述特征，组成它们的质点的排列是无规则的，而是"短程有序、长程无序"的排列，所以又称为无定形态。一般的硅棒是单晶体，粗制的冶金硅和利用蒸发或气相沉积制成的硅薄膜为多晶硅，也可以认为是无定形硅。

图2.2所示为硅的原子结构。图2.3所示为晶体硅的晶胞结构。它可以看作是两个面心立方晶胞沿对角线方向上位移1/4互相套构而成。这种结构被称为金刚石式结构。硅（Si）、锗（Ge）等重要半导体均为金刚石式结构。1个硅原子和4个相邻的硅原子由共价键连接，这4个硅原子恰好在正四面体的4个顶角上，而四面体的中心是另一硅原子。硅原子可以作许多间距相同而互相平行的平面，称为晶面。垂直于晶面的法线方向，称为晶向。具有同一晶向的所

有晶面都相似，称为晶面族。一块晶体可以划分出许多晶面族。为区分硅的不同晶面和晶向，可设想利用 3 个互相垂直的坐标轴，将每一个晶面在空间的位置用其余这 3 个坐标轴相截的关系来表示。通常用各轴上截距的倒数即晶面指数来表示。如图 2.4 所示，其中（111）面指的晶面与坐标系的"X、Y、Z"3 个轴的截距的倒数为 1 个周期；（110）面指的是晶面与坐标系 X、Y 轴的截距的倒数为 1 个周期，Z 轴为 0 表示它平行于 Z 轴；（100）面为只截取 X 轴而平行于 Y 轴和 Z 轴的任何平面。常见晶体硅的主要晶面，即为这 3 个晶面。

晶体具有各向异性的特征，即在不同的晶面某些物理性质和化学性质会有很大差别。

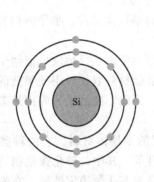

图 2.2　硅的原子结构

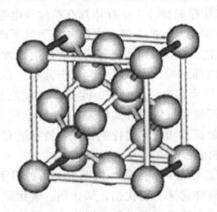

图 2.3　晶体硅的晶胞结构

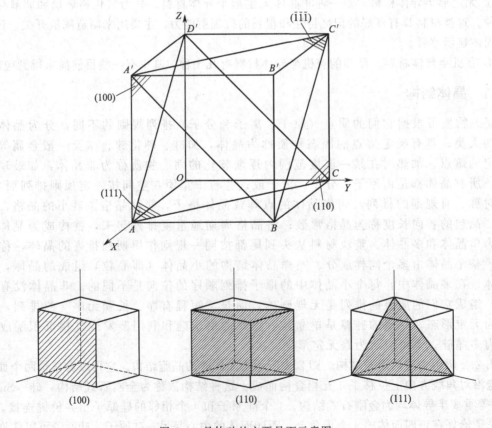

图 2.4　晶体硅的主要晶面示意图

2.1.2 能带

从能带的角度解释，半导体的导电性介于导体和绝缘体之间的原因在于半导体能带的带隙。自由空间的电子所能得到的能量值基本上是连续的，但在半导体中，因为量子效应，孤立原子中的电子占据非常固定的一组分立的能线，当孤立原子相互靠近时，规则整齐排列的晶体中，由于各原子的核外电子相互作用，本来孤立的、分离的原子相互重叠，变成带状，称为能带。

具体来讲，原子的壳层模型认为，原子的中心是一个带正电荷的核，核外存在着一系列不连续的、由电子运动轨道构成的壳层，电子只能在壳层里绕核运动。在稳定状态，每个壳层里运动的电子具有一定的能量状态，所以一个壳层相当于一个能量等级，称为能级。一个能级也表示电子的一种运动状态。

电子在壳层中的分布，应满足如下两个基本原理：①泡利不相容原理，即原子中不可能有两个或两个以上的电子处于量子数都相当的同一运动状态中；②能量最小原理，即原子中每个电子都有优先占据能量最低的空能级的趋势。

一种元素的化学性质和物理性质是由其原子结构决定的，其中外层电子的数目起着最为重要的作用。原子和原子的结合，主要靠外层的相互交合以及价电子运动的变化。电子在原子核周围运动时，每一层轨道上的电子都有确定的能量，最里层的轨道相应于最低的能量，第二层轨道具有较大的能量，越是外层的电子受原子核的束缚越弱，从而能量越大。电子不存在具有两层轨道中间的能量状态。为形象起见，可用一系列高低不同的水平线来表示电子在两层轨道中运动所能取得的能量值。这些横线就是标志电子能量高低的电子能级。

在一个孤立的原子中，电子只能在各个允许的不同轨道上运动，不同轨道的电子能量不同。在晶体中，原子之间的距离很近，相邻原子的电子轨道相互重叠、相互影响，每个原子的电场相互叠加。这样，与轨道相对应的能级，就不是单一的电子能级，而是分裂为能量非常接近但又大小不同的许多电子能级。这些由许多条能量相差很小的电子能级所组成的区域，看上去像一条带子，因而称为能带。每层轨道都有一个对应的能带，如图2.5所示。外层的电子由于受相邻原子的影响较大，它所对应的能带较宽；内层的电子则由于受到相邻原子的影响较小，其所对应的能带则较窄。电子在每个能带中的分布，一般是先填满较低的能级，然后逐步填充能量较高的能级，并且每条能级只允许填充两个具有相同能量的电子，如图2.6所示。

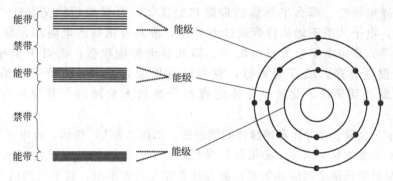

图2.5 电子轨道对应的能带

内层电子能级所对应的能带，都是被电子填满的。最外层价电子能级所对应的能带，有的被电子填满，有的未被填满，这主要取决于晶体的种类。例如，铜、银等金属晶体的价电子能带有一半的能级是空的，而硅、锗等半导体晶体的价电子能带则全部被电子填满。

图 2.6 电子在能带上的分布

在0K（热力学温度）时电子在能带中所占据的最高充填能级称为费米能级。能带中电子按能量从低到高的顺序依次占据能级。与最外层价电子能级对应的能带称为价带。价带上方是未被电子占据的空能带。价电子到达该空带后将能参与导电，该空能带又称为导带。能带被价带占据的方式决定了介质的导电性能。导体中存在部分被电子占据、能参与导电的导带，导带中的电子在本带内跃迁所需的能量非常小，使得电子的动量发生连续改变，因而形成宏观定向移动；绝缘体中只存在满带和空带，电子的跃迁只能在不同能带之间进行，这就需要很大的能量，一般不易发生；半导体中的能带虽然也是满带，但是满带和空带之间的能隙非常小或有交叠，在外界的作用下（如光照、升温等）很容易形成一个导带，但它的导电能力远不及导体。

半导体的能量最高的几个能带分别是导带和价带。电子就处于导带中，一般是在导带底附近，导带底就相当于电子的势能；空穴就处于价带中，一般是在价带顶附近，价带顶就相当于空穴的势能。价带和导带之间不存在能级的能量范围叫作禁带。禁带的能量宽度便称为带隙，如图 2.7 所示。

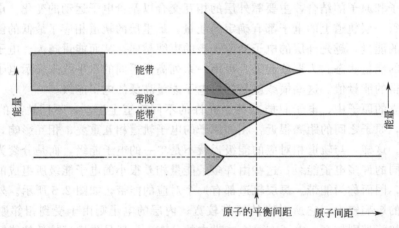

图 2.7 能带和带隙

由于带隙反映了固体原子中最外层被束缚电子变为自由电子所需的能量，因此带隙决定了固体的导电特性。那么半导体的带隙和绝缘体、金属的带隙又有什么区别呢？绝缘体的带隙宽，电子几乎不能从价带跃迁到导带，故具有很高的电阻率，即几乎不导电；金属的带隙为零，价带电子全为自由电子，因此导电性能很强；而对于半导体而言，其带隙较窄，当温度升高，或者受光照，或者经过掺杂后，半导体价带中的电子很容易就能够从价带跃迁到导带，此时半导体的载流子数量大量增加，其导电性能也就大大增加。

图 2.8 所示为金属、半导体和绝缘体的能带图。如图 2.8(b) 所示，价电子要从价带越过禁带跳跃到导带去参加导电运动，必须从外界获得一个至少等于 E_g 的附加能量。E_g 的大小就是导带底部与价带顶部之间的能量差，称为禁带宽度或者带隙，其单位为电子伏特（eV）。例如，硅的禁带宽度在室温下为 1.119eV 的能量。若外界给予价带里的电子 1.119eV 的能量，则电子就有可能越过禁带跳跃到导带里，晶体就会导电。

金属与半导体的区别在于它在一切条件下都有良好的导电性，其导带和价带重叠在一起，不存在禁带，即使接近0K，电子在外电场的作用下，照样可以参加导电运动。而半导体存在

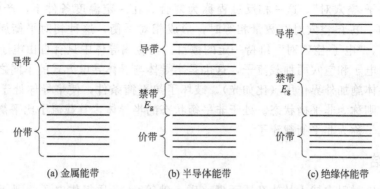

(a) 金属能带　　　(b) 半导体能带　　　(c) 绝缘体能带

图2.8　金属、半导体和绝缘体的能带图

十分之几电子伏特到4eV的禁带宽度。在0K时电子充满价带，导带是空的，此时像绝缘体一样不能导电。当温度高于0K时，晶体内部产生热运动，使价带中少量电子获得足够能量，跳跃到导带，这个过程称为激发，这时半导体就具有一定的导电能力。激发到导带的电子数目是由温度和晶体的禁带宽度决定的。温度越高，激发到导带的电子数目越多，导电性越好；温度相同，禁带宽度越小的晶体，激发到导带的电子数目就多，导电性越好。而半导体与绝缘体的区别，则在于禁带宽度不同。绝缘体的禁带宽度比较大，一般为5～10eV，在室温时激发到导带上的电子数目非常少，因而其电导率很小；半导体的禁带宽度比绝缘体小，所以在室温时有相当数量的电子会跳跃到导带上去。

2.1.3　电子空穴对

　　纯净半导体称为本征半导体。我们以硅原子的简化原子模型来说明。在温度为$T=0K$和没有外界激发时，每一个电子均被共价键所束缚。在室温条件下，或者从外界获得一定的能量（如光照、升温、电磁场激发等），部分价电子就会获得足够的能量而挣脱共价键的束缚，成为自由电子，这称为本征激发。理论和实验表明：在常温（300K）下，硅共价键中的价电子只要获得大于电离能（1.1eV）的能量便可激发成为自由电子，自由电子在外加电场的作用下移动。自由电子移动后在原来共价键中留下的空位称为空穴。

　　当空穴出现时，相邻原子的价电子比较容易离开它所在的共价键而填补到这个空穴中来使该价电子原来所在共价键中出现一个新的空穴，这个空穴又可能被相邻原子的价电子填补，再出现新的空穴。价电子填补空穴的这种运动无论在形式上还是效果上都相当于带正电荷的空穴在运动，且运动方向与价电子运动方向相反。为了区别于自由电子的运动，把这种运动称为空穴运动，并把空穴看成是一种带正电荷的载流子。

　　在空穴和自由电子不断地产生的同时，原有的空穴和自由电子也会不断地复合，形成一种平衡。所以半导体中导电物质就是自由电子和空穴。在本征半导体的晶体结构中，每一个原子与相邻的四个原子结合。每一个原子的价电子与另一个原子的一个价电子组成一个电子对。这对价电子是每两个相邻原子共有的，它们把相邻原子结合在一起，构成所谓共价键的结构，如图2.9所示。

　　在本征半导体内部自由电子与空穴总是成对出现，因此将它们称作为"电子-空穴对"。当自由电子在运动过程中遇到空穴时可能会填充进去从而恢复一个共价键，与此同

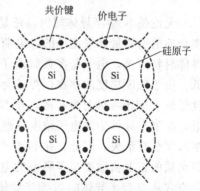

图2.9　本征硅共价键结构图

时消失一个"电子-空穴对"，这一相反过程称为复合。在一定温度条件下，产生的"电子-空穴对"和复合的"电子-空穴对"数量相等时，形成相对平衡，这种相对平衡属于动态平衡，达到动态平衡时，"电子-空穴对"维持一定的数目。与金属导体中只有自由电子不同，在半导体中存在着自由电子和空穴两种载流子，这也是半导体与导体导电方式的不同之处。

如果对半导体施加外界作用（比如光），破坏了热平衡条件，使半导体处于与热平衡状态相偏离的状态，则称为非平衡状态。处于非平衡状态的半导体，其载流子比平衡状态时多出来的那一部分载流子称为非平衡载流子。

2.1.4 P-N 结

在本征半导体材料中掺入Ⅴ族杂质元素（磷、砷等），杂质提供电子，则使得其中的电子浓度大于空穴浓度，就形成 N 型半导体（图 2.10）材料，杂质称为"施主"。此时电子浓度大于空穴浓度，为多数载流子；而空穴的浓度较低，为少数载流子。同样，在半导体材料中掺入Ⅲ族杂质元素（硼等），则使得其中的空穴浓度大于电子浓度，晶体硅成为 P 型半导体（图 2.11）。比如以硅为例，在高纯硅中掺入一点点硼、铝、镓等杂质就是 P 型半导体；掺入一点点磷、砷、锑等杂质就是 N 型半导体。在 N 型半导体中，把非平衡电子称为非平衡多数载流子，非平衡空穴称为非平衡少数载流子。对 P 型半导体则相反。在半导体器件中，非平衡少数载流子往往起着重要的作用。

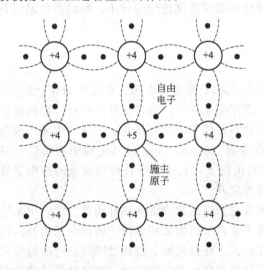

图 2.10 N 型半导体

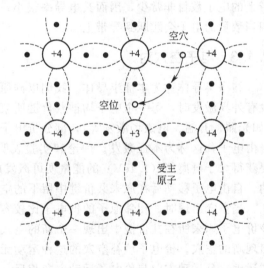

图 2.11 P 型半导体

无论是 N 型半导体材料，还是 P 型半导体材料，当它们独立存在时，都是电中性的，电离杂质的电荷量和载流子的总电荷数是相等的。当两种半导体材料连接在一起时，对 N 型半导体材料而言，电子是多数载流子，浓度高；而在 P 型半导体中，电子是少数载流子，浓度低。由于浓度梯度的存在，势必会发生电子的扩散，即电子由高浓度的 N 型半导体材料向浓度低的 P 型半导体材料扩散，在 N 型半导体和 P 型半导体界面形成 P-N 结。在 P-N 结界面附近，N 型半导体中的电子浓度逐渐降低，而扩散到 P 型半导体中的电子和其中的多数载流子空穴复合而消失，因此，在 N 型半导体靠近界面附近，由于多数载流子电子浓度的降低，电离杂质的正电荷数要高于剩余的电子浓度，出现了正电荷区域。同样，在 P 型半导体中，由于空穴从 P 型半导体向 N 型半导体扩散，在靠近界面附近，电离杂质的负电荷数要高于剩余的空穴浓度，出现了负电荷区域。此区域就称为 P-N 结的空间电荷区，正、负电荷区，形成了一个从 N 型半导体指向 P 型半导体的电场，称为内建电场，又称势垒电场。由于此处的电阻特别高，也称阻挡层。此电场对两区多子的扩散有抵制作用，而对少子的漂移有帮助作用，直到扩散流等于漂移流时达到平衡，在界面两侧建立起稳定的内建电场。所谓扩散，是指在外加电场的影响下，一个随机运动的自由电子在与电场相反的方向上有一个加速运动，它的速度随时间不断地增加。除了漂移运动以外，半导体中的载流子也可以由于扩散而流动。像气体分子那样的任何粒子过分集中时，若不受到限制，它们就会自己散开。此现象的基本原因是这些粒子的无规则的热速度。随着扩散的进行，空间电荷区加宽，内电场增强，因为内电场的作用是阻碍多子扩散，促使少子漂移，所以，当扩散运动与漂移运动达到动态平衡时，将形成稳定的 P-N 结（图 2.12）。P-N 结很薄，结中电子和空穴都很少，但在靠近 N 型一边有带正电荷的离子，靠近 P 型一边有带负电荷的离子。由于空间电荷区内缺少载流子，所以又称 P-N 结为耗尽层区。

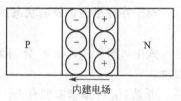

当具有 P-N 结的半导体受到光照时，其中电子和空穴的数目增多，在结的局部电场作用下，P 区的电子移到 N 区，N 区的空穴移到 P 区，这样在结的两端就有电荷积累，形成电势差。

2.1.5　P-N 结的能带结构

图 2.12　半导体 P-N 结的形成原理

由于载流子的扩散和漂移，半导体中出现空间电荷区和内建电场，引起该部分的电势 U 和相关空穴势能（eV）或电子势能（−eV）随位置的改变，最终改变了 P-N 结处的能带结构（图 2.13）。内建电场是从 N 型半导体指向 P 型半导体的，因此，沿着电场的方向，电势从 N 型半导体到 P 型半导体逐渐变低，带正电的空穴的势能也逐渐降低，而带负电的电子的势能则逐渐升高。也就是说，空穴在 N 型半导体中的势能高，在 P 型半导体中的势能低。如果空穴从 N 型半导体移动到 P 型半导体，需要克服一个内建电场形成的"势垒"；相反地，对电子而言，在 N 型半导体中的势能低，在 P 型半导体中的势能高，如果从 N 型半导体移动到 P 型半导体，则需要克服一个"势垒"。

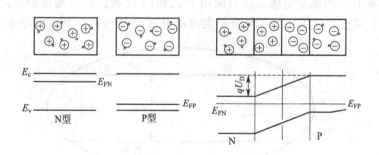

图 2.13　热平衡下 P-N 结模型及能带图

当 N 型半导体和 P 型半导体材料组成 P-N 结时，由于空间电荷区导致的电场，在 P-N 结处能带发生扭曲，此时导带底能级、价带顶能级、本征费米能级和缺陷能级都发生了相同幅度的弯曲。但是，在平衡时，N 型半导体和 P 型半导体的费米能级是相同的。因此，在平衡 P-N 结的空间电荷区两端的电势差 U 就等于原来 N 型半导体和 P 型半导体的费米能级之差。由以上可知，P-N 结的 N 型半导体、P 型半导体的掺杂浓度越高，两者的费米能级相差越大，禁带越宽，P-N 结的接触电势差 U 就越大。

2.1.6 P-N 结能带与接触电势差

在热平衡条件下，结区有统一的费米能级 E_F，在远离结区的部位，与结形成前状态相同。当 N 型、P 型半导体单独存在时，E_{FN} 与 E_{FP} 有一定差值。当 N 型与 P 型半导体两者紧密接触时，电子要从费米能级高的一端向费米能级低的一端流动，空穴流动的方向相反。在内建电场作用下，E_{FN} 将连同整个 N 区能带一起下移，E_{FP} 将连同整个 P 区能带一起上移，直至将费米能级拉平为 $E_{FN}=E_{FP}$，载流子停止流动为止。在结区这时导带与价带则发生相应的弯曲，形成势垒。势垒高度等于 N 型、P 型半导体单独存在时费米能级之差：

$$qU_D = E_{FN} - E_{FP}$$

得

$$U_D = (E_{FN} - E_{FP})/q$$

式中，q 为电子电量；U_D 为接触电势差或内建电势。

对于在耗尽区以外的状态：

$$U_D = (KT/q)\ln(N_A N_D/n_i^2)$$

式中，N_A、N_D、n_i 分别为受主、施主、本征载流子浓度；K 为玻尔兹曼常数；T 为温度。

可见 U_D 与掺杂浓度有关。在一定温度下，P-N 结两边掺杂浓度越高，U_D 越大。禁带宽的材料，n_i 较小，故 U_D 也大。

2.1.7 光照下的 P-N 结

当 P-N 结受光照时，样品对光子的本征吸收和非本征吸收都将产生光生载流子，但能引起光伏效应的只能是本征吸收所激发的少数载流子。因为 P 区产生的光生空穴，N 区产生的光生电子属多子，都被势垒阻挡而不能过结。只有 P 区的光生电子和 N 区的光生空穴和结区的"电子-空穴对"（少子）扩散到结电场附近时能在内建电场作用下漂移过结（图 2.14）。光生电子被拉向 N 区，光生空穴被拉向 P 区，即"电子空穴对"被内建电场分离。这导致在 N 区边界附近有光生电子积累，在 P 区边界附近有光生空穴积累。它们产生一个与热平衡 P-N 结的内建电场方向相反的光生电场，其方向由 P 区指向 N 区。此电场使势垒降低，其减小量即光生电势差，P 端正，N 端负。于是有结电流由 P 区流向 N 区，其方向与光生电流相反。

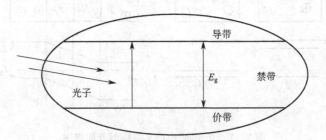

图 2.14 光激发半导体形成"电子-空穴对"示意图

实际上，并非所产生的全部光生载流子都对光生电流有贡献。设 N 区中空穴在寿命 τ_p 的时间内扩散距离为 L_p，P 区中电子在寿命 τ_n 的时间内扩散距离为 L_n。$L_n + L_p = L$ 远大于 P-N 结本身的宽度，所以可以认为在结附近平均扩散距离 L 内所产生的光生载流子都对光生电流有贡献。而产生的位置距离结区超过 L 的"电子-空穴对"，在扩散过程中将全部复合掉，对 P-N 结光电效应无贡献。

为了理解上述过程，我们简单介绍一下载流子寿命、迁移率和扩散长度等概念。

载流子寿命是指非平衡载流子在复合前的平均生存时间。在热平衡情况下，电子和空穴的产生率等于复合率，两者的浓度维持平衡。在外界条件作用下（例如光照），将产生附加的非平衡载流子，即"电子-空穴对"；外界条件撤销后，由于复合率大于产生率，非平衡载流子将逐渐复合消失掉，恢复到热平衡态。非平衡载流子浓度随时间的衰减规律一般服从指数关系。在半导体器件中非平衡少数载流子寿命简称少子寿命。

复合过程大致可分为两种：电子在导带和价带之间直接跃迁，引起一对电子-空穴的消失，称为直接复合；"电子-空穴对"也可能通过禁带中的能级（复合中心）进行复合，称为间接复合。每种半导体的少子寿命并不是取固定值，它将随化学成分和晶体结构的不同而大幅度变化。迁移率是指载流子（电子和空穴）在单位电场作用下的平均漂移速度，即载流子在电场作用下运动速度的快慢的量度，运动得越快，迁移率越大；运动得越慢，迁移率越小。同一种半导体材料中，载流子类型不同，迁移率不同，一般是电子的迁移率高于空穴。在恒定电场的作用下，载流子的平均漂移速度只能取一定的数值，这意味着半导体中的载流子并不是不受任何阻力，不断被加速的。事实上，载流子在其热运动的过程中，不断地与晶格、杂质、缺陷等发生碰撞，无规则地改变其运动方向，即发生了散射。无机晶体不是理想晶体，而有机半导体本质上是非晶态，所以存在着晶格散射、电离杂质散射等现象。

由于少数载流子存在一定的寿命，即少子寿命。因此，少数载流子在扩散的过程中，必将一边扩散一边复合，待走过一段距离后少数载流子也就消失了，走过的这一段也就是所谓扩散长度。

半导体对光的吸收主要由半导体材料的禁带宽度所决定。对一定禁带宽度的半导体，频率小的低能量光子，半导体对它的吸光程度小，大部分光都能穿透；随着频率变高，吸收光的能力急剧增强。实际上，半导体的光吸收由各种因素决定，这里仅考虑到在太阳电池上用到的电子能带间的跃迁。一般禁带宽度越宽，对某个波长的吸收系数就越小。除此以外，光的吸收还依赖于导带、价带的态密度。光为价带电子提供能量，直接使它跃迁到导带，在跃迁过程中，能量和动量守恒，没有声子参与的情况，即不伴随有动量变化的跃迁称为直接跃迁。反之，伴随声子的跃迁称为间接跃迁。所以，制造太阳电池时，用直接跃迁型材料，即使厚度很薄，也能充分地吸收太阳光，而用间接跃迁型材料，没有一定的厚度，就不能保证光的充分吸收。但是，作为太阳电池必要的厚度，并不是仅仅由吸收系数来决定的，还与少数载流子的寿命有关系，当半导体掺杂时，吸收系数将向高能量一侧发生偏移。

2.2 太阳电池的基本原理

2.2.1 太阳电池原理表述

太阳电池的工作原理是基于光伏效应。当光照射太阳电池时，将产生一个由 N 区到 P 区的光生电流 I_{ph}。同时，由于 P-N 结二极管的特性，存在正向二极管电流 I_D，此电流方向从 P 区到 N 区，与光生电流相反。

P-N 结在光照条件下，将产生一个附加电流（光生电流）I_p，其方向与 P-N 结反向饱和电流 I_0 相同，一般 $I_p \geqslant I_0$。此时

$$I = I_0 e^{qU/(KT)} - (I_0 + I_p)$$

令 $I_p = SE$，则

$$I = I_0 e^{qU/(KT)} - (I_0 + SE)$$

光照下的 P-N 结外电路开路时 P 端对 N 端的电压，即上述电流方程中 $I=0$ 时的 U 值为开路电压，用符号 U_{oc} 表示。

$$0 = I_0 e^{qU/(KT)} - (I_0 + SE)$$

$$U_{oc} = (KT/q)\ln(SE + I_0)/I_0 \approx (KT/q)\ln(SE/I_0)$$

光照下的 P-N 结，外电路短路时，从 P 端流出，经过外电路，从 N 端流入的电流称为短路电流，用符号 I_{sc} 表示，即上述电流方程中 $U=0$ 时的 I 值，得 $I_{sc} = SE$。

U_{oc} 与 I_{sc} 是光照下 P-N 结的两个重要参数。在一定温度下，U_{oc} 与光照度成对数关系，但最大值不超过接触电势差 U_D。弱光照下，I_{sc} 与光照度有线性关系。无光照时热平衡态，半导体有统一的费米能级，势垒高度为 $qU_D = E_{FN} - E_{FP}$。稳定光照下 P-N 结外电路开路，由于光生载流子积累而出现光生电压，U_{oc} 不再有统一费米能级，势垒高度为 $q(U_D - U_{oc})$。稳定光照下 P-N 结外电路短路，P-N 结两端无光生电压，势垒高度为 qU_D，"光生电子-空穴对"被内建电场分离后流入外电路形成短路电流。有光照有负载，一部分光生电流在负载上建立起电压 U_f，另一部分光生电流被 P-N 结因正向偏压引起的正向电流抵消，势垒高度为 $q(U_D - U_f)$。

不同类型半导体间接触（构成 P-N 结）或半导体与金属接触时，因电子（或空穴）浓度差而产生扩散，在接触处形成位垒，因而这类接触具有单向导电性。利用 P-N 结的单向导电性，可以制成具有不同功能的半导体器件，如二极管、三极管、晶闸管等。P-N 结还具有许多其他重要的基本属性，包括电流电压特性、电容效应、隧道效应、雪崩效应、开关特性和光电伏特效应等，其中电流电压特性又称为整流特性或伏安特性，是 P-N 结最基本的特性。

利用 P-N 结自建电场产生的光电伏特效应实际获得的电流 I 为

$$I = I_{ph} - I_D = I_{ph} - I_0 \left[\exp\left(\frac{qU_D}{nk_BT}\right) - 1\right] \tag{2.1}$$

式中，U_D 为结电压；I_0 为二极管的反向饱和电流；I_{ph} 为与入射光的强度成正比的光生电流，其比例系数是由太阳电池的结构和材料的特性决定的；n 为理想系数（n 值），是表示 P-N 结特性的参数，通常在 $1\sim2$ 之间；q 为电子电荷；k_B 为玻尔兹曼常数；T 为温度。

如果忽略太阳电池的串联电阻 R_s，U_D 即为太阳电池的端电压 U，则式(2.1)可写为

$$I = I_{ph} - I_0 \left[\exp\left(\frac{qU}{nk_BT}\right) - 1\right] \tag{2.2}$$

当太阳电池的输出端短路时，$U=0$（$U_D \approx 0$），由式(2.2)可得到短路电流

$$I_{sc} = I_{ph}$$

简单地说，短路电流就是太阳电池从外部短路时测得的最大电流，用 I_{sc} 表示。它是光电池在一定的光强下，外电路中所能得到的最大电流。在不考虑其他损耗的情况下，太阳电池的短路电流等于光生电流，与入射光的强度成正比。

当太阳电池的输出端开路时，$I=0$，由式(2.2)可得到开路电压

$$U_{\infty} = \frac{nk_BT}{q}\ln\left(\frac{I_{sc}}{I_0} + 1\right) \tag{2.3}$$

简单地说，开路电压就是受光照的太阳电池处于开路状态，光生载流子只能积累于 P-N 结的两端产生光生电动势，这时在太阳电池两端测得的电势差，用符号 U_{oc} 表示。

当太阳电池接上负载 R 时，所得的负载伏安特性曲线如图 2.15 所示。负载 R 可以从零到无穷大。当负载 R_m 使太阳电池的功率输出为最大时，它对应的最大功率 P_m 为

$$P_m = I_m U_m \tag{2.4}$$

式中，I_m 和 U_m 分别为最佳工作电流和最佳工作电压。

把太阳电池接上负载，负载中便有电流流过，该电流称为太阳电池的工作电流，也称为负载电流或输出电流。负载两端的电压称为太阳电池的工作电压。太阳电池的工作电压和工作电流是随负载电阻变化的，将不同阻值所对应的工作电压和工作电流值作成曲线就可得到太阳电池的伏安特性曲线。

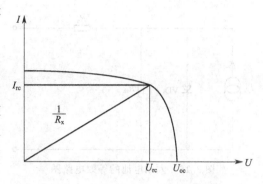

图 2.15 太阳电池的伏安特性曲线

如果选择的负载电阻值能使输出电压和电流的乘积最大，即获得了最大输出功率，用符号 P_m 表示。此时的工作电压和工作电流称为最佳工作电压和最佳工作电流，分别用符号 U_m 和 I_m 表示。

将 U_{oc} 与 I_{sc} 的乘积与最大功率 P_m 之比定义为填充因子 FF，则

$$FF = \frac{P_m}{U_{oc}I_{sc}} = \frac{U_m I_m}{U_{oc} I_{sc}} \tag{2.5}$$

FF 为太阳电池的重要表征参数，FF 愈大则输出的功率愈高。FF 取决于入射光强、材料的禁带宽度、理想系数、串联电阻和并联电阻等。

填充因子 FF 是衡量太阳电池输出特性的重要参数，它是最大输出功率与开路电压和短路电流乘积之比。是代表太阳电池在带最佳负载时，能输出的最大功率的特性，其值越大表示太阳电池的输出功率越大。FF 的值始终小于 1，可由以下经验公式给出：

$$FF = \frac{U_{oc} - \ln(U_{oc} + 0.72)}{U_{oc} + 1}$$

上式中 U_{oc} 是归一化的开路电压。

太阳电池的光电转换效率，是指在外部回路上连接最佳负载电阻时的最大能量转换效率，等于太阳电池的输出功率与入射到太阳电池表面上的能量之比。光电池将光能直接转换为有用电能的转换效率是判别电池质量的重要参数，用 η 表示。

$$\eta = \frac{P_m}{P_{in}} = \frac{I_m U_m}{P_{in}} = \frac{FF V_{oc} I_{sc}}{P_{in}} \tag{2.6}$$

即电池的最大输出功率与入射光功率之比。

2.2.2 太阳电池的等效电路

太阳电池可用 P-N 结二极管 VD、恒流源 I_{ph}、太阳电池的电极等引起的串联电阻 R_s 和相当于 P-N 结泄漏电流的并联电阻 R_{sh} 组成的电路来表示，如图 2.16 所示，该电路为太阳电池的等效电路。由等效电路图可以得出太阳电池两端的电流和电压的关系为

$$I = I_{ph} - I_0 \left\{ \exp\left[\frac{q(U + R_s I)}{n k_B T}\right] - 1 \right\} - \frac{U + R_s I}{R_{sh}} \tag{2.7}$$

为了使太阳电池输出更大的功率，必须尽量减小串联电阻 R_s，增大并联电阻 R_{sh}。

当然由前面的公式来看，太阳电池的开路电压是由光生电流和饱和电流决定的。至于理想 P-N 二极管的饱和电流 I_s，则可以用

$$I_s = q_0 n_i^2 \left(\frac{1}{N_D}\right) \sqrt{\frac{D_p}{\tau_p}} + \frac{1}{N_A} \sqrt{\frac{D_n}{\tau_n}}$$

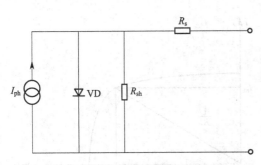

图 2.16　太阳电池的等效电路图

来表达。其中 q_0 代表单位电量，n_i 代表半导体的本征载流子浓度，N_D 和 N_A 分别代表施体和受体的浓度，D_n 和 D_p 分别代表电子和电洞的扩散系数，τ_n 和 τ_p 分别代表电子和电洞的复合时间。当然上面的表达式是假设 N 型区和 P 型区都很宽的情况。一般使用 P 型基板的太阳电池，N 型区都非常浅，上面的表达式是需要修改的。

前面我们提到，当光照射太阳电池时产生光生电流，而光生电流就是太阳电池电流-电压关系中的闭路电流，这里我们就光生电流的由来，做一简单叙述。载流子在单位体积的产生率（单位为 $m^{-3} \cdot s^{-1}$）是由光吸收系数来决定的，也就是

$$g_L(x) = \alpha \phi_{inc} (1-R) e^{-\alpha x}$$

式中，α 为光吸收系数；ϕ_{inc} 为入射光子强度（或称为光子流量密度）；R 为反射系数。因此 $\phi_{inc}(1-R)$ 代表没被反射的入射光子强度。而产生光生电流 I_L 的三个主要机制为：少数载流子电子在 P 型区的扩散电流 I_p、少数载流子空穴在 N 型区的扩散电流 I_n、电子和空穴在空间电荷区的漂移电流 I_{sc}。因此，光生电流可表达为

$$I_L = I_n + I_p + I_{sc} \approx q_0 g_L (L_n + L_p + W)$$

式中，L_n 和 L_p 分别为 P 型区电子和 N 型区空穴扩散长度；W 为空间电荷区的宽度。归纳这些结果，可得到开路电压的简单表达式：

$$U_{oc} = U_T \ln \left(\frac{I_L}{I_s} \right) \approx U_T \ln \left(\frac{g_L}{r_{rec}} + 1 \right)$$

式中，r_{rec} 为"电子-空穴对"的单位体积的复合率。当然这是很自然的结果，因为开路电压就等于空间电荷区中电子和空穴间的费米能差，而电子和空穴间的费米能差就是由载流子产生率与复合率来决定的。

从上面的介绍中可以看出，如果太阳电池处在开路状态，那么被内建电场分离的光生电子和光生空穴分别在空间电荷区的两侧积累起来的 P 区和 N 区，形成光生电压。若接上负载，就有"光生电流"通过，这样就将光能转化为电能。这就是太阳电池的工作原理。这种工作原理决定了太阳电池无化学污染，是安全可靠的绿色能源，利于环境保护，利于人类健康。

2.3　太阳电池的特点和分类

2.3.1　太阳电池的特点

太阳能光伏发电具有以下许多优点是未来能源非常需要的：①它不受地域限制，有阳光就可发电；②发电过程是简单的物理过程，无任何废气废物排出，对环境基本上没有影响；③太阳电池静态运行，无运转部件，无磨损，可靠性高，没有任何噪声；④发电功率由太阳电池决定，可按所需功率装配成任意大小；⑤既便于作为独立能源，也可与别的电源联网使用；⑥寿命长（可达 20 年以上）；⑦太阳电池重量轻、性能稳定、灵敏度高；⑧太阳寿命长，因而太阳能发电相对来说是无限能源。它是一种通用的电力技术，可以用在许多或大或小的领域，可用于任何有阳光的地方，可以安装到任何物体表面，也可以集成到建筑结构中，容易实现无人化

和全自动化。由于这些特点，太阳电池在各国空间技术当中有着广泛使用。

2.3.2 太阳电池的分类

在太阳电池的整个发展历程中，人们先后开发出各种不同结构和不同材料的电池。从结构方面分，主要有同质 P-N 结电池、肖特基（MS）电池、MIS 电池、MINP 电池、异质结电池等，其中同质 P-N 结电池自始至终占着主导地位；从材料方面分，主要有硅系太阳电池、多元化合物薄膜太阳电池、有机半导体薄膜太阳电池、纳米晶化学太阳电池等；从材料外形特点方面分，分为体材料和薄膜材料。

2.3.2.1 晶硅太阳电池

晶硅太阳电池分为单晶硅太阳电池和多晶硅太阳电池。

（1）单晶硅太阳电池

这是太阳电池中转换效率最高、技术最为成熟的太阳电池。这是因为单晶硅材料及其相关的加工工艺成熟稳定，单晶硅结构均匀，杂质和缺陷含量少，电池的转化效率高。为了产生低的接触电阻，电池的表层区域要求重掺杂，而高杂质浓度会增强这一区域少数载流子的复合速率，使该层的少子寿命极低，所以称其为"死层"。而这一区域恰又是最强的光吸收区，紫光和蓝光主要在这里吸收，通常采用减薄太阳电池 N^+ 层的厚度为 $0.1\sim0.2\mu m$，即采用"浅结"技术，并将表面磷浓度控制在固溶度极限值以下，这样制成的太阳电池可以克服"死层"的影响，提高电池的蓝-紫光响应和转换效率，这种电池被称为"紫电池"。另外，在电池基体和底电极间建立一个同种杂质的浓度梯度，制备一个 $P-P^+$ 或 $N-N^+$ 高低结，形成背电场，可以提高载流子的有效收集，改善太阳电池的长波响应，提高短路电流和开路电压，这种电池被称为"背场电池"。20 世纪 80 年代 Green 小组集以上技术于一身开发了"刻槽电池"。该电池用激光刻槽技术，进行二次重掺杂，与印刷法相比，此法将电池效率提高了 $10\%\sim15\%$。后来又发展了表面钝化技术，从 PESC 电池的薄氧化层（<10nm）到 PERC、PERL 电池的厚氧化层（约 110nm），热氧化表面钝化技术可以把表面态密度降到 $10^{10}/cm^2$ 以下，表面复合速度降到低于 100cm/s。各种技术的使用促使单晶硅电池的转换效率提高到了 24.7%，根据专家预测单晶硅电池的极限效率为 29%。为了降低电池的成本，在提高转换效率的同时，目前人们正在探索减薄电池厚度的方法，即实现薄片化。

（2）多晶硅太阳电池

一般采用专门为太阳电池使用而生产的多晶硅材料。目前应用最广的多晶硅制造方法是浇铸法，也称为铸造法。多晶硅太阳电池一般采用低等级的半导体多晶硅，采用的多晶硅片大部分是从控制或者铸造的晶硅锭切割而成的。多晶硅锭是以半导体工业的次品硅、废次单晶及冶金级硅粉等为原材料熔融浇铸而成的。目前，随着太阳电池产量的爆炸式发展，上述原料已经不能满足太阳电池产业的需要，现在正在形成专门以多晶硅太阳电池作为目标的生产产业。

为了减少硅片切割时的损失，采用直接由熔融的硅制备太阳电池所需多晶硅片，用此法制备的电池一般被称为带硅电池。制备带硅的两种方法：一种被称为 EFG "定边喂膜法"，工业应用中先生长八面多晶硅管，再把每面切成硅片；另一种被称为"蹼状结晶法"，Evergreen Solar 公司采用此法，方法是用细炭棒把熔融的硅限制并从熔池拉出，限在两细棒中的硅液冷却凝固生成带硅。与单晶硅太阳电池相比，多晶硅太阳电池成本较低，而且转换效率与单晶硅太阳电池比较接近，因此，近年来多晶硅高效电池的发展很快，其中比较有代表性的电池是 Geogia Tech 电池、UNSW 电池、Kyocera 电池等。在近年来生产的太阳电池中多晶硅太阳电池超过单晶硅太阳电池占 52%，是太阳电池的主要产品之一。但是，与现有能源价格相比，由于发电成本仍然过高，晶硅太阳电池不能广泛地进行商业推广。

2.3.2.2　薄膜太阳电池

根据制备太阳能电池的材料，薄膜太阳电池可以分为如下几类。

（1）多元化合物薄膜太阳电池

铜铟硒（CIS）薄膜太阳电池：$CuInSe_2$的带隙为1.53eV，被看作理想的光伏材料，它只靠引入自身缺陷便可形成电导很高的P型和N型，这就降低了电池对晶粒大小、杂质含量、缺陷的要求，电池效率已达到15.4%。掺入适量的Ga、Al或S可以增大它的带隙，用于制作高效单结或叠层电池。$CuInSe_2$是一种三元Ⅰ-Ⅲ-Ⅵ$_2$族化合物半导体，$CuInSe_2$是一种直接带隙半导体材料，吸收率高达10^5/cm。$CuInSe_2$的电子亲和势为4.58eV，与CdS的电子亲和势（4.50eV）相差很小（0.08eV），这使得它们形成的异质结没有导带尖峰，降低了光生载流子的势垒。$CuInSe_2$薄膜生长工艺如下：一般采用真空蒸发法、Cu-In合金膜的硒化处理法（包括电沉积法和化学热还原法）、封闭空间的气相输运法（CsCVT）、喷涂热解法、射频溅射法等。CIS太阳电池是在玻璃或其他廉价衬底上分别沉积多层薄膜而构成的光伏器件，其结构为：光→金属栅状电极/减反射膜/窗口层（ZnO）/过渡层（CdS）/光吸收层（CIS）/金属背电极（Mo）/衬底。

碲化镉薄膜太阳电池：CdTe有1.5eV的直接带隙，它的光谱响应与太阳光谱十分吻合，在可见光段有很高的吸收系数，$1\mu m$厚就能吸收90%。CdTe是Ⅱ-Ⅵ族化合物，由于CdTe膜具有直接带隙结构，其光吸收系数极大，因此降低了对材料扩散长度的要求。以CdTe作为吸收体的薄膜半导体材料与窗口层CdS形成异质结太阳电池，其结构为：光→减反射膜（MgF_2）/玻璃衬底/透明电极（SnO_2：F）/窗口层（CdS）/吸收层（CdTe）/欧姆接触过渡层/金属背电极。制备方法有升华、MOCVD、CVD、电沉积、丝网印刷、真空蒸发以及原子层外延等多种方法，采用各种方法都曾做过转换效率10%以上的CdTe薄膜太阳电池。其中，以CdS/CdTe结所沉积的电池效率达到了16.5%。

砷化镓薄膜太阳能电池：该电池材料禁带宽度适中，耐辐射和高温性能比硅强，太阳电池可以得到较高的效率，实验室最高效率已达到24%以上，一般航天用的太阳电池效率也在18%～19.5%之间。在单晶衬底上生长的单结电池效率为$GaInP_2$/GaAs级联电池的理论效率的36%，实验室中已制出了面积$4m^2$、转换效率30.28%的叠层太阳电池。砷化镓太阳电池目前大多用液相外延方法或金属有机化学气相沉积技术制备，因此成本高，产量受到限制，降低成本和提高生产效率已成为研究重点。砷化镓太阳电池目前主要用在航天器上。

（2）有机半导体薄膜太阳电池

有机半导体有许多特殊的性质，可用来制造许多薄膜半导体器件，如：场效应晶体管、场效应电光调制器、光发射二极管、光伏器件等。有机半导体吸收光子产生"电子-空穴对"，结合能大约为0.2～1.0eV，P型半导体材料和N型半导体材料的界面"电子-空穴对"的解离，导致高效的电荷分离，形成通常所说的异质结型太阳能电池。用于光伏器件的有机半导体粗略地分为分子型有机半导体和聚合物型有机半导体两类，后来又出现了双层有机半导体异质结太阳电池。有机半导体根据其化学性能可归为可溶、不可溶和液晶三类；有时也按单体分为染料、色素和聚合体三类。对有机半导体的掺杂采用引入其他分子和原子，也可采用电化学的方法对其进行氧化处理。能使它成P型的杂质有Cl_2、Br_2、I_2、NO_2、TCNQ、CN-PPV等。掺杂碱金属可以使其成N型。

（3）染料敏化纳米薄膜太阳电池

染料敏化纳米薄膜电池是瑞士的Michel Graetzel博士发明的电池。纳米晶化学太阳电池（简称NPC电池）是由一种窄禁带半导体材料修饰、组装到另一种大能隙半导体材料上形成的，窄禁带半导体材料采用过渡金属 Ru 以及有机化合物敏化染料，大能隙半导体材料为纳米多晶 TiO_2 并制成电极，此外 NPC 电池还选用适当的氧化-还原电解质。纳米晶 TiO_2 的工作原理：染料分子吸收太阳光能跃迁到激发态，激发态不稳定，电子快速注入到紧邻的 TiO_2 导带，染料中失去的电子则很快从电解质中得到补偿，进入 TiO_2 导带中的电子最终进入导电膜，然后通过外回路产生光生电流。它是纳米的二氧化钛多孔薄膜经过光敏染料敏化，使光电化学电池的效率得到极大提高的一种新型电池。这种电池在室外具有稳定的效率，1998 年瑞士的小面积电池的效率为 12%。一些国家进行了中试，具体电池效率是：德国 INAP 的 30cm×30cm 为 6%；澳大利亚 STI 的 10cm×20cm 为 5%。我国以中科院等离子体物理研究所为主要承担单位的大面积染料敏化纳米薄膜太阳电池研究项目建成了 500W 阵列规模的小型示范电站，使我国在该研究领域的某些方面进入了世界领先行列。

（4）非晶硅薄膜太阳电池

非晶硅是最早商业化的薄膜电池。典型的非晶硅（α-Si）太阳电池是在玻璃衬底上沉积透明导电膜（TCO），利用等离子反应沉积 P 型、I 型、N 型三层 α-Si，接着在上面蒸镀金属电极 Al/Ti。光从玻璃层入射，电池电流经透明导电膜和金属电极 Al/Ti 引出，其结构为玻璃/TCO/P-I-N/Al/Ti，衬底也可采用塑料膜、不锈钢片等。非晶硅引入大量的氢（10%）后，禁带宽度从 1.1eV 升高到 1.7eV，有很强的光吸收性。另外，在较薄的 P 层和 N 层间加入一层厚的"本征层"，形成 P-I-N 结构。以杂质缺陷较少的 I 层作为主要吸收层，在光生载流子的产生区形成电场，增强了载流子的收集效果。为了降低顶部薄掺杂层的大横向电阻带来的损失，电池的上电极采用透明导电膜，并且在透明导电薄膜上制备织构增强透光。目前，使用最多的透明导电材料是 SnO_2 和 ITO（In_2O_3 和 SnO_2 的混合物），ZAO（掺铝氧化锌）被认为是新型的优良透明导电材料。由于太阳光的能量分布较宽，半导体材料只能吸收能量比其能隙值高的光子，其余的光子就会转化成热能，而不能通过光生载流子传给负载转化成有效电能，因此，对于单结太阳能电池，就算是晶体材料制成的，其转换效率的理论极限也只有 29% 左右。以前，非晶硅电池多为单结电池形式，后来发展起双结叠层电池，可以更有效地收集光生载流子。BP Solar 采用 Si-Ge 合金作为底电池材料，因 Si-Ge 合金的禁带较窄，作为底层电池材料增强了电池的光谱响应。Beckaert 采用不同 Ge 含量的非晶硅制作两个底层电池的三结串接电池创造了非晶硅电池组件的最高稳定效率 6.3%。在薄膜太阳电池中，非晶硅电池首先实现了商品化，1980 年日本三洋电气公司利用 α-Si 太阳电池制成袖珍计算器，1981 年便实现了工业化生产，α-Si 电池的年销售量曾占到世界光伏销量的 40%。随着非晶硅电池性能的不断提高，成本不断下降，其应用领域也在不断扩大。由计算器扩展到各种消费产品及其他领域，如太阳能收音机、路灯、微波中继站、交通道口信号灯、气象监测以及光伏水泵、户用独立电源、与电网并网发电等。

（5）多晶硅薄膜太阳电池

多晶硅薄膜电池的研究工作开始于 20 世纪 70 年代，比非晶硅薄膜电池还要早，但是当时人们的注意力主要集中在非晶硅薄膜电池上，在非晶硅薄膜电池的研究工作遭遇难于解决的问题后，人们很自然地更多关注多晶硅薄膜电池。由于多晶硅薄膜电池使用的硅材料远比单晶硅电池少，不存在非晶硅薄膜电池的光致衰减问题，并且有可能在廉价衬底上制备，预期成本远低于单硅电池，人们有希望使太阳能电池组件的成本降至 1 美元/W 左右。多晶硅薄膜电池还可以作为非晶硅串结电池的底电池，可以提高电池的光谱响应和寿命，因此 1987 年以来发展比较迅速。现在多晶硅薄膜电池光电性能稳定，Astropower 公司最高实验室效率达到了 16%。目前制备的多晶硅薄膜电池多采用化学气相沉积法，包括低压化学气相沉积（LPCVD）和等离子增强化学气相沉积（PECVD）工艺。此外，液相外延法（LPE）和溅射沉积法也可用来制备多晶硅薄膜电池。LPE法生长技术已经广泛用于高质量和化合物半导体异质结构，如GaAs、AlGaAs、Si、Ge及SiGe等。其原理是通过将硅熔融在母体里，降低温度析出硅膜。美国Astropower公司采用LPE制备的电池效率可达12.2%。中国光电发展技术中心的陈哲良采用液相外延法在冶金级硅片上生长出硅晶粒，并设计了一种类似于晶体硅薄膜太阳能电池的新型太阳电池，称为"硅粒"太阳电池。

目前由马丁·格林教授领导的新南威尔士大学第三代太阳能电池研究中心，正积极开展超高效（>50%）太阳能电池的理论研究工作和科学实验工作。研究的重点是如何充分收集由价带跃迁到高层导带的载流子。目前研究实验的电池主要有超晶格电池、"热载流子"电池、量子点电池、新型"叠层"电池和"热光伏"电池等。

习　题

一、名词解释。

能带　费米能级带隙　本征半导体　电子-空穴对　N型半导体　P型半导体　内建电场　P-N结　少子寿命　短路电流　开路电压　最大功率　填充因子

二、问答题。

说明太阳电池的基本发电原理。

第3章

太阳电池硅材料

3.1 太阳电池材料对比

3.1.1 硅材料地位的确定

目前太阳电池的主流产品——晶体硅太阳电池技术成熟、性能稳定，但是目前还不具备与常规能源竞争的市场优势，电池成本主要由原料成本、生产规模的大小、技术和管理水平决定。成本问题是制约太阳电池大规模应用的瓶颈，降低生产成本是走向大规模应用必须解决的主要问题。目前我国太阳能光伏电池生产成本呈下降趋势，太阳电池的价格逐渐从 2000 年的 40 元/W 降到 2003 年的 33 元/W，2004 年已经降到 27 元/W。要真正使太阳能大规模产业化，太阳电池的发电成本必须接近常规发电方式的成本，必须降至 1 美元/峰瓦（Wp）以下（$1Wp=1W/m^2$ 日照强度下所产生的功率）。

从材料方面考虑，理想太阳能电池材料的要求如下：①带隙在 $1.1\sim1.7eV$ 之间，接近 $1.4eV$ 可达到最大光电转换效率；②资源丰富，且无毒、无污染；③易于大规模生产，特别是能适合大面积、薄膜化生产；④高的光伏转换效率；⑤具有长期稳定性。硅在材料的选择方面有独特的优势。

（1）硅材料的资源优势

太阳电池产品需要高纯的原料，目前对于太阳电池要求硅材料的纯度是 99.99998%，即通常所说的 6 个 9，也可表达为 6N。而对半导体技术要求的纯度还要高几个数量级。高纯硅材料是以优质石英砂为原料一步一步制备获得的。硅是地球上含量很丰富的元素，占第二位（25.8%），仅次于占第一位（49.5%）的氧元素。硅资源是指水晶、脉石英、石英砾石（砾石型石英）、天然硅砂等，属非金属矿藏，主要化学成分为 SiO_2，在自然界蕴藏丰富。我国高氧化含量的石英和硅石藏量丰富，分布很广，全国各地几乎都发现有高品位的含氧化硅矿，二氧化硅的含量大都在 99% 以上。我国是石英砂矿的出产大国，拥有大量的矿产资源，在世界冶金级硅的产量中我国就占了 1/3，这是我国大力发展硅太阳电池极为有利的资源条件。

（2）硅材料的性能优势

太阳电池对不同波长的光的灵敏度是不同的，这就是光谱特性。光谱响应峰值所对应的入射光波长是不同的，硅材料光电池波长在 $0.8\mu m$ 附近，光谱响应波长范围为 $0.4\sim1.2\mu m$。相比于其他材料的太阳电池来讲，硅材料太阳电池可以在很宽的波长范围内得到应用。晶体硅材料是间接带隙材料，带隙的宽度（1.2eV）与 1.4eV 有较大的差值，从这个角度讲，硅不是最理想的太阳电池材料，但人们对硅材料研究得最多、加工技术最成熟，而且性能稳定、无毒。它是制作半导体器件的主要材料，而半导体器件的发展又取决于信息技术的发展，信息技术和光伏产业的发展共同推动着硅材料技术与生产的大发展。虽然单晶硅太阳电池成本高，但是由于性能稳定，光电转换效率最高，技术也比较成熟，太阳能级单晶硅和浇铸多晶硅仍是当前全世界太阳电池最重要的材料来源。所以，无论是从资源，还是从技术方面看，硅太阳电池都具有其他材料无法比拟的优势。

从近几十年光伏工业生产状况看，硅系太阳电池中的单晶体硅和多晶硅太阳电池因丰富的原材料资源和成熟的生产工艺而成为现阶段太阳电池工业生产的主要份额，占 90% 以上。其实，关于半导体和光伏业的材料选择多年前就有讨论，从近几十年光伏工业和半导体生产状况来看，选择硅材料是正确的。

3.1.2 体材料与薄膜材料的对比

作为体材料的晶体硅太阳电池所用的硅材料主要来自半导体硅材料的次品和单晶硅的头尾料。目前，工业生产的单晶硅电池采用的技术生产工艺所需的硅片是由直拉单晶硅棒切割而成的，制锭和切片的耗费都很大，硅片加工成本占 20%，硅材料成本占太阳电池成本的 50%～70%。因为硅材料价格比较高和太阳电池制备过程比较复杂，所以采用这种技术工艺大幅度地降低成本是比较困难的。当然，不排除硅材料成本因为工艺革命性的改进，成本大幅度降低的可能。

另外，从提高太阳电池效率降低成本的前景来看，太阳能级单晶硅技术目前已经比较成熟，技术水平再提高的空间较小。现在单晶硅电池的转换效率为 24.7%，与单晶硅电池的极限效率为 29% 相差不多，想通过提高效率使单晶硅太阳电池价格下降到与常规能源竞争的价格是非常困难的。

与单晶硅太阳电池相比，多晶硅太阳电池的成本有所降低。采用浇铸多晶硅制作太阳电池，省去了拉单晶硅这道工序，并且浇铸多晶硅生长简便，易于长成大尺寸方锭，生长能耗低，硅片成本低，从而降低了太阳电池的生产成本。但多晶硅太阳电池光电转换效率很长时间无法突破 20%，而单晶硅太阳电池早在 20 多年前就已经达到，这是因为多晶硅材料与单晶硅材料相比存在明显缺陷（例如晶粒界面和晶格错位），造成多晶硅太阳电池光电转换效率一直比单晶硅太阳电池低。近年来多晶硅太阳电池的技术水平提升很快，其实验室电池转换效率最高已经达到 20% 以上，工业生产的多晶硅太阳电池组件的转换效率可达 15% 以上，仅比单晶硅太阳电池低 1～2 个百分点。从性价比上说，与单晶硅太阳电池相比，多晶硅太阳电池有更大的市场潜力。因此，近年来多晶硅太阳电池的份额达到了 50% 以上。可是，无论单晶硅太阳电池或是多晶硅太阳电池硅材料所占的成本都很大，并且，太阳电池正处在高速发展时期，硅材料的生产能力存在巨大的缺口，因此要真正达到地面大规模利用太阳电池的目标，使太阳电池成为民用电池，降低硅材料的使用量就成为必需的发展方向。

太阳电池成为民用电池的目标价格是 1 美元/W，这个是可以与常规能源竞争的价格。光伏发电成本要 6～12 美分/(kW·h)，这相当于太阳电池组件成本约 0.61 美元/W。然而，当前国际上太阳电池组件成本约为 2.5 美元/W，这相当于光伏发电为 0.25 美元/(kW·h)，是要求值的 4 倍多。多年来各国科学家为了避开拉制单晶硅或浇铸多晶硅、切片等昂贵工艺和浪费材料的缺点，发展了多种硅带制备技术，直接从硅溶液中拉制出适合太阳电池制备的具有适当形状、宽度及厚度的硅带，这种硅带厚度在 $200\mu m$ 以上，但并未大规模工业化生产，也就是说现在尚未获得光伏工业的认可。

当前兴起的薄片化技术，是指在保持太阳电池效率的前提下尽量减少晶硅电池基片的厚度，特别值得注意的是这种薄片不是常规线锯加工的。据报道，厚度低于 $200\mu m$ 的薄硅片已实现商业化生产。例如，瑞士 HCT 公司 2003 年已实现 $200\mu m$、$150\mu m$、$100\mu m$ 薄硅片的切割；2004 年已试产厚度为 $200\mu m$ 的硅片。随着切割技术水平的提高，切割成的硅片厚度小于 $200\mu m$，但是，这种技术仍然无法避免拉制单晶过程的昂贵工艺，不能从根本上大幅度减少硅材料的使用成本。还有一种发展趋向是所谓的层转移技术，它是先在昂贵的单晶硅衬底上沉积高质量的硅膜，然后将硅膜从单晶硅片上分离下来并转移到玻璃或塑料薄膜等廉价衬底上，单晶硅衬底重复使用。它的优点是非常明显的，几十微米厚的高质量单晶硅膜保证了电池的高效率，廉价衬底有利于降低成本，单晶硅衬底重复使用不会增加多少附加成本。但是这种工艺太复杂，很难实现大规模的工业生产。

目前，太阳电池级多晶硅大都采用单晶硅棒纯度略低的头尾料，或单晶炉的锅底剩料来进一步熔炼、掺杂、勾兑并再次熔融铸锭而成。受单晶硅产量的限制和价格大幅度上涨的影响，太阳电池级多晶硅成本相对较高。太阳电池级硅材料的专业生产厂商只有一家美国企业 Solar Grade Silicon LLC。另外，还有几家生产半导体级多晶硅的厂商也生产太阳电池级硅材料：日本的 Tokuyama、美国的 Hemlock 及德国的 Wacker，以及新进入的 JSSI、ELKEM 等。目前世界多晶硅生产技术最先进的国家是美国、德国、日本和意大利等少数发达国家，以上四个国家产量占世界多晶硅产量总和的 90% 以上，其核心技术多是德国西门子公司的改良技术，属于化学提纯法。

近年来，采用物理提纯技术生产太阳电池级多晶硅正在进入产业化阶段。物理法提纯的基本思路是将纯度自下而上地提高（Bottom Up），与目前世界上的主生产方式——改良型德国西门子化学方法纯度自上而下（Top Down）的模式迥然不同，我们将在下面章节进行介绍。物理法的优点是价格低廉，虽然产品纯度比化学法要低，但经过努力，作为太阳电池级多晶硅产品还可以，这是降低太阳能材料成本的另一个重要方向。

3.1.3 薄膜太阳电池对比

薄膜材料，在降低成本上具有很大的潜力：①电池薄膜材料厚度从微米到几十个微米，是单晶硅和多晶硅太阳电池的几十分之一，并且直接沉积出薄膜，没有切片损失，可大大节省原料；②可采用集成技术依次形成电池，省去组件制作过程；③可采用多层技术等。因此，薄膜电池具有大幅度降低成本的潜力，实现光伏发电与常规发电相竞争的目标，从而成为可替代能源。由于薄膜太阳电池耗费硅材料较少，按 M. A. Green 计算的硅太阳电池极限效率的结果，$80\mu m$ 厚就可以达到硅电池的峰值效率 29%，即使减到 $1\mu m$ 仍可达到 24%。总之，与晶体硅材料相比，薄膜硅材料电池虽然效率偏低，电池板所占面积大，工艺欠成熟，但是主要优点是：耗费材料少，是单晶硅和多晶硅太阳电池的几十分之一，成本低。因此，高效低成本的薄膜太阳电池成为了太阳电池工业的发展方向之一。

对薄膜太阳电池一般的要求有：要有较高的光电转换效率；材料本身对环境不造成污染；便于工业化生产且材料性能稳定。我们从以下几个方面进行分析。

（1）薄膜材料的资源分析

在各种薄膜太阳电池的组成元素中，镓（Ga）、铟（In）和碲（Te）属于稀散金属，这一组元素之所以被称为稀散金属，一是因为它们之间的物理及化学性质等相似，它们常以类质同象形式存在于有关的矿物当中，难以形成独立的具有单独开采价值的稀散金属矿床；二是它们在地壳中平均含量较低，以稀少分散状态伴生在其他矿物之中，只能随开采主金属矿床时在选冶中加以综合回收、综合利用。也就是说这些元素存在一个资源提供不足的问题。比如铜铟硒薄膜电池的生产，如果所有电池都由铜铟硒来制备，全世界已探明的铟储量还不够 2002 年一年使用。因此，铜铟硒薄膜电池不会实现大规模产业化的发展目标。砷化镓电池成本也太高，大约是传统电池成本的10倍，主要用在航天领域。而多晶硅薄膜原材料丰富，可供大规模工业化应用，具有资源优势。

（2）对环境的影响

碲化镉电池中，镉是重金属，有剧毒。镉在自然界中多以硫镉矿的形式存在，并常与锌、铅、铜、锰等矿共存。虽然镉的化合物没有毒性，但在工业化生产和使用过程中，就有可能游离出有毒镉。镉的毒性很强，可在人体的肝、肾等组织中蓄积，造成各种脏器组织的破坏，尤以对肾脏损害最为明显，还可以导致骨质疏松和软化。其主要影响是：①含有镉的尘埃通过呼吸道对人类和其他动物造成危害；②生产废水废物排放所造成的污染。砷化镓太阳电池的原料砷具有金属与非金属的性质，砷的化合物均有剧毒。砷多以三价（无机砷）和五价（有机砷）形态存在，三价砷化合物比其他砷化物毒性更强。砷化物易在人体内积累，造成急性或慢性中毒。慢性砷中毒后是疲乏和失去活力；较严重的砷中毒出现胃肠道黏膜炎、肾功能下降、水肿倾向、多发性神经炎等。砷的氧化物三氧化二砷俗称砒霜，其毒性无比。因此，从长远的环保角度看，碲化镉电池和砷化镓太阳电池的大规模工业应用不为人们所接受，而多晶硅薄膜无毒性、无污染，在环境影响方面有优势。

（3）稳定性分析

碲化镉薄膜太阳电池的工艺的产业化，尚有若干问题有待于进一步解决。首先，碲化镉的成膜方法不统一，有六七种，其中一些方法已做出转换效率大于12％的太阳电池。可是，不同工艺或同一工艺但不同人员所制备的电池效率差别很大。按工业化要求来看，这种成膜方法均不成熟。其次，组件的稳定性也存在着问题，不同研究者制备出的电池其稳定性差别很大，有的经过一段时间老化，表现出明显的衰退迹象。目前尚不能说明造成衰退的原因是碲化镉材料本身的质量问题，还是掺杂元素在界面上相互扩散的问题，或者是由于人们还没有认识到的其他问题。总之，碲化镉太阳电池稳定性机理尚不十分清楚，但可以肯定与电池材料和制作工艺密切相关，这将成为商品化的最大隐患。因此，这种电池与工业化生产有很大距离。

铜铟硒薄膜电池原子配比及晶格匹配往往依赖于制作过程中对主要半导体工艺参数的精密控制，即便是在很低的温度下，硒的含量、金属的扩散、杂质引入都难于控制，工艺的重复性差，不稳定。另外，铜等元素可发生再反应，薄膜的亚稳定性有待进一步探讨。

有机半导体薄膜太阳电池具有工艺简单、重量轻、价格低、便于大规模生产的优点。虽然电池转化效率较低，而且有机物的退化影响电池的稳定性，但是仍然有一定的研究价值。世界各国的研究机构一直在积极致力于提高有机薄膜太阳电池转换效率的研究实验。2007年7月，美国加利福尼亚大学在科学杂志《Science》上发表了"单元转换效率全球最高达6.5％"的文章。日本的住友化学也于2009年2月宣布，该公司的有机薄膜太阳电池的转换效率达到了6.5％。提高转换率的关键在于，施主材料通过在聚合物骨架中导入提高其与受主（Acceptor）材料之间能隙的结构，实现了约1V的高开放电压。另外，还导入可形成最佳发电层结构的取代基，兼顾短路电流和电压的高水平，以期2015年前后使转换效率达到7％；而且它们的研究刚刚起步，有机半导体体系的电流产生机制仍有许多值得探讨的地方，稳定性不是很好，转换效率还比较低，基本上还处于探索阶段。

非晶硅薄膜太阳电池低温生产，成本低，便于大规模生产。但是，非晶硅电池作为地面电源应用的最主要问题是效率较低、稳定性较差。目前实验室效率为15％，生产中电池组件的稳定效率为5.5％～7.5％。引起效率低、稳定性差的主要原因是光诱导衰变，研究发现非晶硅电池长期被光照射时，电池效率会明显地下降，这就是所谓的S-W效应，即光致衰退。另外，它的光学带隙为1.7eV，使得材料本身对太阳辐射光谱的长波区域不敏感，限制了它的转换效率。为了解决这些问题，人们主要从以下方面研究：①提高掺杂效率，增强内建电场，提高电池的稳定性；②提高本征非晶硅材料的稳定性（包括晶化技术），改善非晶硅电池内部界面，减小晶界少子复合；③制造双结、多结电池，提高效率和电池的稳定性。但这些措施的效果离人们的期望仍有很大差距。由以上原因可以看出，非晶硅电池近年内要实现大规模生产的可能性较小。

从上面对各种薄膜电池薄膜材料的资源分析、对环境的影响和稳定性的对比分析可以看出：多晶硅薄膜电池兼具单晶硅电池的高转换效率和高稳定性以及非晶硅薄膜电池材料制备工艺相对简化等优点受到人们的注意。多晶硅薄膜电池既具有节省硅原料用量和简化硅片制造工艺的特点，又具有晶体硅电池转换效率高和稳定性能好的优点。它的效率不仅优于非晶硅薄膜电池，而且已接近晶体硅电池。此外，多晶硅薄膜太阳电池的硅层即使薄到 $10\mu m$，仍可以取得比较高的效率。由于多晶硅薄膜电池将晶硅电池优异的光电性能与薄膜电池的低成本优势集于一身，因此被认为是第二代太阳电池的最有力的候选者之一。虽然多晶硅薄膜电池具有上述优点，但是也有以下问题需要考虑：①多晶硅薄膜电池比非晶硅薄膜电池的材料要厚，因此，在沉积薄膜时需要更长时间，这需要提高沉积速度；②与非晶硅薄膜电池相比，加入了退火工艺，需要消耗能量，因此如何尽可能少地减少退火时消耗的能量是需要认真研究的问题；③退火温度高就需要耐高温的玻璃，温度越高玻璃的价格就越高，因此在退火时要求在形成相对高质量的多晶硅薄膜的情况下尽可能低的退火温度。

从以上对各种太阳电池的描述可以看出：薄膜电池除了节省材料外，还有诸多优势和发展潜力，在提高效率和降低成本的要求下，太阳电池势必走向薄膜化。硅材料因其资源丰富、无毒性、有合适的光学带隙、研究较充分、便于大批量工业生产被作为制备薄膜电池的主要材料。多晶硅薄膜兼具晶硅的高迁移率、高稳定性及非晶硅的节省原料、工艺简便、便于大面积组件、结构灵活的优点，被认为是最有应用前景的太阳电池材料。现在薄膜电池在走向工业化的过程中，主要存在设备的批量化生产和设备一次性投入较高等问题。

总之，对晶体硅电池来说，其优势地位在较短时间内还难以被取代，尤其是制备成本比单晶硅降低，却仍然拥有良好性能的多晶硅电池，并且它们正朝着薄层化方向发展。同时，原材料的成本也随着新技术的发展和大规模商业化而不断降低。太阳电池分类及性能对比见表 3.1。

表 3.1 太阳电池分类及性能对比

太阳电池类型	材料	材料成本与工艺	电池效率	环保性	稳定性
硅系太阳电池	单晶硅	成本高、工艺烦琐	最高	清洁	很高
	多晶硅	成本较高、工艺较单晶硅简单	较高	清洁	高
	多晶硅薄膜	成本低、工艺复杂	较高	清洁	较高
	非晶硅薄膜	成本低、工艺较复杂	一般	清洁	不高
多元化合物薄膜太阳电池	砷化钾	成本低、工艺复杂	最高	砷有剧毒	高
	碲化镉	成本较低、易于规模生产	较高	镉有剧毒	较高
	铜铟锡	原材料铟资源稀少	较高	较清洁	较高
染料敏化太阳电池		成本低、工艺复杂	一般	清洁	一般
有机材料薄膜电池		成本低、工艺不成熟	较低	清洁	较差

3.2 太阳电池多晶硅现状

晶体硅分单晶硅和多晶硅。单晶硅价格昂贵，多晶硅虽然质量不如单晶硅，但由于不需要耗时耗能的拉单晶过程，其生产成本只有单晶硅的 $1/20$，而且工业中应用吸杂等技术可以维持较高的少子寿命。目前多晶硅太阳电池的效率虽然比单晶硅电池低1%～2%，但是多晶硅太阳电池的成本较低。因此，目前太阳电池市场上多晶硅电池的份额已经超过了单晶硅电池。

随着能源短缺和环境的迅速恶化，太阳电池产业飞速发展，全球对多晶硅的需求快速增长，市场供不应求，价格一度大幅上扬。主要原因是以欧洲为中心的太阳能市场迅速普及与扩大，多晶硅供需不平衡的局面将愈演愈烈，市场的短期波动可能有变化，但太阳电池用多晶硅长期将需求旺盛。2002～2010年全球及中国太阳能级多晶硅需求量统计如图3.1所示。

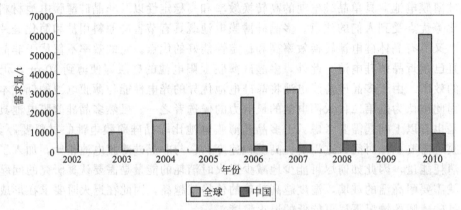

图 3.1　2002～2010 年全球及中国太阳能级多晶硅需求量统计

多晶硅以金属硅为原材料，我国是世界上高品位硅原矿石储藏国，占全世界已探明储量的三分之一，硅矿石首先冶炼成金属硅，进一步提纯为高纯多晶硅。我国是金属硅出口大国，反过来又是世界上高纯硅进口大国，半个世纪以来，我国约96%以上的高纯硅原料一直依赖进口，这种受制于国外、极不合理的状况亟待改变。

国际、国内生产的太阳能级多晶硅大都采用单晶硅棒纯度略低的头尾料或拉单晶剩的底料熔炼、掺杂、勾兑并再次熔融铸锭而成。随着半导体行业的技术提升，单晶硅的头尾料所占的比例越来越小，产量受到单晶硅产量的制约因素越发明显，导致多晶硅成本越来越高。生产多晶硅的方法主要有改良西门子法、物理法等。改良西门子法的纯度虽然可以达到11N级，但是用于太阳电池有些可惜，因为实验证明7N级以上纯度的多晶硅料对于提高太阳电池的转换效率已经没有明显的贡献。

就化学法来讲，我国多晶硅工业起步于20世纪五六十年代中期，生产厂有20余家，但由于生产技术难度大、生产规模小、工艺技术落后、环境污染严重、耗能大、成本高，绝大部分企业因亏损相继停产和转产，到1996年仅剩下四家，产能与生产技术都与国外有较大差距。

同国际先进水平相比，国内多晶硅生产企业在产业化方面的差距体现在多方面。2006年7月底，国家发改委在江西新余专门召开了一次"太阳级硅材料及硅太阳电池研讨会"，专家们指出，国内多晶硅企业的问题主要是产能低、供需矛盾突出。2005年中国太阳能用单晶硅企业开工率为20%～30%，半导体用单晶硅企业开工率为80%～90%，无法实现满负荷生产，多晶硅技术和市场仍掌握在美国、日本、德国少数几个生产厂商手中，严重制约我国产业发展。多晶硅并非是类似石油的资源性产品，但技术一旦形成垄断，国内企业就无所适从。

此外，我国的多晶硅生产规模小，现在公认的最小经济规模为每年1000t，最佳经济规模为每年2500 t，而我国多晶硅生产企业离此规模仍有较大的距离。而且，国内企业的工艺设备落后，同类产品物料和电力消耗过大，"三废"问题多，与国际水平相比，国内多晶硅生产物耗、能耗高出一倍以上，产品成本缺乏竞争力。

而最主要的还是技术和生产工艺问题。我国目前投资的项目，多数都是从国外引进技术。

地方政府和企业投资多晶硅项目，存在低水平重复建设的隐忧。千吨级工艺和设备技术的可靠性、先进性、成熟性以及各子系统的相互匹配性都有待生产运行验证，并需要进一步完善和改进。

我国太阳电池生产企业购买电子级高纯度多晶硅，再与杂料进行混合掺用，兑成 SG 级的太阳能用多晶硅。目前世界多晶硅生产技术最先进的国家是美国、德国、日本和意大利等少数发达国家，以上四个国家产量占世界多晶硅产量总和的 90% 以上，其核心技术多是德国西门子公司的改良技术，属于化学提纯法。由于单晶硅产量的限制和价格大幅度上涨的影响，近年来，采用物理提纯技术生产太阳电池级多晶硅正在进入产业化阶段。物理提纯技术研究开始于 20 世纪 80 年代，其基本思路是将纯度自下而上地提高（Bottom Up），与目前世界上的主生产方式——改良型德国西门子化学方法纯度自上而下（Top Down）的模式迥然不同。从投资角度来看，一条 1000t 左右的改良西门子法多晶硅生产线，就如同一个中型的现代石化公司，不仅工程设计复杂，耗电量高（年产千吨多晶硅的生产线需要的供电装机容量为 9.8 万千瓦，年总用电量为 2.5 亿千瓦·时），而且总投资巨大。相比较而言，物理法生产投资和单位能耗就大幅度降低，我们在下一章重点介绍这种方法。

3.3 硅及冶金硅

无论西门子化学法还是物理法生产多晶硅都是以冶金级工业硅为原料的，下面就从硅和冶金硅讲起。

3.3.1 硅的概况

3.3.1.1 单质硅

1823 年瑞典的贝采利乌斯用氟化硅或氟硅酸钾与钾共热得到粉状硅，并确定其为元素。从前叫矽，因同音元素较多，我国于 1953 年把矽改称硅。硅元素符号 Si，原子序数 14，原子量 28.086，外围电子排布 $3s^2 3p^2$，位于第三周期第ⅣA族，共价半径 117pm，离子半径 42pm，第一电离能 786.1kJ/mol，电负性 1.8，有晶体和无定形两种同素异形体，密度 2.33kg/m³，熔点 1410℃，沸点 2355℃，硬度 7。晶体硅呈银灰色，有明显的金属光泽，晶格和金刚石相同，硬而脆，属半导体。低温时单质硅不活泼，不与空气、水和酸反应。室温下表面被氧化形成 1000pm 二氧化硅保护膜。高温时能跟所有卤素反应，生成四卤化硅，跟氧气在 700℃ 以上时燃烧生成二氧化硅。跟氯化氢气在 500℃ 时反应，生成三氯氢硅和氢气，利用三氯氢硅低的沸点为（31.8℃），在西门子化学法与其他物质分离。硅在自然界分布很广，在地壳中硅原子百分数为 16.7%，质量分数为 27.6%，自然界的硅由硅 28、硅 29、硅 30 三种稳定同位素组成。硅是组成岩石矿物的一种基本元素，主要以石英砂或硅酸盐的形式存在。

3.3.1.2 硅矿石

硅主要以二氧化硅形式存在于石英和砂子中。二氧化硅化学式 SiO_2，分子量 60.08，也叫硅石，是一种坚硬难溶的固体。从地面往下 16km 大多是矿石。天然形态的氧化硅或者是以独立的石英矿物存在，或者是硅石和硅石形态的砂岩。硅石可能含有褐铁矿、赤铁矿、黄铁矿、长石和黏土矿等。天然的二氧化硅分为晶态和无定形两大类，晶态二氧化硅主要存在于石英矿中。纯石英为无色晶体，大而透明的棱柱状石英为水晶。二氧化硅是硅原子跟四个氧原子形成的四面体结构的原子晶体，整个晶体可看作是一个巨大分子，SiO_2 是最简式，并不表示单个分子。无定形二氧化硅为白色固体或粉末，熔点 1723℃±5℃，沸点 2230℃。它的化学性质很稳定，不溶于水也不与水反应，是酸性氧化物，不与一般酸反应，与热的强碱溶液或熔化的碱反应生成硅酸盐和水，与多种金属氧化物在高温下反应生成硅酸盐，用于制造石英玻璃、光学仪器、化学器皿、普通玻璃、耐火材料、光导纤维、陶瓷等。

纯度很高的二氧化硅为石英，三方晶系，晶体呈六方柱状，常呈晶簇状、粒状、块状等单体或群体。颜色不一，无色透明的晶体称水晶，乳白色的称乳石英，紫色的称紫水晶，烟黄褐色的称烟晶、茶晶，黑色的称墨晶，晶体中含有白色或其他颜色放射状物的称为金星石。石英的完整晶体产于岩石晶洞中，块状的常产于热液矿脉中，也是花岗岩、片麻岩和砂岩等各种岩石的重要组成部分。石英晶体也可以用人工方法制成。结晶良好的晶体可用于光学仪器和压电材料；其他各种形态的石英变种可用于制造玻璃、搪瓷及研磨材料和建筑材料等。

3.3.2 冶金硅的生产

3.3.2.1 碳质还原剂

冶金硅制备主要是在电弧炉中用碳还原硅质原料而成的。

选择熔炼硅的碳质还原剂时要求：低灰分、还原能力强、高电阻、高温下不易发生石墨化、粒度适宜、较高的机械强度等。碳质还原剂的化学反应活性与其气孔率、密度、比表面积有关。通常气孔率大、密度小、比表面积大的碳质还原剂化学反应活性好。碳质还原剂还是工业硅炉料中的主要导电体。只有还原剂电阻率较高，才能使电极埋到一定深度，也才有可能采用更高的工作电压。而足够的电极埋入深度和较高的工作电压是提高产量、减少热损失、保持正常熔炼过程所必需的。

碳质还原剂在高温成焦过程和冶炼中性质发生变化，即产生不同程度的石墨化。石墨化开始于 $1600℃$，结束于 $2500℃$，也就是说石墨化开始的温度范围也正是工业硅生产中进行还原反应的温度。还原剂的石墨化性能越好，则其化学活性越差，比表面积电阻率越小。所有能用于电热冶炼合金的含碳材料，实质上它们都含有一种同素异晶形式的碳——石墨。这些材料中石墨的晶体是正六边形，边长 1.41Å（1Å$=10^{-10}$m，下同），基准面间距等于 3.345Å，基准面呈偶数和奇数层对称排列。

某些碳质材料（无烟煤、煤、木炭）和石墨不同，含有无定形碳，由一些具有石墨晶格的很小的结晶组成。无定形碳的高分散性使它的表面能比大晶粒石墨的数值大，有较高的反应能。木炭的直孔有利于气体通过，而石油焦的孔基本上是隔离封闭的，反应能力不仅取决于总气孔数，还取决于微孔的大小和性质。生产中常用的还原剂主要有木炭、石油焦、煤基炭、低灰分烟煤等。

（1）木炭

木炭是木材或木质原料经过不完全燃烧，或者在隔绝空气的条件下热解，所残留的深褐色或黑色多孔固体燃料，是保持木材原来构造和孔内残留焦油的不纯的无定形碳。木炭除含碳元素外，还含有氢、氧、氮以及少量的其他元素。

木炭的孔隙率大，比表面积大，而且有许多微孔和过渡孔，适于气体通过，其还原能力比焦炭大很多。另外，木炭中所含的灰分，尤其是碱金属、碱土金属及其氧化物对木炭的化学反应能力也起催化作用。固定碳是木炭中最主要的成分，中华人民共和国林业部规定，东北工业用木炭按不同烧炭原料固定碳指标在 $70\%\sim86\%$ 之间。木炭的比电阻相当大，约等于 $10^{10}\sim10^{12}\Omega\cdot$cm，而且木炭在高温下的石墨化程度不明显，电阻率高，反应活性强，虽然机械强度略低，却是目前满足冶炼硅要求的最佳碳质还原剂。但是，由于国内生产木炭的技术欠缺，在生产过程中对环境污染大，木炭产品性能指标不稳定，而且国家提倡保护森林资源，工业硅生产大量使用木炭必将受到限制。

(2) 石油焦

在所有用于生产硅的还原剂中灰分最低的是石油焦。石油焦是用重热裂残渣或热分解残渣（在 450～700℃ 下的石油精制之后）炼焦制得的，形状不规则，大小不均一，呈黑色块状或颗粒状，有金属光泽，颗粒具多孔隙结构，主要由碳元素组成，占 80％（质量比）以上，其余为氢、氧、氮、硫和金属元素。石油焦具有固定碳含量高、灰分含量低、机械强度高、成分稳定等优点，是许多工业硅生产企业常用的碳质还原剂之一。但石油焦属强石墨化还原剂，造成其还原性低，电阻率低，因此，需要和木炭、低灰分烟煤等配合使用，起补充固定碳作用。

(3) 烟煤

优质烟煤的灰分含量为 3.0％ 左右，国内厂家应用部分烟煤代替木炭，取得了较好的技术经济指标。低变质程度的烟煤比电阻高、反应性能好，是炼硅用理想的还原剂。而高挥发分烟煤的比电阻相当于延迟石油焦的 40 倍，具有反应能力强、电阻大的特点。

但烟煤不像木炭具有多孔结构，比表面积较小，因此使用烟煤作为还原剂，炉料的透气性不好，必须选择合适的炉料疏松剂。

(4) 煤基炭

煤基炭还原剂是在煤基中加入添加剂加工制备而成的，其物理形态和性能与木炭接近。煤基炭多气孔、气孔壁较厚、强度较高，具有固定碳含量高、低灰分、低硫、化学活性高、相对密度低等优点，非常适合工业硅冶炼中作还原剂。另外，煤基炭具有很高的比电阻（常温下比电阻为 $10^9\Omega\cdot cm$），有利于工业硅冶炼过程顺利进行，可以使用大电压生产并保证电极深埋，同时使电耗降低。

实践证明，为了达到较好的还原效果及良好的经济效益，一般都采用几种碳质还原剂搭配使用。

3.3.2.2 生产过程

硅质原料直接与碳质还原剂配制炉料，并按要求送入炉内冶炼，还原过程能量消耗很高，约为 $14kW\cdot h/kg$。

化学反应方程式：

$$SiO_2 + 2C = Si + 2CO$$

一般冶金工艺对硅质原料石英砂化学成分的要求：$SiO_2 > 98.5\%$，$Al_2O_3 < 0.8\%$，$Fe_2O_3 < 0.4\%$，$CaO < 0.2\%$，$MgO < 0.15\%$。

工业用硅的工艺流程包括炉料准备，电炉熔炼，硅的精制和浇铸，除去熔渣夹杂而进行的破碎。

以硅石为例，将硅石、碳质还原剂混合，在炉料配制之前，所有原料都要进行必要处理。硅石在颚式破碎机中破碎到块度不大于 100mm 的程度，筛出小于 5mm 的碎块，并用水冲洗洁净。合格粒度的硅石、石焦油、电极在地面按比例配料，均匀加入炉内，石油焦有较高的电导率，要破碎到块度不大于 10mm 的程度，又要控制石油焦的粉末量，因其在炉膛口上直接燃烧，会造成还原剂不足。炉料各组分经称量后，将炉料混合均匀，待捣炉后，将混合均匀的炉料集中加入炉内。加料时保持一定的料面高度，加料均匀。

碳质还原剂包含石油焦等，其总碳量为每批硅石总重乘以硅石中 SiO_2 含量乘以 24/60。还原剂必须满足以下要求：必要的纯度、足够的反应能力、较高的电阻、适宜的粒度、合适的灰分、充足的货源和便宜的价格。

每批料硅石用量设为 200kg，则硅石理论需碳量为

硅石用量×理论配料比＝200kg×0.4＝80kg

如果用于生产太阳电池多晶硅，那么就要注意控制影响太阳电池转换效率的有害杂质 B、

P 等元素。因为一般碳质还原剂含 P 比较高，所以生产中使用的是石油焦还原剂，所以固定碳需用石油焦量为

$$H = 80kg \div 0.85 \div (1-0.1) \div (1-0.1)$$
$$\approx 120kg$$

因此，理论配料比为

$$硅石：石油焦 = 200：120$$

以上为估算，对具体情况的不同，比例可以调整，原材料纯度尽可能高，杂质尽可能少。

熔炼工业硅原理上是无渣过程，因为天然硅石和还原剂的灰分中含有杂质，在熔炼过程中形成的熔渣占硅量为 2%～3%。生成熔渣便扰乱了炉子的冶炼过程，原料中的杂质还会降低硅的质量。因此，在原材料中，对有害杂质（铝、钙、铁、磷、砷等的氧化物）的含量有严格要求。

过渡金属（例如 Ni、Co、Fe）的氧化物比 SiO_2 稳定性低得多，过渡金属氧化物倾向于被还原为金属单质，比把 SiO_2 还原为 Si 的要求要高。Na_2O 在室温下也相当稳定，但随着温度的上升其稳定性迅速降低，这是由于碱金属的熔点和沸点都较低。纯的 Na_2O 在 1000℃ 左右可以还原为气态金属单质。对于挥发性更高的 K 也是同样，K_2O 比 Na_2O 更不稳定。

碱土金属和铝的氧化物，属于电炉原料中最多的杂质，比 SiO_2 要求更低的碳就可将其还原为金属状态。TiO_2 较 SiO_2 稳定，其一氧化物 TiO 熔点为 1750℃，稳定性与 Al_2O_3 相近。中间的氧化物 Ti_3O_4 和 Ti_2O_3 的稳定性则位于 TiO_2 和 TiO 之间。黏土加热时很快释放出其中的羟基变成一种浓缩的状态，并处于 1600℃ 游离碳和 SiC 的还原作用之下。当然，碱金属氧化物在生成 SiC 之前已经被还原并蒸发。硅铝酸盐和 CaO 仍然留在分散的小颗粒中，其中的硅酸盐在进一步的加热中选择性地被还原为 SiC 而与 Al_2O_3 分离。在液态 Si 的存在下，Ca 和 Al 几乎全部溶解于其中。如果在 SiO_2 和 C 的混合物料中加入纯的 Cr 和 Mn 氧化物，在 SiO_2 发生任何反应之前，Cr 和 Mn 已被完全还原。由于 Mn 完全还原需要的温度刚好可以产生液态的渣，SiO_2 在熔点 1700℃ 左右仍然未被还原，但 Mn 已溶入炉渣中。熔炼时铁能很好地被还原，几乎全部进到硅中，铝、镁和钙几乎一半被还原进入硅中，余下的蒸发后剩下的并不还原，生成熔渣。几种还原剂基本成分见表 3.2。

表 3.2 几种还原剂基本成分

还原剂	固定碳 /%	粒度 /mm	水分 /%	挥发分 /%	灰分 /%	灰分中/%		
						Fe_2O_3	Al_2O_3	CaO
木炭	70～78	10～80	15.1	17～26	1.6～3.3	0.6～3.4	1.4～4.1	33～56
石油焦	81～94	1～15	5～13	7～12	0.4～1.2	13～24	1.3～11	10～14
烟煤	54～60	1～13	4.5～6.7	34～40	4～6	5～15	28～32	1.2～5
煤基炭	80～83	10～15	7.2	8～13	2～4.5	0.08	0.15	0.25

料混合起到如下作用：①良好的透气性；②提高导热性和热交换速度；③分解、提高助燃速度。料在 200～300℃ 温度下烘干 1～2h。尤其新炉一定要烤炉 2 天，以便彻底去掉耐火材料上的水分。新修或中修过的熔炉及停产后的熔炉，在启用前都要进行烘炉。烘炉的目的在于使炉体干燥和预热。为排除水分和防止回执过快造成炉体开裂，烘炉时要缓慢升温。

矿热炉冶炼采用常规单相、三相电炉，使炉温达到 1800℃ 以上，分批加入配制好的炉料进行冶炼。熔炼实行闭弧操作，保持高温炉，提高热效率，提高电炉利用率。每 4h 出一次炉，进行精炼浇铸，破碎挑渣整理入库。

大电流低电压对电极稳而深地埋入炉料是有利的。生产中控制好二次电压，使炉况平稳无

波动，电极埋得深而稳；而当二次电压过低时，炉料料面发死，有大黏块形成。

二次电压：120～165V（根据实际情况调整，比如132V）；

二次电流：24kA；

平均负荷：3800kW；

电极埋入深度：1200～1400mm；

料面高度：400～500mm；

精炼时间：30～40min。

这是普通工业硅冶炼过程。不同厂家情况不同，工艺参数也可能有所不同。

3.3.2.3　矿热炉的组成

矿热炉由炉体系统、电气系统、加料系统、出料系统、排烟系统、冷却系统、控制系统、动力系统、维护系统及其他设备组成。

炉体系统由炉壳、炉衬、炉盖、炉底、把持器（无磁不锈钢）、吊挂油缸钢平台、把持筒（不锈钢）、保护大套（无磁不锈钢）、压力环、油缸上下支架、吊挂、导电筒、固定架、气囊支架、极心圆调整密封装置、绝缘件、抱闸、吹氧机、捣炉机、密封装置及向导轮组成。

电气系统由变压器、高压柜、低压柜、短网、铜瓦（锻造）、铜管、铜排、水冷电缆、补偿水冷电缆、电极、操作台、低压补偿装置、变频器、绝缘材料、硫化锌避雷器组成。

加料系统由加料仓、加料管、振动给料机、电气插板阀、卷扬机、电子汽车衡、叉车、手推小车、带式输运机组成。

出料系统由烧穿器、出铁口挡板、牵引车、硅水包、运包车、钢轨、盛硅包、龙门吊钩与夹子、电工双桥式起重机、激光粒度监测仪组成。

排烟除尘系统由烟罩、烟囱、烟气余热回收装置、布袋除尘装置、旋风除尘器、离心风机、高压电动蝶阀、移动轴流风机组成。

冷却系统由变压器冷水冷却器、炉体冷却系统、水泵、水过滤器、水软化器组成。

控制系统由控制台、PLC控制系统、仪表、热电偶、压力计、流量计、传感器、电压表、电流表组成。

动力系统由液压系统、液压站、压放油缸、升降油缸、压力环油缸、气压系统、空压机、储气罐、阀门管道、气囊组成。

维护系统由直流焊机、交流焊机、落地式砂轮、砂轮切割机、氧气瓶、乙炔瓶、扳手、夹钳等组成。

其他装备包括颚式破碎机、粉碎机、标准振动筛、混样缩分机、标准天平、阻尼分析天平、电光分析天平、光电比色计、分光光度计、电热鼓风干燥箱、箱式电阻炉、电弧燃烧炉、碳硫联测仪、组合式试验台。

上述生产过程主要污染物为烟尘、炉渣和噪声。硅石以碳热电熔法生产工业硅，可能造成危害的因素主要是冶炼过程中含高浓度的二氧化碳及烟尘、浇注区及原料系统粉尘、行车吊运重物伤人、冶炼及除尘风机噪声。要采用除尘设备。工业水处理方面，生产用水主要为电炉、变压器间接冷却用水，在使用过程中仅温度升高，水质未受到污染，可循环使用。多余的冷却水及少量车间生活用水含泥沙量少，经沉淀处理达标后排入下水道。废渣处理方面，电炉生产时每年的出炉渣，含硅较高，可回炉回收利用。每年产生车间工业垃圾，主要为废耐火材料，可用于铺路或作填充物。除尘器每年收下的硅微粉，可外售作混凝土添加剂。噪声处理方面，硅业噪声主要来源于除尘风机和水泵等设备，在采用低噪声设备时，将其分别置于建筑物内，并对门窗、墙壁等作隔声处理。

这样被还原出来的硅的纯度为98％～99.9％，称为冶金级硅（MG-Si）。冶金级硅又称工业硅、化工硅、结晶硅或金属硅，主要用途是作为非铁基合金的添加剂，也作为硅钢的合金剂，冶炼特种钢和非铁基合金的脱氧剂。工业硅经一系列工艺处理后，可拉制成单晶硅，供电子工业使用，在化学工业中用于生产有机硅等，因此它有魔术金属之称，用途十分广泛。我国生产的工业硅，原来主要是冶金用硅，工业用硅的生产主要是从20世纪90年代中期以来有所发展，近年来，我国化学用硅的产量和出口量增长较快。近几年，从世界范围看，工业硅的主要出口国是中国、挪威、巴西、南非等；进口工业硅的国家主要是日本、西欧、北美和东南亚的某些国家。2000年以来，我国每年的工业硅产量都达到40万吨以上，约占世界工业硅总产量的三分之一，年出口量超过了30万吨，已出口到50多个国家和地区。目前我国的工业硅产能、产量和出口量均居世界首位。我国生产的工业硅大部分用于出口，是世界上最大的工业硅出口国，除向日本、韩国、东南亚的一些国家出口外，还向北美、西欧以及北非的一些国家出口。

金属硅的纯度通常用其中最主要的三种杂质铁、铝、钙的含量的百分比来表示。如果铁、铝、钙的含量依次为0.4％、0.3％、0.2％，就称为432。这三种杂质中通常是钙的含量小于千分之一，就在该位前增加一个"0"，例如，铁、铝、钙的含量分别为：0.2％、0.2％、0.03％，换算成百万分之一（10^{-6}表示）的话，铁、铝、钙的含量依次就是2000×10^{-6}、2000×10^{-6}、300×10^{-6}。多晶硅杂质浓度单位一般用10^{-6}表示，1×10^{-6}就是6N。在金属硅行业，主要关注三个元素：铁、铝、钙。如果三者的总和低于1％，就可以叫99％的金属硅，如果这三个元素的含量总和低于0.1％，就可以叫3N金属硅。物理法多晶硅因采用金属硅直接提纯，沿用这个习惯，因为硼和磷在太阳电池制作中起关键作用，所以必须加上硼和磷。当然，碳、氧、氮、氢等元素也起重要作用，这些元素的和低于1×10^{-6}，就可以称为6N；如果这些元素的含量总和低于10×10^{-6}，就称为5N。当然，这里面也有问题：其他元素是否也需要去除？其实，很少有用100％减去除硅外的108个元素的总和后得到的数字来表示硅的纯度的。所以，我们也可以分别表示某个元素的含量。目前在10^{-6}级的精度，测试元素含量比较普遍的仪器是电感耦合等离子体发射光谱仪（ICP-AES），如果精度要求更高可以用感耦合等离子体质谱仪（ICP-MS）。以10^{-6}表示杂质的含量时，有按重量（质量）计算的浓度和按原子密度计算的百万分之一的分别，后者即每百万个硅原子有几个杂质原子。对于同一个材料来说，按重量（质量）计算的百万分之一和按原子密度计算的百万分之一是有一定的对应关系的，其比值与硅原子和杂质原子的原子量的比值相同。例如，硅的原子量为28，而硼的原子量为11，如果硼的浓度按重量（质量）计算为4×10^{-6}，则对应的按原子密度计算的值就是$4 \times 10^{-6} \times 28 \div 11 = 10.2 \times 10^{-6}$。

工业硅产品执行标准见表3.3。金属硅生产场景、金属硅产品见图3.2、图3.3。

表3.3　工业硅产品执行标准

名　称	牌　号	主要化学成分/%				应用范围
		Si　不小于	杂质　不大于			
			Fe	Al	Ca	
A级硅	Si-A	99.3	0.4	0.2	0.1	化学用硅
B级硅	Si-B	99.0	0.5	0.3	0.2	
一级硅	Si-1	98.5	0.6	—	0.3	冶金用硅
二级硅	Si-2	98.5	0.7		0.5	
三级硅	Si-3	97.0	1.0	—	1.0	

图 3.2　金属硅生产场景

图 3.3　金属硅产品

3.4　化学法太阳电池多晶硅

所谓化学法就是金属硅中的硅元素参加化学反应，变为硅的化合物，然后把硅的化合物从杂质中分离出来，最后把硅单质还原出，生成多晶硅。

3.4.1　改良西门子法

1955 年西门子公司成功研究出了用 H_2 还原 $SiHCl_3$，在硅芯发热体上沉积硅的工艺技术，并于 1957 年建厂进行工业规模生产，这就是通常所说的西门子法。

在西门子法工艺基础上，后来又进一步改良，增加还原尾气干法回收系统、$SiCl_4$ 氢化工艺，实现了闭路循环，形成当今广泛应用的改良西门子法。该方法通过采用大型还原炉，降低了单位产品的能耗；采用 $SiCl_4$ 氢化和尾气干法回收工艺，明显降低原辅材料的消耗，所生产的多晶硅占当今世界生产总量的 70%～80%。

改良西门子法相对于传统西门子法的优点主要如下。①节能降耗。改良西门子法将尾气中的各种组分全部进行回收利用，这样就可以大大降低原料的消耗。另外，改良西门子法采用大直径还原炉等措施，可有效降低还原炉消耗的电能。②减少污染。由于改良西门子法是一个闭路循环系统，多晶硅生产中的各种物料得到充分的利用，排出的废料极少，相对传统西门子法而言，污染得到控制，保护环境。

目前国内普遍采用改良西门子法——闭环式三氯氢硅氢还原法。由于回收的技术比较复杂，国内还没有完全回收的全闭环生产技术，因此面临着严重的化学污染和投资成本相对国外较高的问题。硅的氢氯化及三氯氢硅的还原等，排放出的毒液体和气体不仅污染环境，而且也增加企业的成本。目前，国际上的西门子法每千克多晶硅耗电为 150kW·h 左右，而中国的每千克多晶硅耗电为 200～250kW·h。成本方面，国际上西门子法的每千克多晶硅成本在 30 美元左右，而中国的企业要将近 70 美元。改良西门子法是用氯和氢合成氯化氢（或外购氯化氢），氯化氢和工业硅粉在一定的温度下合成三氯氢硅，然后对三氯氢硅进行分离精馏提纯，提纯后的三氯氢硅在氢还原炉内进行 CVD 反应生产高纯多晶硅。国内外现有的多晶硅厂绝大部分采用此法生产电子级与太阳能级多晶硅。该法生产多晶硅的原辅材料为三氯氢硅、氯化氢、氢气、氧化钙、氢氟酸、硝酸、氢氧化钠。

改良西门子工艺法生产多晶硅所用设备主要有：氯化氢合成炉，三氯氢硅沸腾床加压合成炉，三氯氢硅水解凝胶处理系统，三氯氢硅粗馏、精馏塔提纯系统，硅芯炉，节电还原炉，磷检炉，硅棒切断机，腐蚀、清洗、干燥、包装系统装置，还原尾气干法回收装置；其他包括分析、检测仪器，控制仪表，热能转换站，压缩空气站，循环水站，变配电站，净化厂房等，其主要反应如下。

① 把工业硅粉碎并用无水氯化氢与之反应在一个流化床反应器中，生成拟溶解的三氯氢硅。其化学反应式为

$$Si + 3HCl \longrightarrow SiHCl_3 + H_2 \uparrow$$

反应温度为 300℃，该反应是放热的，同时形成气态混合物氢气、氯化氢、三氯氢硅和硅粉。

② 产生的气态混合物还需要进一步分解，过滤硅粉，冷凝三氯氢硅和四氯氢硅，而气态氢气和氯化氢返回到反应中或排放到大气中，然后分解冷凝物三氯氢硅和四氯氢硅，净化三氯氢硅，也称多级精馏。

③ 净化后的三氯氢硅采用高温还原工艺，在氢气氛中还原沉积而生成多晶硅。其化学反应式为

$$SiHCl_3 + H_2 \longrightarrow Si + 3HCl$$

多晶硅的反应容器为密封的，在 1050～1100℃ 的条件下在棒上生长多晶硅，直径可达到 150～200mm。这样大约三分之一的三氯氢硅发生反应并生成多晶硅。剩余部分同氢气、氯化氢、三氯氢硅和四氯氢硅从反应容器中分离。这些混合物进行低温分离，或再利用，或返回到整个反应中。气态混合物的分离是复杂的、耗能量大的，从某种程度上决定多晶硅的成本和该工艺的竞争力。在改良西门子法生产工艺中，一些关键技术我国还没有掌握，在提炼过程中 70％ 以上的多晶硅都通过氯气排放了，不仅提炼成本高，而且环境污染非常严重。

改良西门子法工艺流程见图 3.4。

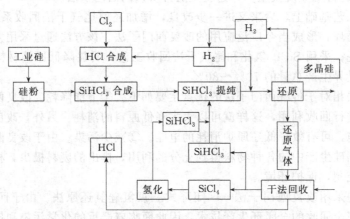

图 3.4　改良西门子法工艺流程

3.4.2　改良西门子法制备工艺及注意事项

3.4.2.1　氢气制备

在电解槽内经电解脱盐水制得氢气，氢气经过冷却，分离液体后进入除氧器。在催化剂的作用下，氢气中的微量氧气与氢气反应生成水而被除去；除氧后的氢气通过一组吸附干燥器而被干燥；净化干燥后的气体送入氢气储罐，然后送往氯化氢合成、三氯氢硅氢还原、四氯化硅氢化工序。电解制得的氧气经过冷却、分离液体后送入氧气储罐。

本过程存在的危险物质主要为氢气，其具有燃爆特性。电解过程意外产生火花，能引发燃爆。另外，氢气输送管线、冷却和分离装置由于构件、操作或检修等问题，引起泄漏，使得周围环境空气有一定爆燃可能。

3.4.2.2 氯化氢合成

从氢气制备与净化工序来的氢气和从合成气干法分离工序返回的循环氢气分别进入本工序氢气缓冲罐并在罐内混合。出缓冲罐的氢气引入氯化氢合成炉底部的燃烧枪。从液氯汽化工序来的氯气经氯气缓冲罐，也引入氯化氢合成炉的底部的燃烧枪。氢气与氯气的混合气体在燃烧枪出口被点燃，经燃烧反应生成氯化氢气体。出合成炉的氯化氢气体流经空气冷却器、水冷却器、深冷却器、雾沫分离器后，被送往三氯氢硅合成工序。

为保证安全，本装置设置有一套主要由两台氯化氢降膜吸收器和两套盐酸循环槽、盐酸循环泵组成的氯化氢气体吸收系统，可用水吸收因装置负荷调整或紧急泄放而排出的氯化氢气体。该系统保持连续运转，可随时接收并吸收装置排出的氯化氢气体。为保证安全，在这个工序中设置有一套主要由废气处理塔、碱液循环槽、碱液循环泵和碱液循环冷却器组成的含氯废气处理系统。必要时，氯气缓冲罐及管道内的氯气可以送入废气处理塔内，用氢氧化钠水溶液洗涤除去。该废气处理系统保持连续运转，以保证可以随时接收并处理含氯气体。

3.4.2.3 三氯氢硅合成

原料硅粉经吊运，通过硅粉下料斗而被卸入硅粉接收料斗。硅粉从接收料斗放入下方的中间料斗，经用热氯化氢气置换料斗内的气体并升压至与下方料斗压力平衡后，硅粉被放入下方的硅粉供应料斗。供应料斗内的硅粉用安装于料斗底部的星形供料机送入三氯氢硅合成炉进料管。从氯化氢合成工序来的氯化氢气，与从循环氯化氢缓冲罐送来的循环氯化氢混合后，引入三氯氢硅合成炉进料管，将从硅粉供应料斗供入管内的硅粉挟带并输送，从底部进入三氯氢硅合成炉。在三氯氢硅合成炉内，硅粉与氯化氢气体形成沸腾床并发生反应，生成三氯氢硅，同时生成四氯化硅、二氯二氢硅、金属氯化物、聚氯硅烷、氢气等产物，此混合气体被称为三氯氢硅合成气。

此反应大量放热，合成炉外壁设置有水夹套，通过夹套内的水带走热量维持炉壁的温度。出合成炉顶部挟带有硅粉的合成气，经三级旋风除尘器组成的干法除尘系统除去部分硅粉后，送入湿法除尘系统，被四氯化硅液体洗涤，气体中的部分细小硅尘被洗下；洗涤的同时，通入湿氢气与气体接触，气体所含部分金属氧化物发生水解而被除去。除去了硅粉而被净化的混合气体送往下一步合成气干法分离工序。

此过程中可能出现的风险类型如下。①氯化氢管线因为自身重量问题或检修失误、误操作等问题引起阀门、管线发生爆裂或泄漏，导致氯化氢气体外溢。②三氯氢硅固定床反应器内压力是 2.76MPa，500℃。反应器内温度相对较高，其有一定正压，在反应器及其连接的三氯氢硅输出管线、连接处、控制阀等发生泄漏事故后，将会外溢一定量的三氯氢硅，遇水会快速与水反应，易对外环境空气和地表水体产生影响。③三氯氢硅储罐在管理、设备、操作过程中可能发生罐体泄漏事故。④伴随反应生成的氢气也有发生泄漏、爆燃的可能。

3.4.2.4 合成气干法分离

三氯氢硅合成气流经混合气缓冲罐，然后进入喷淋洗涤塔，被塔顶流下的低温氯硅烷液体洗涤。气体中的大部分氯硅烷被冷凝并混入洗涤液中。出塔底的氯硅烷用泵增压，大部分经冷冻降温后循环回塔顶用于气体的洗涤，多余部分的氯硅烷送入氯化氢解析塔。出喷淋洗涤塔塔顶除去了大部分氯硅烷的气体，用混合气压缩机压缩并经冷冻降温后，送入氯化氢吸收塔，被从氯化氢解析塔底部送来的经冷冻降温的氯硅烷液体洗涤，气体中绝大部分的氯化氢被氯硅烷吸收，气体中残留的大部分氯硅烷也被洗涤冷凝下来。出塔顶的气体为含有微量氯化氢和氯硅烷的氢气，经一组变温变压吸附器进一步除去氯化氢和氯硅烷后，得到高纯度的氢气。氢气流经氢气缓冲罐，然后返回氯化氢合成工序参与合成氯化氢的反应。吸附器再生废气含有氢气、氯化氢和氯硅烷，送往废气处理工序进行处理。出氯化氢吸收塔底溶解有氯化氢气体的氯硅烷经加热后，与从喷淋洗涤塔底来的多余的氯硅烷汇合，然后送入氯化氢解析塔中部，通过减压蒸馏操作，在塔顶得到提纯的氯化氢气体。出塔的氯化氢气体流经氯化氢缓冲罐，然后送至设置于三氯氢硅合成工序的循环氯化氢缓冲罐；塔底除去氯化氢而得到再生的氯硅烷液体，大部分经冷却、冷冻降温后，送回氯化氢吸收塔用于吸收剂，多余的氯硅烷液体，经冷却后送往氯硅烷储存工序的原料氯硅烷储槽。

这一工艺过程可能发生的风险类型和环节主要有：①合成器中含有一定量的三氯氢硅、氢气和氯化氢，洗涤塔或进气管线、控制阀门等发生泄漏后，易造成三氯氢硅、氢气和氯化氢气体的泄漏；②氯化氢洗涤塔中仅含有一定量的氢气、氯化氢和少量的三氯氢硅，此过程发生泄漏后的主要危险物质为氯化氢和氢气；上述两次洗涤后的气体含有微量氯化氢和三氯氢硅，发生泄漏事故后可能导致火灾爆炸事故。

3.4.2.5 氯硅烷分离提纯工序

主要通过多级精馏塔对原料三氯氢硅进行精馏处理，除去其中的低沸点、高沸点杂质。

可能发生风险的类型主要有：在精馏塔与管线、管线与精馏塔之间的连接、控制阀门处发生渗漏、开裂、断裂乃至爆裂的事故后，均会引起三氯氢硅精馏液的溢出，并且会引起其中少量四氯化硅溢出，此两种物质的急速挥发会对外环境空气产生影响。

3.4.2.6 三氯氢硅氢还原

经分离提纯的三氯氢硅，送入三氯氢硅汽化器，被热水加热汽化；从还原尾气干法分离工序返回的循环氢气流经氢气缓冲罐后，也通入汽化器内，与三氯氢硅蒸气形成一定比例的混合气体。混合气体被送入还原炉内，在还原炉内通电的炽热硅芯/硅棒的表面，三氯氢硅发生氢还原反应，生成硅沉积下来，使硅芯/硅棒的直径逐渐变大，直至达到规定的尺寸。氢还原反应同时生成二氯二氢硅、四氯化硅、氯化氢和氢气，与未反应的三氯氢硅和氢气一起送出还原炉，经还原尾气冷却器用循环冷却水冷却后，直接送往还原尾气干法分离工序。还原炉炉筒夹套通入热水，以移除炉内炽热硅芯向炉筒内壁辐射的热量，维持炉筒内壁的温度。出炉筒夹套的高温热水送往热能回收工序，经废热锅炉生产水蒸气而降温后，循环回本工序各还原炉夹套使用。具体操作中应注意还原炉在装好硅芯后，开车前先用水力射流式真空泵抽真空，再用氮气置换炉内空气，再用氢气置换炉内氮气，然后加热运行，因此开车阶段要向环境空气中排放氮气和少量真空泵用水；在停炉开炉阶段（5～7天1次），先用氢气将还原炉内含有氯硅烷、氯化氢、氢气的混合气体压入还原尾气干法回收系统进行回收，然后用氮气置换后排空，取出多晶硅产品、移出废石墨电极，视情况进行炉内超纯水洗涤，因此停炉阶段将产生氮气、废石墨和清洗废水。氮气是无害气体，因此正常情况下还原炉开、停车阶段无有害气体排放。废石墨由原生产厂回收，清洗废水送项目含氯化物酸碱废水处理系统处理。

可能发生的风险事故有：还原气体氢气和热汽化后的三氯氢硅的泄漏等。

3.4.2.7 还原尾气干法分离

还原炉中未反应完全的三氯氢硅、氢气和还原产生的二氯二硅烷、四氯化硅、氯化氢和氢气一并送入干法分离器中，选用类似于合成气分离工序的技术，对尾气进行分离处理。通过变压吸附后得到高纯度的氢气，一部分送入原料储罐，大部分送入三氯氢硅还原，其余部分送入四氯化硅氢化；再经过氯化氢解析塔除去尾气中的氯化氢，送往用于三氯氢硅合成的缓冲罐中；余下的氯硅烷液体送入氯硅烷储存工序的还原氯硅烷储槽。

此过程中处理的尾气有毒有害物质含量相对较低。

3.4.2.8 四氯化硅氢化

经氯硅烷分离提纯工序精制的四氯化硅，送入四氯化硅汽化器，被热水加热汽化。从氢气制备与净化工序送来的氢气和从还原尾气干法分离工序送来的多余氢气在氢气缓冲罐混合后，也通入汽化器内，与四氯化硅蒸气形成一定比例的混合气体。从四氯化硅汽化器来的四氯化硅与氢气的混合气体，送入氢化炉内。在氢化炉内通电的炽热电极表面附近，发生四氯化硅的氢化反应，生成三氯氢硅，同时生成氯化氢。出氢化炉的含有三氯氢硅、氯化氢和未反应的四氯化硅、氢气的混合气体，送往氢化气干法分离工序。

此过程可能发生的风险事故有：四氯化硅、氢气、三氯氢硅、氯化氢等的泄漏。

3.4.2.9 氢化气干法分离

氢化气干法分离的原理和流程与三氯氢硅合成气干法分离工序十分类似。从变温变压吸附器出口得到的高纯度氢气，流经氢气缓冲罐后，返回四氯化硅氢化工序参与四氯化硅的氢化反应；吸附再生的废气送往废气处理工序进行处理；从氯化氢解析塔顶部得到提纯的氯化氢气体，送往放置于三氯氢硅合成工序的循环氯化氢缓冲罐；从氯化氢解析塔底部引出多余的氯硅烷液体。

此过程主要对工艺废气进行分离回收处理，所涉及的有毒有害物质主要包括四氯化硅、氢气、三氯氢硅。

3.4.2.10 其他工序

（1）硅芯制备

采用区熔炉拉制与切割并用的技术，在硅芯制备过程中，需要用氢氟酸和硝酸对硅芯进行腐蚀处理，再用超纯水洗净硅芯，然后对硅芯进行干燥。酸腐蚀处理过程中会有氟化氢和氮氧化物气体逸出至空气中，故用风机通过罩于酸腐蚀处理槽上方的风罩抽吸含氟化氢和氮氧化物的空气，然后将该气体送往废气处理装置进行处理，达标排放。

（2）产品整理

在还原炉内制得的多晶硅棒被从炉内取下，切断、破碎成块状的多晶硅。用氢氟酸和硝酸对块状多晶硅进行腐蚀处理，再用超纯水洗净多晶硅块，然后对多晶硅块进行干燥。酸腐蚀处理过程中会有氟化氢和氮氧化物气体逸出至空气中，故用风机通过罩于酸腐蚀处理槽上方的风罩抽吸含氟化氢和氮氧化物的空气，然后将该气体送往废气处理装置进行处理，达标排放。经检测达到规定的质量指标的块状多晶硅产品送去包装。

（3）废气及残液处理

废气经淋洗塔用 10% NaOH 连续洗涤后，出塔底部洗涤液用泵送入工艺废料处理工序，尾气经 15m 高度排气筒排放。

（4）废硅粉处理

来自原料硅粉加料除尘器、三氯氢硅合成车间旋风除尘器和合成反应器排放出来的硅粉，通过废渣运料槽运送到废渣漏斗中，进入到带搅拌器的酸洗管内，在通过 31% 的盐酸对废硅粉（尘）脱碱，并溶解废硅中的铝、铁和钙等杂质。洗涤完成后，经压滤机过滤，废渣送干燥机干燥，干燥后的硅粉返回到三氯氢硅合成循环使用，废液汇入废气残液处理系统进行处理。从酸洗罐和滤液罐排放出来的含 HCl 废气送往废气残液处理系统进行处理。

西门子法的多晶硅工厂除了技术工艺外，投资也比较大。如果工序从金属硅生产三氯氢硅开始计算到多晶硅，一个 1000t 的工厂大约需要投资 12 亿～15 亿元人民币。

现在各国的多晶硅制造商和研究者都在研究廉价生产太阳能级多晶硅的新工艺。

3.4.3 锌还原法

锌还原法制备多晶硅的技术并不是最新技术，就历史而言，它早在西门子法之前就诞生了。锌还原法最早是美国杜邦公司在二战期间试验过的，采用锌（Zn）还原 $SiCl_4$ 制出多晶硅。20 世纪 50～60 年代，全球半导体工业发展迅猛，急需高纯度的硅材料。在这种形势下，美国杜邦公司在 20 世纪 50 年代开发了锌还原法并投入使用，其后半导体大国日本引进了该技术，目的是生产低成本高纯度的半导体级多晶硅。但是经过实验研究，发现该技术生产出来的硅纯度只能达到 6N～7N，无法满足半导体工业对硅纯度的要求，而且当时太阳能光伏发电技术尚未引起人们的重视，因此这项能够满足太阳级硅纯度要求的硅提纯技术没有被继续研究下去。随着西门子法的诞生，锌还原法作为一项技术被存入了科学研究历史档案。由于目前世界上专门用于生产太阳级硅的技术稀少，锌还原法低成本、低能耗的高纯度硅生产特性得到了重新认识。

锌还原法生产高纯度多晶硅工艺过程如下：

$$Si + 2Cl_2 = SiCl_4$$

$$SiCl_4 + 2Zn = Si + 2ZnCl_2$$

$$ZnCl_2 = Zn + Cl_2$$

锌还原法的太阳级硅生产工艺流程（图 3.5），大致可分成：氯化精馏、还原反应和电解。$SiCl_4$ 精馏提纯可以去除部分杂质；还原制硅去除部分杂质；电解 $ZnCl_2$，循环利用 Zn 和 Cl_2。锌还原法与西门子法的不同就在于其还原剂是锌，而西门子法是用氢还原的；还有一个很大的不同点就是锌还原法采用四氯化硅精馏，而西门子法采用三氯氢硅精馏。锌还原法的关键工艺过程有锌还原反应过程和电解过程。

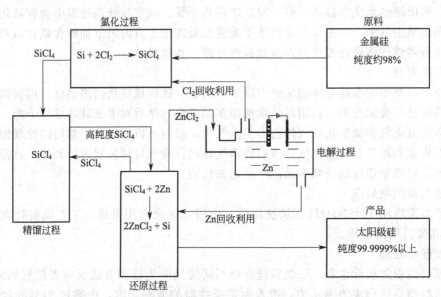

图 3.5 锌还原法的太阳级硅生产工艺流程

在工艺流程中，首先是把纯度为 98％ 左右的冶金硅处理成 $100～200\mu m$ 的粉末，然后在流化床内使其与氯气反应生成四氯化硅，并使之沸腾形成蒸气，一些杂质也形成氯化物混在其中，这道工艺称为氯化；然后在精馏过程中，在一定温度和压力下，铁（Fe）、铝（Al）等重金属和磷（P）、硼（B）等杂质在逐级分馏过程中被除去，经过此过程可以获得 4N（99.99％）以上的高纯度四氯氢硅；接下来让四氯氢硅和锌在 1000℃ 以上的高温蒸气状态下混合进行还原反应。为了使四氯氢硅得到充分还原，在石英管反应炉中通入锌蒸气，形成锌蒸气氛围，然后通入四氯氢硅气体，两者在瞬间形成还原反应，其还原度几乎达到 100％，还原反应后的产物分别是硅和 $ZnCl_2$ 以及极少量的未反应物。由于产物熔点不同，硅的熔点为 1420℃、氯化锌的熔点为 283℃，因此在 1000℃ 附近，被还原的硅以固相晶体（针状、片状和颗粒状）的形态析出后被输送出炉。

锌还原反应的同时产生氯化锌，氯化锌的沸点是732℃，在1000℃左右的氛围中氯化锌呈烟气状态从反应炉中排出，被引入电解系统，冷却至500℃左右时形成导电性良好的熔融态，熔融态氯化锌被引入电解槽，通以2V、5000A的直流电，被电解成液态锌（Zn的熔点419.5℃）和氯气。液态锌进入蒸发炉，氯气进入储气罐，分别被再次用于还原工艺和精馏工艺。由于几乎没有废弃物排出，因此是一种闭路循环生产系统，这一点不同于苦于应付副产物的其他化学提纯法，而且锌还原法可以利用现代控制技术实现连续生产，可以说锌还原法是一种低成本节能环保的高纯度硅生产方法。在不同温度、气体比例和供气速度等工艺条件下，可以获得针状、颗粒状和粉末状的不同形态的硅产物，图3.6是锌还原法生产获得的针状太阳级硅。锌还原法是在瞬间完成反应，并且原料的70%～80%生成了太阳级硅，这种高效率是传统的西门子法无法做到的。

图3.6 锌还原法生产获得的针状太阳级硅

目前锌还原法生产技术需要解决几个主要的问题：①如何形成自动化连续生产线，自动化连续生产既要保证使反应尽可能彻底，又要保证物料流动的连续性；②以何种条件（温度、压力、物流速度）生产出用户所要求的不同形态（针状、片状、颗粒状）的多晶硅；③锌蒸气的蒸发速度不稳定，如何控制蒸发炉温度和压力，使其蒸发速度稳定可控；④目前全世界没有成熟的$ZnCl_2$电解技术，所谓技术主要是指工艺参数如温度、压力、电流密度、电压等，还有就是技术秘密或技术诀窍如电解装置的密封性、提高电解效率的方法、采用何种类型的电极等，因此需要在某些传统的技术基础上进行研究开发；⑤产品性质不同引出的课题，比如电解$MgCl_2$时，镁密度小，浮到上层后可设法分离，而锌密度大，沉积在槽底部，如何顺畅地分离和排料是需要专门技术或诀窍的；⑥尽管是闭路循环生产工艺，仍然有10%左右的工业残渣需要处理，需要开发工业残渣的高效处理和回收方法。

由于"锌还原法"使用材料为四氯化硅，与传统"西门子法"所用材料不同，具有生产过程中既无副产物，也无三废排放、生产工艺简短、反应速度快、产品质量稳定、可实现成本控制等优点，相信"锌还原法"一定会备受人们重视。

3.4.4 硅烷法

硅烷实际上是甲硅烷的简称。硅烷易于热分解，在800～900℃下分解即可获得高纯多晶硅，还原能耗较低。另外，甲硅烷易于提纯，在常温下为气体，可以采用吸附提纯方法有效地去除杂质。首先是硅烷的制备。甲硅烷的制备方法有多种，比如，将硅粉与电解镁屑按 7：12 的配比，以液氨为媒介，在 $-33℃$ 左右于反应器内进行反应，生成硅烷气体。生成的硅烷气体，经过回流冷凝器，将氨和氯化镁分离除去，分离后的硅烷气由分子筛（或活性炭、硅胶等）进行吸附以纯化硅烷气体。由于各种金属杂质不能生成类似的氢化物或者其他挥发性化合物，使得在硅烷生成的过程中，粗硅中的杂质先被大量除去。硅烷在常温下为气体，精馏必须在低温或者低温非常压下进行。

另外，还包括分解。在热分解炉中，硅烷气体分解即得纯硅和氢气。硅烷的分解温度低，在 $850℃$ 时即可获得好的多晶结晶，而且硅的收率达到 90% 以上。但在 $500℃$ 以上时甲硅烷就易于分解为非晶硅。非晶硅易于吸附杂质，已达到高纯度的非晶硅也难于保持其纯度，因此在硅烷热分解时不能允许无定形硅的产生。改进硅烷法多晶质量，可以使用加氢稀释热分解等技术，甲硅烷分解时多晶硅就沉积在加热到 $850℃$ 的细硅棒（硅芯）上。

硅烷气体为有毒易燃性气体，沸点低，反应设备要密闭，并应有防火、防冻、防爆等安全措施。该方法的缺点是热分解时多晶的结晶状态不如其他方法好，而且易于生成无定形物。

其他化学法制备太阳能级多晶硅的方法有：①Tokuyama 公司的熔融析出法（Vapor to Liquid Deposition），该法是在使用 $SiHCl_3$ 为原料在桶状反应炉内进行气相反应，直接析出液体状硅；该法的析出速率比西门子法快 10 倍，大大提高了生产效率降低了成本；②Wacker 公司和 SGS 公司的改进的沸腾床法进行还原和热分解工艺，分别采用 $SiHCl_3$ 和 SiH_4 为原料。

总之，化学法生产多晶硅投资巨大，工艺复杂，污染隐患严重，关键是我国不掌握核心技术，国外技术垄断且技术封锁，严重影响我国太阳电池产业的发展。

习　题

一、名词解释。

改良西门子法　锌还原法

二、问答题。

论述太阳能电池分类及性能对比。

第 4 章
物理法太阳电池多晶硅

4.1 物理法太阳电池多晶硅简介

物理法就是金属硅中的硅元素不参加化学反应，而是用不同的物理方法分步去除不同的杂质而达到提纯的目的。因为这一方法在很多方面与冶金炉外精炼法的方法类似，所以也称冶金法。作为太阳电池用硅材料，硅纯度达到 6～7 个 9 就可以满足要求。因此，从降低太阳电池成本的角度，在允许的杂质范围内重点发展成本低廉的提炼方法是未来的发展方向，物理法太阳电池多晶硅就是其中最有潜力的方法之一。

物理法在 20 世纪 80 年代实验室进行试验，但这个方法的硅料完全不能满足半导体的应用，在西门子法提纯技术实现商业化之后，就停止研究。21 世纪初，太阳能的用硅量上涨，超过了半导体用硅，物理法多晶硅的研究又重新开始。

与西门子法相比较物理法相对耗能少、成本低，可能是未来生产太阳电池用多晶硅理想的方法。目前，进行物理提纯工业硅制备太阳级硅新工艺研究的国家有：日本、中国、挪威、美国等。

对物理法来说，同样以冶金级工业硅为原料，逐步去除杂质，生产多晶硅。因为对太阳电池来说，P、B、C、O、Fe、Cr、Ni、Cu、Zn、Ca、Mg、Al 等是要严格控制的元素，所以从工业硅冶炼开始，就要对工艺进行适当调整：从原料挑选和工具使用上严格限制上述元素混入。

除对原料挑选控制外，还要对原料进行处理。比如，在高温通氯除去还原剂中的磷和硼等，从二氧化硅中除硼比从硅中除硼更容易，因为硅、硼容易形成化合物。再比如在冶炼金属硅中加入一些氧化剂，增加磷、硼等非金属元素的氧化和挥发，减少在金属硅里的磷、硼的含量。

在熔炼过程中应采取一切措施，防止硅液吸收杂质，减少污染，通过各种精炼提纯方法除去金属中的杂质。硅材料中的杂质除来自炉料外，还有设备本身带来的杂质，杂质的来源主要有以下几种途径：

① 从炉衬中吸收杂质；
② 从炉气中吸收杂质；
③ 从熔剂和熔炼添加剂中吸收杂质；
④ 从炉料及炉渣中吸收杂质；
⑤ 旧料的多次重熔积累的杂质，其中某一成分或杂质的含量一旦超过有关标准，就会出

现废品；

⑥ 石墨电极在消耗的时候，电极里面所含有的杂质也会进入到金属硅产品中。

其中，炉衬在用过几炉后，炉壁会形成一层碳化硅和二氧化硅等结成的壳，将炉衬材料与炉料分开，炉衬对硅料的污染将会减少很多。

国内比较好的金属硅厂，可以比较容易地冶炼出 3N 的金属硅，金属杂质能够控制在 100×10^{-6} 以内，磷控制在 10×10^{-6} 左右，硼控制在 1×10^{-6} 以下。

需要提及的是也有人设想采用高纯石英（5 个 N 二氧化硅）加高纯碳进行反应，直接反应出多晶硅。然而这个路线难度很大，因为常规矿热炉的粗放工艺，对材料纯度采用 5N 以上的纯度污染严重，要想完全避免很困难。

通过冶金硅的冶炼方法和工艺，冶金级硅中的杂质主要来源于其冶炼过程中的原料和设备带入的，这些杂质主要有以下几种：一类是以 C、N、H 等为代表的轻元素杂质；另一类是金属杂质，如 Fe、Al、Ca、Cu、Ni 等；还有冶金硅中的非金属化合物，如氧化物、氯化物、硫化物以及硅酸盐等大都独立存在，统称为非金属夹杂物，一般简称为夹杂或夹渣。夹渣的存在形态为不同大小的团块状或粒状夹渣，如果夹渣以微粒状弥散分布于金属熔体中，则不易去除。

这些杂质的存在对半导体工艺和光伏工艺都产生了很大的负面影响。其中，轻元素中的含量过大会导致硅片翘曲，并能引入二次缺陷等，而轻元素中的 C 会降低击穿电压、增漏电流。过渡族金属杂质会在 Si 中形成深能级中心或沉淀而影响材料及器件的电学性能。另外，它们还能大幅度降低少数载流子寿命。

4.2　物理法除杂方法

4.2.1　吹气法

向硅水中吹入惰性气体、高纯氧气、氢气、氮气、氩气和水蒸气等。这些气体从硅水中上升，每个小气泡都相当于一个"小真空室"，气泡中 H、N、CO 的分压接近于零，在上浮过程中与悬浮的夹渣相遇时，夹渣被吸附到气泡表面并被带到熔体液面的熔剂中去。氧气有利于除去金属杂质，氢和水蒸气有利于除去硼。惰性气体加氧可以进行精炼脱碳，工艺过程中不断变换氩/氧的比例，可以降低碳氧反应中 CO 的分压，在较低温度的条件下，降低碳含量而硅不被氧化。过去，主要使用吹氯来对从矿热炉出来的金属硅进行精炼，但吹氯会引起环境污染，所以除一些特殊用途还在使用外，其他还采用吹氧替代吹氯。吹氧效果还可以利用氧气与硅中的铝、钙等金属杂质进一步反应，生成金属氧化物变成气体从硅中逸出。

4.2.2　造渣静置澄清法

造渣静置澄清法是加入造渣剂，将熔体在保持精炼温度和熔剂覆盖的条件下保持一段时间，使夹杂物上浮或下沉而去除。

加入金属熔体中的低熔点熔剂，在高温下与非金属夹杂物结合，这种驱动力主要来自于界面能的降低。溶剂的吸附能力取决于其化学组成。溶剂因来源要求无毒，不易与硅反应，易于凝固、上浮，从而被除去。溶剂在使用时应经过加热去除水分。同时可以搅拌，炉外精炼过程中对硅液进行搅拌，使硅液成分和温度均匀化，并能促进反应。硅液在静止状态下，夹杂物靠上浮除去，服从斯托克斯（Stokes）定律，排除速度较慢；搅拌硅液时，夹杂物的除去加快。搅拌最好周期性地改变方向和速度，以避免搅拌引起的强制对流，阻止自然对流。硅水每升高一定温度，保温、吹氧，升温时间段应维持低的吹氧压力以保证进气口的畅通，这样反复操作升温至 2000℃。硅水中的非金属杂质将漂浮在硅水的表面，经其他工序除去。

（1）上熔剂法

若夹渣的密度小于硅熔体，它们多聚集于熔池上部及表面，此时应采用上熔剂法。上熔剂法所使用的熔剂在熔炼温度下的密度小于金属液。熔剂加在熔池表面，熔池上层的夹杂与熔剂接触，发生吸附、溶解或化合作用而进入熔剂中。这时，与熔剂接触的一薄层金属硅液较纯，其密度比含夹渣的硅液大而向下运动。与此同时，含夹渣较多的下层硅液则上升与熔剂接触，其中的夹渣又不断地被熔剂吸收。

（2）下熔剂法

若夹渣的密度大于金属熔体，则多聚集于熔池下部或炉底，且自上而下逐渐增多，此时应采用下熔剂法，又称沉淀熔剂除渣精炼法。下熔剂法所使用的熔剂，在熔炼条件下的密度大于金属液的密度。加入熔池表面后，它们逐渐向炉底下沉。在下沉过程中与夹渣发生吸附、溶解或化合作用，并一起沉至炉底。

（3）全体熔剂法

它是用钟罩或多孔容器将熔剂加入到熔体内部，并随之充分搅拌，使熔剂均匀分布于整个熔池中去。熔剂在吸收夹渣的同时，在密度差作用下，轻者上浮，重者下沉。采用密度较小的熔剂时，装料前先将熔剂撒在炉底上，也可以收到同样的除渣效果。全体熔剂法与前两种熔剂法比较，其特点是：增大夹渣与熔剂的接触机会，有利于吸附、溶解或化合作用的进行，提高除渣提纯效果。造渣剂由一些金属氧化物和盐类组成，造渣剂的成分选择与金属硅中的杂质含量与成分有关。

其中，脱磷剂主要由氧化剂、造渣剂和助溶剂组成。其作用是：在吹氧将冶金硅水中磷氧化成 P_2O_5 之后，造渣剂与 P_2O_5 结合成磷酸盐留在脱磷渣中。

目前工业上应用的造渣剂有两类，一类为苏打（即碳酸钠），它既能氧化磷又能生成磷酸钠留在渣中；在不另加氧化剂时，苏打可直接供氧和造渣。用量一般是每吨冶金硅 30～60kg。其反应如下：

$$5Na_2CO_3 + 4P === 5Na_2O + 2P_2O_5 + 5C$$

$$3Na_2O + P_2O_5 === 3Na_2O \cdot P_2O_5$$

另一类为石灰系脱磷剂，它由氧化钙和氧气将磷氧化成 P_2O_5，再与石灰结合生成磷酸钙留在渣中。石灰系脱磷剂若配以氧化剂或者吹氧气和助溶剂，则可达到很高的脱磷率，同时也有一定的脱硫率。

为了减少硅的氧化，在精炼期间可适当加入 1%～10% 的碳化硅粒，以控制硅的氧化。工业硅出炉温度约为 1800℃，包内吹氧精炼温度控制在 1600～1800℃ 之间，吹气搅拌期间温度控制在 1500～1700℃ 之间，扒渣浇注温度控制在 1450～1500℃ 之间。另外，对于硅液中大于 15μm 的杂质可以用泡沫陶瓷过滤器去除。泡沫陶瓷材料具有三维网状骨架结构和孔隙率较高等特殊结构。当流体流过泡沫陶瓷时，其具有压力损失较小、表面积较大、流体接触效率高和质量轻等优点。与过去所使用的过滤材料不同，泡沫陶瓷具有制备工艺简单、节省能源、耐高温、不宜污染原料等优点，而且具有较高的过滤效率。

上述方法与工业炼钢的炉外精炼类似，需要在矿热炉旁边设立一个精炼炉，硅水从矿热炉出来以后，直接或间接将硅水注入到精炼炉中，通过用感应加热的方法给以加热，使硅液保持液态。

4.2.3 湿法冶金

湿法冶金是指将冶金硅粉碎，浸入酸液（或其他物质溶液）来除去金属硅中的金属杂质的方法。湿法冶金需要把工业硅碾碎成颗粒直径大小适宜的粉末，否则将不易除杂。配制一定浓度的 HCl、HF、H_2SO_4 或其混合物，把多晶硅粉浸在酸液中并使酸液保持在合适的温度内，经过一定的时间后滤出，这时工业硅中的金属杂质的浓度可降低一至两个数量级。湿法冶炼提纯中硅的颗粒大小、酸的浓度、酸洗处理的温度及处理时间的长短等对杂质的去除有着重要影响。硅中所含的 Fe、Al 和 Ca 杂质比 Mg、Ti、Zr 和 Ni 杂质更容易去除。通常只用酸的话，无论是盐酸、硫酸还是硝酸，对铁等金属杂质的去除效果较好，但对于除硼、磷的效果都不明显。

湿法提纯冶金级硅粉生产超冶金级硅的工艺路线具备了以下优点：设备投资少，操作温度低，能耗低，处理量大。因此，国外不少学者在 20 世纪 60～70 年代开始对不同来源的冶金级硅进行酸浸提纯研究。比如在硫酸、王水、氢氟酸以及其他的酸的作用下，采用微波处理，再比如采用颗粒尺寸不大于 50pm，在 75℃ 的王水中酸浸。

应浸出过程要注意以下几个因素，采取适当措施。例如，当过程属化学反应控制时，就应适当提高温度和浸出剂的浓度，减小原料的粒径；若属外扩散控制时，则除减小粒径外，还应该加强搅拌；若属内扩散控制时，应减小矿粒粒径，并提高温度，必要时利用球磨浸出方法强化浸出。此外，为了强化浸出过程，还可以考虑以下几种强化浸出的一般方法。①对矿物原料进行机械活化预处理，即在机械力的作用下使矿物晶体内部产生各种缺陷，使之处于不稳定的能位较高的状态，相应地增大其化学反应的活性。②超声波活化强化浸出过程。该方法机理尚在研究中，由于超声波可能造成局部高温和高压（空腔效应），许多学者认为超声波使水相具有湍流的水力学特性，试验结果表明对浸出过程有较明显的强化作用。③热活化。将矿物原料预加热到高温，然后急冷，也可能提高浸出效率。原理主要是由于固相本身的急冷急热而在晶格中产生热应力和缺陷，同时在颗粒中产生裂纹。④辐射线活化。在一定的辐射线照射下，使矿物原料在晶格体中产生各种缺陷，同时也可能使水溶液中某些分子离解为活性较强的原子团或离子团，从而加速反应。⑤催化剂的应用。这主要是对有氧化还原反应的浸出过程有强化作用。

也有人采用酸、碱、配合物、离子交换树脂等化学药剂，通过离子交换的方式，对于除去硅中的铝、磷、硼取得不错效果。通常粉碎的粒度最小也要在 200～400 目之间。这些常温化学方法也只能除去硅粉表面的杂质，对于颗粒内部的杂质基本上作用不大。不过，由于定向凝固时金属杂质大多在晶界表面，所以这种方法可以作为物理法多晶硅的一个有价值的中间工艺。

4.2.4 物理法真空冶炼

此法就是在真空条件下进行，经过脱气、分解、挥发和脱氧几个过程达到除杂效果。在略高于硅熔点（1500℃）的温度时，硅的蒸气压为 0.5Pa，而此时蒸气压比硅高的杂质可以从工业硅熔体中逸出进入气相，并由工作气体带出反应炉。由于挥发出来的气体被及时地抽到炉体外面，避免挥发出来的杂质与硅熔体碰撞而向熔体中扩散，因此这一过程是不可逆的。在真空条件下加热熔融态工业级硅可加强挥发性杂质的挥发效果。真空冶炼可以有效降低硅中的 P、Al、Na、Mg、Ca 的浓度及 S 和 Cl 等挥发性非金属杂质的含量。中频感应加热对熔体硅具有很强的电磁搅拌作用，因此可以加速硅熔体内部杂质向蒸发表面迁移，进而加速易挥发性杂质的蒸发速率。但真空冶炼会导致硅的蒸发流失。

加热是通过电磁感应的原理实现的，感应加热是利用电磁感应原理和焦耳-楞次定理将电能转变为热能。当电路围绕的区域内存在交变的磁场时，电路两端就会感应出电动势，如果闭合就会产生感应电流。因为硅是半导体，用电磁炉加热使温度达到600℃时，电阻迅速下降，由室温的2300Ω变到5Ω，此时电磁感应的效果才能体现。

当交流电流流过导体时，会在导体中产生感应电流，从而导致电流向导体表面扩散，也就是导体表面的电流密度会大于中心的电流密度，这就是集肤效应。这也就减小了导体的导电截面，从而增加导体交流电阻，损耗增大。

因为增大电流和提高频率都可以增加发热效果，所以感应电源通常需要输出高频大电流，但是频率越大集肤效应越强，电流越在表面，所以，用于感应加热的电流频率可在50Hz～100MHz范围内，选择频率的重要依据是加热温度的分布。熔炼工艺要求加热温度均匀，同时考虑功率密度和搅拌力。

在考虑热效率的同时，也要考虑加热时的温度分布。当感应加热圆柱形导体时，由于集肤效应，只有表面会迅速升温，而中心部分则需靠热传导，从表面高温区向内部低温区传导热量。感应频率与炉子容量有以下关系（见表4.1）。

表4.1 感应频率与炉子容量的关系

感应频率/Hz	50～60	150～180	200	1000
炉子容量/t	0.7～450	0.18～120	0.04～22	0.015～8

电磁加热的频率通常用中频加热，频率高于50Hz小于20000Hz的称为中频炉。与电阻、电弧等间接加热方式相比，中频炉具有效率高、加热快、易于温度控制以及保证加热质量等优点。近些年的研究表明，随着制造工艺的不断改进提高以及使用经验的积累，中频加热装置在各种金属及其合金的熔炼方面，以及在透热、热处理方面都得到了越来越广泛的应用。

感应炉可用沉积方法去除沉重密集型颗粒。经过激烈的搅拌之后，待熔融硅的熔池呈现静止状态时，不溶解的颗粒将沉积到熔池底部。纯净的液态硅被倒出，杂质则被留在炉中。对于颗粒密度大的杂质，如碳化硅和氮化硅颗粒，可采用沉积到池底的方法来去除。去除效率取决于沉积到熔池底的时间和碳化硅的颗粒尺寸。理论计算及试验均表明：沉积1h之后，$10\mu m$以下的颗粒只剩下15%；$20\mu m$以上的颗粒，几乎全部被清除掉。

磷的氧化物在氧化气氛下约300℃时以P_5O_{10}形式挥发，不过C/CO存在时在更低温度下反应生成P_4O_6。这种化合物在C/CO存在时可留在炉内直到约1250℃，这时主要存在形式为P_2。P_2也是磷在907℃蒸发时的主要存在形式。随还原剂进入工艺的磷基本上都被转化为气态逸出，在工业硅工艺中磷仅以单质杂质存在而并无如Fe、Mn、Ca的金属化合物。

在真空条件下，温度升高后，不同的元素的蒸气压不同，蒸气压大的元素先挥发掉。磷和硅的蒸气压比在1500K、1600K、1700K、1800K、2000K不同温度时，分别是10.96、10.22、9.57、8.99、8.01。这样，在真空室中，控制好温度和气压，可以使磷蒸发除。当然，在这一过程中硅也有一定程度的挥发损失。对于硼，可以用气体吹洗法去除，即经过熔融硅的熔池底部吹入氩气气泡或水蒸气气泡去除。气体可以通过位于炉底的多孔塞引入。真空度越高，去除效果越好；真空的时间越长，去除效果越好。但真空度过高、时间过长，成本加大，各个厂家应根据自己的具体情况摸索出适合自己的工艺参数。

残留的杂质可用凝固驱赶法来清除，即：熔融的硅熔液被缓慢地从炉底到炉顶依次凝固，这时，利用由固相到液相的相转移驱赶杂质的方法，将杂质从炉底驱赶到炉顶。最后，这些残留的杂质将全部漂浮在硅熔池的上表面。

4.2.5　多晶硅铸锭

工业级硅中的大多数金属杂质经过氧化精炼、造渣处理等仍不能有效地去除，但是硅具有可以用来进行有效除杂的物理性质，即分凝除杂。多数杂质在固态硅中的溶解度很低，在液态硅中的溶解度却较高，利用这一性质可以对熔融态硅进一步提纯。由于定向凝固可以较好地控制固液界面的移动以及固液界面的形状，因此在硅的分凝提纯中多采用定向凝固法。工业硅中 B、P、C、Al 及 Cu 的分凝系数较高，分别为 0.5、0.35、0.05、2.8×10^{-3} 及 8×10^{-4}，不适合分凝精炼去除，其余杂质都可采用此法进行除杂。

铸造多晶硅主要有两种工艺，一种是浇铸法，即在一个坩埚内将硅原料熔化，然后浇铸在另一个经过预热的坩埚内冷却，通过控制冷却速率，采用定向凝固技术制备大晶粒度铸造多晶硅。其中，熔炼是在一个石英砂炉衬的感应炉中的预备坩埚内进行的，熔融的硅液浇入凝固坩埚中，它放在一个升降台上，周围使用电阻加热。通过控制电阻加热源，使得凝固坩埚底部温度最低，从而使硅熔体在凝固坩埚底部开始逐渐结晶，同时控制固液界面的温度梯度，使固液界面平行上升。由于熔化和结晶不在一个坩埚中发生，这种方法能实现半连续化生产，其熔化、结晶、冷却分别位于不同地方，可以有效提高生产效率，降低能源消耗。但熔化和结晶使用不同的坩埚，会导致二次污染。此外，因为有坩埚翻转机构及引锭机构，使其结构相对较复杂。另一种是直接熔融定向凝固法，简称直熔法，即在坩埚里直接将多晶硅熔化，然后通过坩埚底部的热交换等方式，使熔体冷却，采用定向凝固技术制造多晶硅。在定向凝固过程中，受分凝效应的影响，杂质元素会逐步富集到铸锭顶部。定向凝固提纯工艺要求尽可能增大界面温度梯度，减缓凝固速率，它可以使工业硅中的金属杂质含量降低两个数量级以上。采用直熔法生长的多晶硅的质量较好，它可以通过控制垂直方向的温度梯度，使固液界面尽量平直，有利于生长取向较好的柱状多晶硅晶锭。而且，这种技术所需的人工少，晶体生长过程易控制、易自动化，而且晶体生长完成后，一直保持在高温状态，对多晶硅体进行"原位"热处理，导致体内热应力降低，最终使晶体内的位错密度降低。在铸造多晶硅生长时，要解决的主要问题包括：尽量均匀的固液界面温度；尽量小的热应力；尽量大的晶粒；尽可能少的来自于坩埚的污染。因为洁净晶界对少数载流子的寿命并无影响或只有很微小的影响，而高密度位错对材料光电转换是特别有害的，尤其是当位错上沉积金属杂质和氧沉淀，更增加位错的少子复合能力。特别是金属和氧都易在位错偏聚，在多晶硅高密度位错区，金属杂质的团聚会引起很高的少子复合。

4.2.5.1　去杂原理

由两种或两种以上元素构成的固溶体，在高温熔化后，随着温度的降低将重新结晶，形成固溶体。在再结晶过程中，浓度低的元素和浓度高的元素晶体在溶体中的浓度是不同的，在固溶体结晶时，如果固相和液相接近平衡状态，即以无限缓慢的速度从熔体中凝固出固体，固相中某杂质的浓度为 C_s，液相中该杂质的浓度为 C_1，那么，两者的比值（k_0）称为该杂质在此晶体中的平衡分凝系数。不同的金属杂质分凝系数不同，金属杂质平衡分凝系数越小越容易去除。

实际上，要达到平衡是很困难的，固体中平衡主要靠原子的扩散完成，液体中平衡主要靠原子的扩散和对流完成，只要达到相对稳定已经比较理想。硅中金属杂质铁、钛、铜的平衡分凝系数很小，分别为 6.4×10^{-24}、2×10^{-24}、8×10^{-24}，通过定向凝固法可以很好地去除；而氧、磷、硼、碳的平衡分凝系数很大，分别为 0.5、0.35、0.8、0.7，用这种方法比较难以去除。

在实际晶体生长时，不可能达到平衡状态；也就是说固体不可能以无限缓慢的速度从熔体中析出，因此，熔体中的杂质不是均匀分布的。对于 $k_0 < 1$ 的杂质，由于 $C_s < C_1$ 晶体凝固时有较多的杂质从固液界面被排进熔体，如果杂质熔体中扩散的速度低于晶体凝固的速度，那么，在固液界面熔体一侧会出现杂质的堆积，形成一层杂质富集层。固液界面处固体杂质浓度 C_s 和液体中杂质浓度 C_1 的比值，称为有效分凝系数 k_e。

$$k_e = \frac{k_0}{k_0 + (1-k_0)e^{-RB/D}}$$

式中，R 为生长速度；B 为扩散层厚度；D 为液体扩散系数。

表 4.2 为硅中主要金属杂质的有效分配系数，从表中可以看出，金属杂质的有效分凝系数都很小，可以有效去除。

表 4.2 硅中主要金属杂质的有效分配系数

杂质	k_0	$D/(cm^2/s)$	$R/(m/s)$	k_e
Fe	6.40×10^{-6}	1.6×10^{-10}	1.33×10^{-5}	7.599×10^{-5}
Al	2.80×10^{-3}	6.2×10^{-10}	1.33×10^{-5}	5.324×10^{-3}
Ca	8.00×10^{-3}	1.2×10^{-10}	1.33×10^{-5}	1.844×10^{-1}
Ti	2.00×10^{-6}	1.6×10^{-10}	1.6×10^{-10}	2.362×10^{-5}
Cu	8.00×10^{-4}	2.3×10^{-6}	1.33×10^{-5}	8.001×10^{-4}

4.2.5.2 铸锭晶体的生长工艺

（1）装料

将装有涂层的石英坩埚放置在热交换台上，放入适量的硅原料，然后安装加热设备、隔热设备和炉罩，将炉内抽真空，使炉内压力降至 $0.05 \sim 0.1$ mbar（1bar $= 10^5$ Pa，下同）并保持真空。通入氩气作为保护气，使炉内压力基本维持在 $400 \sim 600$ mbar。

（2）加热

利用石墨加热器给炉体加热，首先使石墨部件（包括加热器、坩埚板、热交换台等）、隔热层、硅材料等表面吸附的湿气蒸发，然后缓慢开始熔化。熔化过程中一直保持 1500℃ 左右，该过程需要 $4 \sim 5$ h。

（3）化料

通入氩气作为保护气，使炉内压力基本维持在 $400 \sim 600$ mbar。逐渐增加热功率，使石英坩埚内的温度达到 1500℃ 左右，硅原料开始熔化。熔化过程中一直保持 1500℃ 左右，直至化料结束。该过程需要 $9 \sim 11$ h。

（4）晶体生长

硅原料熔化结束后，降低加热功率，使石英坩埚的温度降至 $1420 \sim 1440$℃，然后石英坩埚逐渐向下移动，缓慢脱离加热区；或者隔热装置上升，使得石英坩埚与周围环境进行热交换；同时，冷却板通水，使熔体的温度自底部开始降低，这样在结晶过程中液固界面形成比较稳定的温度梯度，通过定向凝固块将硅料结晶时释放的热量辐射到下炉腔内壁上，使硅料中形成一个竖直温度梯度，有利于晶体的生长。其特点是液相温度梯度接近常数，生长速度受工作台下移速度及冷却水流量控制趋近于常数，生长速度可以调节。

使固液界面始终基本保持在同一水平面上，晶体硅首先在底部形成，并呈柱状向上生长，直至生长完成，晶体结晶的速度约为 1cm/h，约 10kg/h；该过程需要 $20 \sim 22$ h。在晶体生长的过程中，生长系统必须很好地隔热，以便保持熔区温度的均匀性，没有较大的温度梯度出现；同时，保证在晶体部分凝固、熔体体积减小后，温度没有变化。这样可以避免多晶硅中的热应力过大，导致更多体内位错生长，甚至导致晶锭的破裂。在晶体生长的过程中，固液界面始终保持与水平面平行，这就需要有特殊的热场设计，使得硅熔体在凝固时，自底部开始到上部结束，其固液界面始终保持与水平面平行，这就是平面固液界面凝固技术。

（5）退火

晶体生长完成后，由于晶体底部和上部存在较大的温度梯度，因此，晶锭中可能存在热应力，在硅片加工和电池制备过程中容易造成硅片碎裂。所以，晶体生长完成后，晶锭应保持在熔点附近2～4h，使晶锭温度均匀，以减少热应力。

（6）冷却

晶锭在炉内退火后，关闭加热功率，提升隔热装置或者完全下降晶锭，炉内通入大流量氩气，使晶体温度逐渐降低至室温附近；同时，炉内气压逐渐上升，直至达到大气压，最后去除晶锭，该过程约需要10h。通常晶体的生长速率越快，劳动生产率越高，但其温度梯度也越大，最终导致热应力越大，而高的热应力会导致高密度的位错，严重影响材料的质量。因此，在铸造多晶硅晶体生长时，要解决的主要问题包括：尽量均匀的固液界面温度；尽量小的热应力；尽量大的晶粒；尽可能少的来自于坩埚的污染；而且晶锭的大小也与晶体的冷却速率有关：晶体冷却得快，温度梯度大；晶体形核的速率快，晶粒多而小。

4.2.5.3　晶体多晶硅的成品外形特征

铸造多晶硅制备完成后，是一个方形的铸锭。目前，铸造多晶硅的质量可以达到250～300kg，尺寸达到700mm×700mm×300mm。由于晶体生长时的热量散发问题，多晶硅的高度很难增高，所以，要增高多晶硅的体积和重量的主要方法是增加它的边长。但是，边长尺寸的增加也不是无限的，因为在多晶硅晶锭的加工过程中，目前使用的外圆切割机或带锯对大尺寸晶锭进行处理很困难；而且，石墨加热器及其他石墨器件需要周期性地更换，晶锭的尺寸越大，更换成本越高。通常高质量的多晶硅应该没有裂纹、孔洞等宏观缺陷，晶锭表面要平整。在正面观看，铸造多晶硅呈多晶状态，晶界和晶粒清晰可见，其晶粒的大小可以达到10mm左右；从侧面观看，晶粒呈柱状生长，其主要晶粒自底部向上部几乎垂直于水平地面生长。

4.2.5.4　铸锭法中需要解决的主要问题

（1）坩埚的材质

在制备铸造多晶硅时，在原材料熔化、晶体硅结晶过程中，硅熔体和石英坩埚长时间接触，会产生黏滞作用。由于两者的热膨胀系数不同，硅固化时体积增加9%，在晶体冷却时很可能造成晶体硅或石英坩埚破裂；同时，熔化硅几乎能与所有材料起化学反应，因而坩埚对硅料的污染必须控制在太阳级硅所允许的限度以内。由于硅熔体和石英坩埚长时间接触，与制备直拉单晶硅是一样的，会造成石英坩埚的腐蚀，使得多晶硅中的氧浓度升高。为了解决上述问题，有人提出以下几种解决方法。

① 采用高纯坩埚。例如使用4N级高纯Si坩埚或高纯Si_3N_4坩埚代替原有的石英石墨坩埚，这些高纯坩埚不仅杂质含量少，耐高温，并且不易与熔融硅发生化学反应。

② 不使用坩埚或不接触坩埚。可以采用区域悬浮熔炼法，利用高频电磁场的托浮作用，使硅熔化和生长过程中不使用坩埚；或者采用冷坩埚感应熔炼法，材料与坩埚不接触，坩埚不磨损，可以连续铸造，降低杂质的沾渗。

③ 坩埚内壁使用涂层隔离硅料。选择耐高温、化学稳定性好、抗杂质扩散能力强的材料在石英或石墨坩埚内壁处制备一层涂层，使熔炼过程中坩埚与熔硅隔离不发生反应且减少坩埚中的杂质向熔硅内扩散，既可以有效降低来自坩埚的杂质沾污，同时也降低凝固时产生的应力。工艺上一般选用四氮化三硅或氧化硅、氮化硅等材料作为涂层，附加在石英坩埚的内壁，从而隔离硅熔体和石英坩埚的直接接触，不仅能够解决黏滞问题，而且可以降低多晶硅中的氧、碳杂质浓度；进一步地，利用四氮化三硅涂层，还使得石英坩埚可能得到重复使用，达到降低生产成本的目的。

（2）晶体结构

用调整热场等方法控制晶体结构，以生长出大小适当（数毫米）的具有单向性的晶粒，并尽量减少晶体中的缺陷，这样才有可能制成效率较高的电池。因此，柱状结晶是人们所希望的。

在结晶时，生长方向与散热方向平行。因此，在单向导热和凝固条件下，温度梯度大，较小的凝固速度，容易形成柱状结晶。对流引起的温度起伏，会使晶体脱落以及游离，影响柱晶的形成，施加不太强的稳定磁场或沿着一个方向稳定运动，可以阻止晶体脱落以及游离，故容易得到柱状结晶。采用定向凝固法可以获得完整的柱状结晶组织。关键是保证单向导热，保持较大的温度梯度和较小的凝固速度。这个温度梯度使坩埚内的硅液从底部开始凝固，从熔体底部向顶部生长。硅料凝固后，硅锭经过退火、冷却后出炉完成整个铸锭过程。

（3）硅锭高度

用于制造太阳能硅片的多晶硅锭的生长是一个相当复杂的工艺。硅锭生长工艺的目标在于生产出可制成硅片的合格材料数量，并最终生产出可制成高效电池的材料。太阳能硅材料在硅锭生长工艺期间以一种高度控制的方式进行生长，从而达到优化晶粒结构的目的，并确保杂质在结晶至多晶硅锭中以前就被分离出熔化阶段。更好的晶粒结构和更少的杂质意味着更高品质的硅锭，从而可令太阳电池获得更高效率，而多晶硅炉兆瓦产量也会更高。多晶硅锭的生产是一个批量工艺，因此，每批处理更多材料以降低单位成本具有十分重要的经济意义。

目前硅锭高度一般保持在 $25 \sim 26cm$，硅锭尺寸不断增加，从 240kg 左右增加至 450kg 左右。尽管更大的硅锭尺寸看似是从固定资产设备投资中获得更多价值的解决方案，但要仔细考虑能够驱动最大价值的四个关键经济因素，即每千克产品的销售收入、硅锭合格率、生产能力以及设备价格。随着硅锭变得越来越宽，加热动力学也面临着更多挑战，因为熔融硅的中心点和加热室周边热区加热部件之间的距离在不断增加。这个距离越大，越可能导致固液界面形状不均衡，因此会令硅锭边到边的晶体生长无法实现最佳效果。而硅锭合格率也可能会因此而下降，因为材料质量不理想使得更多百分比的硅锭无法转化为硅片。为了解决这个问题，可以增加硅锭生长时间，但这样一来会使生产能力下降。

另外，还可以探索使硅锭长得更高的方式，以达到每批生产更多可制成硅片的硅锭的目的。由于硅锭的高度受到炉子加热区的最大腔体尺寸的限制，因此必须对设备加以改造。与生长更宽的硅锭类似，这种方法听起来十分简单直观，但生产更高的硅锭并非不存在难题。因为定向凝固炉是从坩埚底部抽取热量的，因此增加硅锭高度意味着热量必须在额外的材料中经历更长的距离。如果热量抽取得太快，硅锭顶部和底部之间的温度梯度就会增加。这种情况会使得硅锭发生龟裂，因而令硅锭合格率下降。此外，热量在更高的硅锭中经历的额外时间可能会增加批次工艺时间，从而导致生产率下降。还有其他一些与生产更大硅锭相关的上游和下游生产问题，这些问题会影响生产成本。从上游来说，坩埚成本将随着坩埚尺寸的增加而增加，而坩埚的准备成本也会随着涂层工艺的日益复杂而增加。从下游来说，更宽的硅锭可能需要更大的切方线锯设备来进行处理。最后，如果硅锭生长和线切割操作之间的生产线平衡无法维持，总体硅片生产力也会下降。因此，必须在所有因素之间达到一个巧妙的平衡以实现净生产能力的增加。

4.2.5.5 晶硅铸锭炉

（1）多晶硅铸锭炉的结构组成

多晶硅铸锭炉主要由石墨加热器、隔热层、坩埚和硅料等组成。多晶硅工艺生产过程主要是温度控制，因此，多晶硅铸锭炉加热系统的结构设计非常重要。加热的方式分为感应加热和辐射加热。感应加热时，磁场感应是贯穿硅料进行加热，并且有搅拌作用，但在硅料内部很难形成稳定的温度梯度；然后采用辐射加热，辐射加热可以对结晶过程的热量传递进行精确控制，易于在坩埚内部形成垂直的温度梯度。一般铸锭炉优先采用辐射加热的方式。

多晶硅铸锭炉加热器的加热能力必须超过1650℃，同时材料不能和硅材料反应，不对硅料造成污染，或者对硅料造成污染在容忍的范围内，并且能在真空及惰性气氛中长期使用。符合使用条件可供选择的加热器有金属钨、钼和非金属石墨等。由于钨、钼价格昂贵，加工困难，而石墨来源广泛，可加工成各种形状。另外，石墨具有热惯性小，可以快速加热，耐高温、耐热冲击性好，辐射面积大，加热效率高且基本性能稳定等特点，因此一般采用高纯石墨作为加热材料。

(2) 隔热材料的设计要求

① 设备的升温速度尽可能快，隔热效果好；

② 炉内隔热材料的放气量尽可能少，缩短真空排气的时间；

③ 隔热层的质量要尽可能轻，以减少惯性而影响控制精度。

(3) 对于隔热材料的选择要求

耐高温、密度低、导热小、蓄热少、隔热好、放气量少、质量轻、膨胀系数小，在众多的耐火保温材料中，以高纯炭毡最为理想。

另外，减少杂质污染的途径：选用化学性能稳定的耐火材料；与料接触的工具尽可能不带入杂质，或用涂料保护好；及时对熔炉进行必要的清洗处理；加强炉料管理，杜绝混料现象等。

(4) 国内两家中频多晶硅铸锭炉

一家是北京某公司铸造研究所的150kg中频多晶硅铸锭炉。它的主要特点如下。①产出铸锭尺寸：400mm×400mm×400mm；②升温速度：160kW大功率中频加热；③操作、运行：PLC编程控制，操作和监视在触摸屏上完成；④真空度：该炉的真空度可达3Pa；⑤工作温度：该炉的工作温度可达1450℃以上；⑥坩埚最大行程：425mm；⑦加热区几何尺寸：700mm×700mm×600mm；⑧结晶区几何尺寸：700mm×700mm×450mm；⑨炉壳几何尺寸：直径1500mm，高1700mm；⑩下炉盖行程：1000mm；⑪定向凝固速度：1.35～133mm/h。另外，系统具有抽真空系统和氩气保护系统。

另一家是上海生产的中频感应加热多晶硅铸锭炉。它的主要特点如下。①电源功率：三相380V，500kW，频率：1000Hz；感应圈电压：700～750V；②温度范围：1600～1800℃；升温速度：3～5h；③发热体内腔尺寸：ϕ1080mm×1000mm；④铸锭最大尺寸：680mm×680mm×500mm；⑤真空度：−0.09MPa；抽真空后充N_2或者Ar。

设备组成：双层水冷不锈钢炉体、炉盖、炉底；普通钢平台、升降机构、真空系统、中频电源系统、测控温系统、冷却系统、发热保温系统（炭/炭材料、石墨、炭毡、三氧化二铝纤维增强陶瓷复合结构）。

对用户要求：①380V，500kW电源；②50t/h的循环水；③厂房吊车下高度为7m；④厂房吊车≥5t；⑤Ar、N_2各30瓶；⑥按供方图纸制作的地坑、地基、料车轨。

近年来，铸锭工艺主要朝大锭的方向发展。技术先进的公司生产的铸锭多为55cm×55cm，锭重150kg左右。目前，65cm×65cm，锭重230kg的方形硅锭也已被铸出，铸锭时间在3～43h范围内，切片前硅材料的实收率可达到83.8%。大型铸锭炉多采用中频加热，以适应大形硅锭及工业化规模。与此同时，硅锭质量也得到明显改进，经过工艺优化和坩埚材质改进，使缺陷及杂质含量减少。在晶体生长中固液界面的形状会影响晶粒结构的均匀性与材料的电性能。一般而言，水平形状的固液界面较好。由于硅锭整体质量的提高，硅锭的可利用率得到了明显提高。

由于铸锭中采用低成本的坩埚及脱模涂料，对硅锭的材质仍会造成影响。近年来电磁法（EMC）被用来进行铸锭试验，方法是投炉硅料从上部连续加到熔融硅处，而熔融硅与无底的冷坩埚通过电磁力保持接触，同时固化的硅被连续地向下拉。冷坩埚用水冷的铜坩埚来形成。图4.1为多晶硅生产场景，图4.2为多晶硅产品。

图4.1　多晶硅生产场景

图4.2　多晶硅产品

4.2.6　直拉单晶法

4.2.6.1　直拉单晶硅工艺

直拉法生长晶体的技术是由波兰的 J. Czchralksi 在 1917 年发明的，所以又称切氏法。1950 年的 Teal 等将该技术用于生长半导体锗单晶，然后他又利用这种方法生长直拉单晶硅，在此基础上，Dash 提出了直拉单晶硅生长的"缩颈"技术，G. Ziegler 提出了快速引颈的技术，构成直拉单晶硅的基本方法。首先，把硅料放在石英坩埚中加热熔化，然后把籽晶放于溶硅中，待籽晶周围的溶液冷却后，硅晶体就会依附在籽晶上。在温度和拉速达到要求后把晶体向上提拉。在晶体提拉到预定要求后，会把尾部拉制成锥形，这样一支完整的单晶就形成了。因为要经过一个固液界面的过程，相当于一个定向凝固过程，所以也是一个提纯过程。

具体方法是：将原料装在坩埚内加热熔化。将一个切成特定晶向的细单晶（称为籽晶）的端部，浸入溶体并使其略有熔化。然后，控制温度，缓慢地将籽晶垂直提升，拉出的液体固化为单晶。调节加热功率就可以得到所需的单晶棒的直径（图4.3）。直拉法晶体生长设备的炉体，一般由金属（如不锈钢）制成。利用籽晶杆和坩埚杆分别夹持籽晶和支承坩埚，并能旋转和上下移动，坩埚一般用电阻或高频感应加热。炉内气氛可以是惰性气体，也可以是真空。

具体有以下几个具体阶段。

① 引晶。通过电阻加热，将装在石英坩埚中的多晶硅

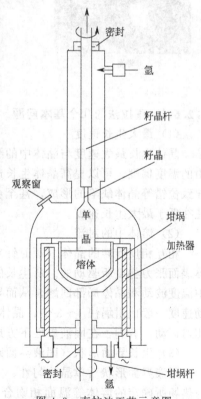

图4.3　直拉法工艺示意图

熔化，并保持略高于硅熔点的温度，将籽晶浸入熔体，然后以一定速度向上提拉籽晶并同时旋转引出晶体。

② 缩颈。生长一定长度的缩小的细长颈的晶体，以防止籽晶中的位错延伸到晶体中。

③ 放肩。将晶体控制到所需直径。

④ 等径生长。根据熔体和单晶炉情况，控制晶体等径生长到所需长度。

⑤ 收尾。直径逐渐缩小，离开熔体。

⑥ 降温。降低温度，取出晶体，待后续加工。

图 4.4 为直拉法生产过程。

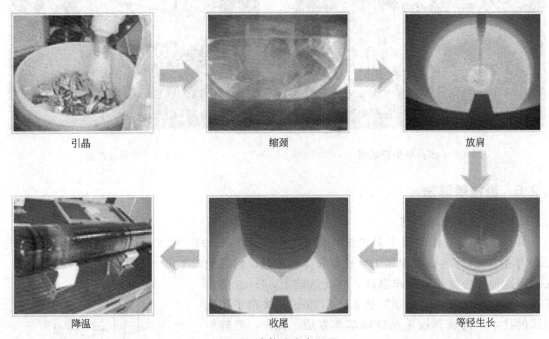

图 4.4　直拉法生产过程

4.2.6.2　直拉法的几个基本问题

（1）最大生长速度

晶体生长最大速度与晶体中的纵向温度梯度、晶体的热导率、晶体密度等有关。提高晶体中的温度梯度，可以提高晶体生长速度；但温度梯度太大，将在晶体中产生较大的热应力，会导致位错等晶体缺陷的形成，甚至会使晶体产生裂纹。为了降低位错密度，晶体实际生长速度往往低于最大生长速度。

（2）熔体中的对流

相互相反旋转的晶体（顺时针）和坩埚所产生的强制对流是由离心力和向心力、最终由熔体表面张力梯度所驱动的。所生长的晶体直径越大（坩埚越大），对流就越强烈，会造成熔体中温度波动和晶体局部回熔，从而导致晶体中的杂质分布不均匀等。在实际生产中，晶体的转动速度一般比坩埚快 1～3 倍，晶体和坩埚彼此相互反向运动导致熔体中心区与外围区发生相对运动，有利于在固液界面下方形成一个相对稳定的区域，有利于晶体稳定生长。

（3）生长界面形状（固液界面）

固液界面形状对单晶均匀性、完整性有重要影响。正常情况下，固液界面的宏观形状应该与热场所确定的熔体等温面相吻合。在引晶、放肩阶段，固液界面凸向熔体，单晶等径生长后，界面先变平后再凹向熔体。通过调整拉晶速度，晶体转动和坩埚转动速度就可以调整固液界面形状。

（4）生长过程中各阶段生长条件的差异

直拉法的引晶阶段熔体高度最高，裸露坩埚壁的高度最小，在晶体生长过程直到收尾阶段，裸露坩埚壁的高度不断增大，这样造成生长条件不断变化（熔体的对流、热传输、固液界面形状等），即整个晶锭从头到尾经历不同的热历史：头部受热时间最长，尾部最短，这样会造成晶体轴向、径向杂质分布不均匀。

直拉法的优点是晶体被拉出液面不与器壁接触，不受容器限制，因此晶体中应力小，同时又能防止器壁沾污或接触可能引起结晶方向杂乱。直拉法同样以定向的籽晶为生长晶核，因而可以得到有一定晶向生长的结晶体。直拉法制成的结晶体晶向比浇铸法的多晶好，但生长速率低，相对成本也高。

4.2.6.3　直拉法的技术改进

（1）磁控直拉技术

在直拉法中，氧含量及其分布是非常重要而又难于控制的参数，主要是熔体中的热对流加剧熔融硅与石英坩埚的作用，即坩埚中的 O_2、B、Al 等杂质易于进入熔体和晶体。热对流还会引起熔体中的温度波动，导致晶体中形成杂质条纹和旋涡缺陷。硅熔体都是良导体，对熔体施加磁场，熔体会受到与其运动方向相反的洛伦兹力作用，可以阻碍熔体中的对流，这相当于增大熔体中的黏滞性，在生产中通常采用水平磁场、垂直磁场等技术。磁控直拉技术与直拉法相比所具有的优点在于减少了熔体中的温度波动。一般直拉法中固液界面附近熔体中的温度波动达 10℃ 以上，而施加 0.2T 的磁场，其温度波动小于 1℃。这样可明显提高晶体中杂质分布的均匀性，晶体的径向电阻分布均匀性也可以得到提高；降低了单晶中的缺陷密度；减少了杂质的进入，提高了晶体的纯度。这是由于在磁场作用下，熔融硅与坩埚的作用减弱，使坩埚中的杂质较少进入熔体和晶体。将磁场强度与晶体转动、坩埚转动等工艺参数结合起来，可有效地控制晶体中氧浓度的变化；由于磁黏滞性，使扩散层厚度增大，可提高杂质纵向分布均匀性；有利于提高生产率。采用磁控直拉技术，如用水平磁场，当生长速度为一般直拉法两倍时，仍可得到质量较高的晶体。

（2）连续生长技术

为了提高生产率，节约石英坩埚，发展了连续直拉生长技术，主要是重新装料和连续加料两种技术：①重新加料直拉生长技术可节约大量时间（生长完毕后的降温、开炉、装炉等），一个坩埚可用多次；②连续加料直拉生长技术除了具有重新装料的优点外，还可保持整个生长过程中熔体的体积恒定，提高基本稳定的生长条件，因而可得到电阻率纵向分布均匀的单晶。连续加料直拉生长技术有两种加料法：连续固体送料法和连续液体送料法。

4.2.7　电子束真空熔炼

就是利用电子束的巨大局部能量（$10^3 \sim 10^6 \mathrm{W/cm^3}$）使蒸气压高于硅（1700K 硅的蒸气压为 0.0689Pa）的杂质（比如磷和铝）挥发。另外，局部过热可以去除氧化物。

电子束熔炉的基本原理是：在高压静电场中将高速电子束轰击到被熔炼的金属上，高速电子束的动能转变为热能从而达到熔炼铸锭的目的。在高真空环境中的高压电场下，阴极被加热到足以使自由电子发射的温度后，就在阴极表面的空间形成电子云。在加速电压作用下，这些电子以极高的速度向阳极运动，通过聚焦、偏转使电子成束，准确地轰击到炉料和熔池表面，使其熔化并冷却形成晶体材料。理论计算和实践证明：在电子束熔炼炉使用电压（目前不超过 40kV）范围内，引起 X 射线放射的损失最大不超过 0.5%，二次发射引起的损失也很小。

总之，电子束从电场获得的能量几乎全被转换成热能。在电子束加速电压范围内，电子在电场作用下的运动速度与电压的平方根成正比。电子束熔炼一般在水冷铜坩埚内进行，铸锭结晶的特点是顺序凝固。电子束熔炼不仅可用于熔炼稀有金属及合金、高温合金和特种钢等金属材料，而且可用于熔炼陶瓷等非金属材料。

图 4.5 为电子束工作原理示意图。

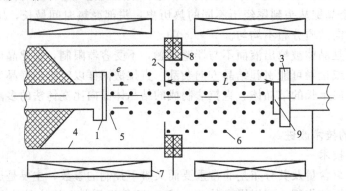

图 4.5　电子束工作原理示意图

1—阴极；2—阳极；3—工作靶；4—真空室；5—阴极等离子体；6—阳极等离子体；7—线圈；8—火花源；9—样品

4.2.8　等离子感应熔炼

4.2.8.1　等离子感应电炉熔炼方法

等离子感应炉是普通感应电炉和等离子弧加热装置的组合，它避免普通感应炉的冷渣和无保护气氛的缺点，从而显著地提高感应炉的提纯能力。等离子体熔炼可以灵活地改变工作气体，因此在熔炼的同时可以通入保护气体和反应气体束以达到去除 C、B 元素的目的。欧洲在 ARTIST 项目中采用等离子体熔炼来提纯冶金级硅。该技术以纯度较高的冶金硅为原料，在等离子枪和中频电磁感应热装置共同加热下使硅料熔化。等离子枪发射等离子体在加热条件下以惰性气体为载体通入 H_2、O_2 等反应气体与硅熔体表面的 B、C 等非金属杂质发生反应，生成 BH、BOH、BO、CO 等气体，被抽真空系统排出。坩埚外布置中频感应线圈，在感应加热的同时，对硅熔体产生电磁搅拌，提高反应速率，加快生成气体的排出。对于多晶硅中不同的杂质元素可通入相应的反应气体以达到除杂的目的，但是气体中的主要元素都是 H 和 O。

这种方法国外于 20 世纪 60 年代开始研制，到 20 世纪 70 年代建成容量为 2t 的等离子感应炉。加热通常都采用专门的等离子弧加热枪体作为热源。在这些枪体中，靠热壁、气流或水流以及磁场对等离子弧进行压缩，从而获得具有很高温度和很高能量密度的压缩电弧，其弧心温度通常都在 1000K 以上，最高甚至可达到 3000K（一般自由电弧的弧心温度通常为 5000～6000K）以上。

枪体采用钨或者钨合金作为电极，枪体和喷嘴均采用循环水冷却。处于枪体下部的喷嘴对电弧存在壁压缩效应，而流过喷嘴与钨极之间的气体则产生热压缩效应，这样所形成的等离子弧具有很高的温度和能量密度。由于熔炼所需要的能量很大，电弧电流通常都比较大，经常可以达到几千安培。

等离子电弧炉的炉体下部安装导电所需要的石墨电极（或水冷铜电极），在熔炼过程中与等离子弧枪体之间形成转移弧。当所熔炼的材料为非金属材料时，即使炉料不导电，也可以直接采用非转移弧进行熔炼。在熔炼过程中，通常需要通入氩气作为保护气体，为此，为了保证炉内气氛的稳定，通常需要采用密封的炉膛。另外，因等离子弧提供的热量不均匀，容易出现对炉加热不均匀的现象，所以在炉子的底部安装通电绕组，绕组所产生的磁场与通过炉池电流所造成的磁场相互作用，使硅液运动。

4.2.8.2 等离子感应炉装置组成

(1) 感应线圈和坩埚

等离子感应炉的感应线圈包括加热线圈和搅拌线圈。小容量炉子只有加热线圈，大容量炉子除加热线圈外还配有搅拌线圈。感应线圈的结构形式和普通感应炉相同。

(2) 炉盖

等离子感应炉的炉盖是双层钢板结构，通水冷却，内衬耐火材料。在炉盖中央开有一孔，供等离子枪体伸入炉内，枪体与炉盖之间的间隙，用耐热石棉制品密封。为了观察炉内情况，还在炉盖上安装有闪频观察装置或带刷的石英玻璃观察窗。炉盖和炉体接触部分通有冷却水，中间装有密封圈，以免大气渗入炉内。

(3) 炉壳

炉壳的结构分全封闭式和半封闭式两种。半封闭式炉壳仅使坩埚以上部位封闭。这种炉壳结构简单，但是坩埚渣线以上部分容易产生裂纹，影响密封性。大多数小型试验用炉采用这种炉壳。全封闭式炉壳，将坩埚、感应线圈全部封闭在炉壳内。这种全封闭式炉壳具有密封性良好、容易控制炉内压力以及精炼效果好等优点。但是，这种炉壳结构比较复杂，需特别注意解决水、电引进处和炉壳的绝缘，以及感应线圈周围磁场对炉壳作用等问题。

(4) 等离子枪升降装置

等离子枪枪体的升降通常采用液压驱动，以保证枪体的升降稳定。利用等离子电弧使硅溶解，因为是局部加热，不均匀，所以加上电磁感应线圈。这样，双加热系统加热均匀，加热效率高。电磁搅拌使溶液流动，有利于杂质上浮；工作过程中可以灵活地改变环境气体氛围，利用氧化、还原和中性保护气体去除杂质。比如，通入氧气或氢气可以去除碳和硼，其中硼以 BHO、BH 的形式挥发排除。在氩气中熔化后用等离子焊枪去除硼。

其工作原理如下：由后枪体输入主气（氢气）和大流量的次级气（氮气），经气体旋流环作用，通过拉伐尔管型的二次喷嘴射出；钨棒接负极，引弧时一次喷嘴接正极，在主气中经高频引弧，正极接二次喷嘴，即在二次喷嘴内壁间产生电弧，在旋转的次级气的强烈作用下，电弧被压缩在喷嘴中心并被拉长至喷嘴外缘，形成弧压高达几百伏的扩展型等离子弧，大功率的扩展弧有效地加热液体硅，使硼电离去除。其中，等离子枪的性能是设计的重点。

(5) 等离子弧喷枪

喷枪总体结构设计要保证喷枪在大功率下长期稳定运行，喷枪的冷却效果要好。否则，喷嘴易烧损。喷嘴和阴极的安装同心度要高，安装间隙要严格控制，否则易引起喷嘴的烧损。若阴极为固定式，则要靠整个零件的装配尺寸链来保证它们之间的间隙；喷嘴设计要合理、加工方便、使用寿命长。绝缘性能要可靠，特别是在正、负极间要有良好的绝缘。整个喷枪的密封性能要好，工作中不漏水、不漏气。

要实现大功率等离子体，必须提高输入功率，使输入喷枪的电能绝大部分转变为热能，等离子弧的热焓值取决于喷枪的输入功率、工作气体流量和喷枪的热效率。当功率选定后，可通过提高等离子弧电压，降低电流来保证喷枪的热效率和等离子弧的热焓值。由于存在极限工作电压和极限工作电流，超过该极限，则出现烧坏喷嘴、电极现象。大功率超音速等离子弧喷涂不同于通常的等离子弧喷涂，它是利用转移弧与高速气流相混合时出现的"扩展弧"现象，采用拉伐尔管型的二次喷嘴，使等离子弧得到进一步压缩，得到稳定集聚的高热焓、超高速的等离子焰流。

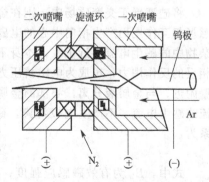

图 4.6 大功率等离子弧喷枪结构

大功率等离子弧喷枪结构如图 4.6 所示，分前、后枪体，后枪体包括钨极、一次喷嘴，前枪体有二次喷嘴，耐热绝缘的陶瓷材料制成的气体旋流环和紫铜送粉嘴。因功率大，故采用双水内冷方式。

4.2.9 磁场去除法

就是利用电磁场的作用使杂质（主要是非金属）分离出去的方法。

4.2.9.1 恒稳磁场法

液态硅置于均匀磁场中，电磁场感应强度 B 作用于平面方向向外，在与磁场垂直的方向上通入电流，如图 4.7 所示，电流密度为 J，从左向右，洛伦兹力是 J 和 B 的矢量积，从上向下金属液中存在的非金属夹杂物上作用一个与洛伦兹力相反的力，使夹杂物向上运动，这使得较小的颗粒产生迁移运动，从熔体中分离出来。

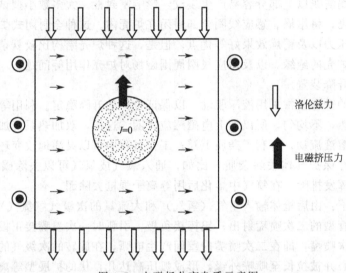

图 4.7 电磁场分离杂质示意图

必须指出，在大的熔体中产生大的分离力强度是很困难的，主要是难于产生很强的均匀磁场。当杂物的尺寸小于 $50\mu m$ 时，分离的效率相当低，这是电磁净化没有得到实际应用的原因。使用现代超导技术产生的磁场可大大改进分离效率，可分离尺寸更小的夹杂物。关键问题是大体积内电磁力分布的均匀性。如果力场不均匀，则电磁力驱动熔体产生不规则运动，出现涡流，于是产生不可控制的状况，分离效率下降，甚至产生搅拌作用。

4.2.9.2 交变磁场法

将硅液置于交变磁场中，则在金属中感生出频率与交变磁场一致的涡电流。涡电流与感生磁场相互作用而产生指向中心的电磁力，由于硅液中非金属夹杂物的电导率远小于金属液，夹杂物中的感生电流接近于零，本身不受电磁力的作用；金属液受到的向心力使夹杂物受到方向相反的反作用力，也成为电磁挤压力。夹杂物向逆电磁力方向的外部运动，偏聚于外侧的容器壁附近，与金属液分离，心部的金属得到净化。其最大的优点是不需要另设回路来导通外加电流或感生电流，不产生电极污染，磁感应强度大小调节方便。交变电流与感生磁场强度的关系为：

$$B_e = \mu NI/L$$

式中，B_e 为有效磁感应强度；μ 为熔体的磁导率；N 为线圈匝数；I 为外加交变电流；L 为线圈长度。

　　由于感生电流的集肤效应，在熔体内不同径向位置上感生电流的密度是不同的。外侧的感生电流密度大，电磁挤压力大，夹杂物向外移动的速度快，中心处的电磁挤压力小，夹杂物移动速度慢。集肤层厚度与频率有关，频率越高，集肤层厚度越小，磁场的透入深度越小，电磁挤压力越不均匀，影响净化效果；而且在感应线圈的长度方向，磁感应强度也不同，两端的磁感应强度弱，中间强，感应线圈越短，磁感应强度越不均匀。

　　当熔体的体积较大时，熔体内的电磁挤压力越不均匀，甚至会导致熔体的不规则运动，形成搅拌作用。目前研究所用的净化装置的熔体体积很小，分离器管径只有几毫米，集肤层厚度与熔体的直径差较小，集肤效应尚不明显。实验表明，当分离器的管径大于集肤层厚度的 3 倍时，分离效率迅速降低，分离器管径太大会使夹杂物颗粒运动距离增大，并且会影响熔体的流动状态；而管径太小则容易造成夹杂物的淤积，使分离效率降低。

4.2.9.3　行波磁场法

　　行波磁场类似于展开的三相异步电动机定子，产生的行波磁场在液态金属中感生出感生电流，在行波方向对液态金属产生推动力。当金属液流通管道与行波方向垂直时，在行波磁场感生电磁力的作用下，金属液中夹杂物向电磁力反方向移动至管壁。采用行波磁场可以实现熔体的连续净化。

4.2.9.4　旋转磁场分离法

　　利用旋转磁场分离杂质与旋转磁场电磁搅拌没有本质区别，在桶形容器的外侧安装旋转电磁搅拌器，旋转磁场电磁力引起液体旋转产生离心力，利用杂质与金属的密度差使其分离。旋转磁场分离不是靠电磁感应产生的挤压力，而主要是靠电磁搅拌产生的离心力。其分离效率取决于夹杂物的颗粒尺寸和与金属熔体的密度差。该方法的优点是无接触污染，可连续净化处理，杂质容易清除，已经在连续铸钢中使用，效果较好，是所有净化方法中最具实用性的方法之一。电磁感应式分离要求夹杂物的电导率远低于金属液本身的电导率，而电磁离心分离则要求夹杂物的密度远低于金属液本身的密度。

4.2.9.5　光量子电离去除法

　　就是利用光的量子作用使杂质状态发生变化，从而分离出去的方法。

　　比较难以去除的杂质 X 在硅液中主要与硅形成硅的化合物。光量子电离去除法的主要过程是：硅液在特殊波段光的照射下，硅 X 键分裂，光作用于这些化学键是微观的量子作用，有选择性，存在量子态现象。根据量子态模型的等能量驱动原理，只有当光子的能量正好与硅 X 键分裂振动转动需要的能量相当时才更容易发生共振吸收，从而发生能态转移。

　　我们首先分析硅液内部分子的情况，然后再分析在光照情况下的具体过程。根据等能量驱动原理，当光提供的驱动转化的能量正好等于 Si：X 键之间的结合能时，才有利于 Si：X 键分裂。我们看对应这一能量的光的是哪一段波长。我们用对应波段光源照射使 Si：X 键分裂，在实际应用中产生大功率可变波段的光成本较贵，我们采用常用的卤钨灯时，卤钨灯的光源是一个黑体辐射，类似太阳光。辐射能量密度只和频率以及物体的绝对温度有关，和黑体形状以及组成黑体的物质无关；并且温度越高，辐射的能量密度越大，能量峰值越向短波方向移动，其辐射能量可表示为

$$E = h\Delta v \{1/\exp[h v/(kT)-1]+1/2\}$$

　　式中，h 为普朗克常数；v 为辐射的频率；Δv 为被辐射占据的频带；T 为热力学温度；k 为玻尔兹曼常数。大括号中的前一项被称为玻色-爱因斯坦项，后一项被称为"零点能"。

　　这样，根据卤钨灯不同温度时能产生需要的波段进行控制，使杂质从硅中以电离态分离出来，然后辅助电磁作用，使杂质分离去除。

　　上面各种方法的目标就是去除硅中影响太阳电池效率的杂质，当然还有其他方法，比如在

外电场作用下使带点杂质向一定方向移动，然后分离出去。另外，湿法冶金用酸洗法，就是将金属硅磨成粉末，用酸洗除去其中的金属杂质。这种方法其实属于化学方法，并且有污染，所以应该慎用，如果用一定注意污染问题。

上面的各种方法各有其特点，至于在生产中的应用要考虑生产成本和指标要求具体选择。

现在的工艺一般是：先生产低杂质（特别是 P、B）的金属硅，然后用吹气法、造渣法、真空熔炼提纯法和定向凝固法等物理法生产出 5N～6N 的硅，其中 P、B 杂质要严格控制，最后，铸锭后就可以进入切片等下一道工艺了。这里面的关键是提纯成本和纯度的关系问题：纯度要求越高，提纯成本越大；纯度要求不高，提纯成本越小。这是工艺选择的关键标准。

4.3 太阳能级多晶硅存在的问题

太阳电池的高速发展，导致多晶硅原材料的供应紧张，这使进入市场的原料质量不一，部分伪劣产品流入市场，商业纠纷时有发生，导致下游太阳电池制造商按标准化生产的产品质量不稳定，增加生产成本，更重要的是影响信誉。因此，建立太阳能级多晶硅标准和检测方法就是一个需要解决并必须解决的问题，有了这一标准就可以对太阳能级多晶硅原料质量进行有力监管。

有关部门、机构就太阳能级多晶硅标准问题多次召开会议，在 2008 年 3 月 30 日全国有色金属标准化技术委员会在无锡组织举办《太阳能级多晶硅国家标准》（初稿）讨论会，作者也参加了讨论，与会代表对《太阳能级多晶硅国家标准》（初稿）的参数设定、检测方法、判定依据等进行了深入分析，一致认为：目前制定太阳能级多晶硅国家标准的理论依据和试验基础皆不充足，标准文本尚不成熟。

争论的问题主要有如下几个：什么是太阳能级多晶硅？限定太阳能级多晶硅中主要影响光伏转换效率的元素含量为多少合适？太阳能级多晶硅的生产方法是不是需要区分？

太阳能级多晶硅定义是个根本问题，标准是以电池效率的多少为指标或是以多晶硅的杂质的含量为指标？其实，多晶硅的杂质含量与太阳电池的效率是紧密相连的，纯度很高的电子级多晶硅（11 个 9，通常称 11N）是制作不成太阳电池的，必须掺入杂质，这就是为什么以前太阳电池等级的多晶硅大都采用单晶硅棒纯度略低的头尾料，或单晶炉的锅底剩料来进一步熔炼、掺杂、勾兑并再次熔融铸锭而成太阳能级多晶硅。一般认为 6～7 个 9 的多晶硅就可以做太阳电池了；如果杂质含量增加，就会大大影响光伏转换效率。研究表明，影响光伏转换效率的元素有 P、B、C、O、Fe、Cr、Ni、Cu、Zn、Ca、Mg、Al 等，并且这些元素之间也相互影响。因为这些相互影响的关系非常复杂，到目前为止，对其作用机制和精确数量关系的研究仍不深入，所以，制定太阳能级多晶硅标准的时机不很成熟。

目前中国采用的廉价 5N 物理法制造的多晶硅太阳电池光电转换效率为 15%，2 天后就衰减到了 11%。Timminco 物理法多晶硅纯度为 5N，硼 0.8×10^{-6}，磷 5×10^{-6}，日本川崎制铁物理法多晶硅制备的太阳电池，效率为 14.1%，法国物理法多晶硅制备的太阳电池，效率在 12.2% 左右。既然效率为 6%～8% 的多（纳）晶硅薄膜太阳电池可以用，那么，物理法多晶硅制备的电池从发展方向看应该也是可用的，只是稳定效率比西门子法多晶硅的电池效率低一点，这里面的关键是成本问题、性能价格比问题。

少数载流子的寿命直接影响到电池效率，我们用这种方法做出的多晶硅片，用少子寿命测试仪测得电阻率符合生产要求，少子寿命不太均匀（见图 4.8）。

但是，物理法多晶硅制备的太阳电池应该考虑如下几个问题。

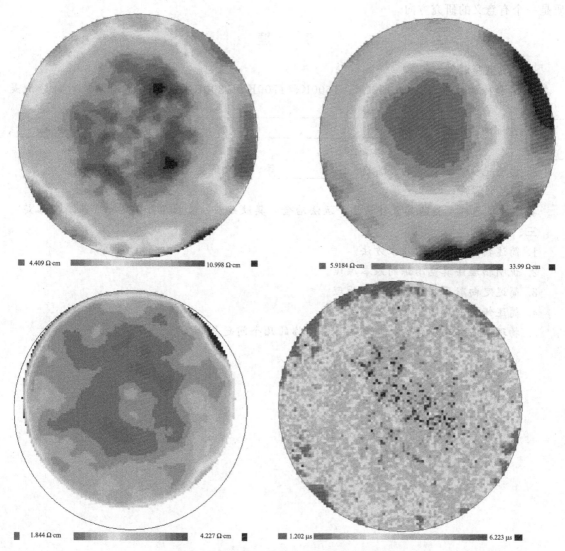

图 4.8　物理法提纯多晶硅的少子寿命扫描结果

① 稳定性问题。因为物理法的提纯技术和原材料金属硅的成分差别很大，因此多晶硅片的稳定性是一个重要的问题，这一点从图 4.8 少子寿命的分布图中可以看出，从原材料的选取到各个提纯工艺都要精确地控制。

② 太阳电池的生产工艺改进问题。因为物理法提纯的多晶硅不同于化学法生产的多晶硅，所以太阳电池的生产工艺也应该区别于现有的太阳电池的生产工艺，应该加入专门吸杂的过程。这种工艺应该可以降低对材料的要求，尽可能提高太阳电池的效率，从而制造出低成本、相对效率高的太阳电池。

③ 太阳电池的衰减问题。太阳电池的衰减是个老问题，最早发现这个问题是在非晶硅太阳电池中，其实在几乎所有的硅材料太阳电池中都存在衰减问题，只是程度不同而已。关于太阳电池的衰减原因还不十分清楚，对非晶硅太阳电池通常认为是 Si—H 键不稳定，在光照情况下，断裂成悬挂键，形成复合中心，从而使非晶硅太阳电池效率衰减，不过衰减后可以稳定，经过钝化后仍然可以恢复。目前的物理法多晶硅制备的太阳电池的衰减严重，肯定与其中的有害杂质有关，研究电池效率的衰减与有害杂质的关系以及如何提纯（或控制）这些有害杂

质是一个有意义的研究方向。

习　题

一、填空题。

1. 磷和硅的蒸气压比在 1500K、1600K、1700K、1800K、2000K 不同温度时，分别是 _____、_____、_____、_____、_____。

2. 直拉单晶硅工艺可分为 _____、_____、_____、_____、_____、_____ 等六个阶段。

3. 影响光伏转换效率的元素有 _____ 等，并且这些元素之间也相互影响。

二、名词解释。

物理法多晶硅　造渣静置澄清法　湿法冶金　集肤效应　直拉单晶法　电子束真空熔炼

三、问答题。

1. 简述物理法除杂的基本方法。

2. 说明物理法真空冶炼的基本原理。

3. 简述定向凝固法除杂的基本原理。

4. 简述铸锭晶体的生长工艺。

5. 物理法多晶硅制备的太阳电池目前面临的几个问题是什么？

第5章
硅片加工

硅片是制作晶体硅太阳电池的基础材料，也是晶体硅太阳电池最昂贵的部分，硅片切割是太阳电池制造中的关键工艺。该工艺用于处理单晶硅或者多晶硅的固体硅锭。目前切片用的是线锯，线锯首先把硅棒（锭）切成方块，然后切成很薄的硅片（图 5.1），包括硅晶体的滚磨开方、晶体切割、硅片研磨、硅片抛光和清洗五步。

5.1 晶体的滚磨与开方

5.1.1 晶体的基本特性

一般来讲我们所说的晶体是有许多质点，就像原子和分子，在三维空间内作规则的、有序的、周期性排布而形成的固体。鉴于以上独特的排列结构，晶体硅具有许多有助于工业生产的特征。

图 5.1 硅片的切料、切方和切片

① 晶体外形规则、对称。由于晶体中的原子规则而有重复的排布，晶体的外观具有规则对称的特点，与非晶体区别明显。

② 晶体具有固定熔点。晶体种类不同，其熔化的温度也不尽相同，但只要是晶体只有在温度达到固定熔点时，晶体才发生熔化，非晶体则不然。

③ 晶体具有各向异性。晶体内存在着不同的结晶学方向，在不同的方向上晶体表现出不同的物理性质，例如石墨导电存在各向异性。

④ 解理性。当晶体受到外力作用时，晶体会沿着特定面裂开的特性，例如云母。不同的晶体具有不尽相同的解理面，研究解理面对于硅晶的滚磨有极大的帮助。

5.1.2 晶体滚磨开方设备

通常采用单晶开方滚磨机、带锯、线锯对单晶硅片进行滚磨开方。

单晶开方滚磨机对设备内部的机械传动、液压运行、电气系统、冷却系统都有较高要求。其磨削过程包括：纵向工作台的往复运动；工件的纵向运动和旋转运动；滚磨砂轮的前后往返及旋转运动；切方锯片垂直上下运动和旋转运动。

带锯先沿着晶体某一方面进行有间距地分割，然后旋转90°再进行分割。较滚磨开方机而言，产能高，锯缝小，原料损耗低，生产效率高。线锯开方较以上两种方法更加高效，切割精度更高。

5.1.3　晶体磨削开方流程

滚磨开方是一个机械磨削加工过程，通过磨轮与工件产生相对运动，使磨轮上的金刚石颗粒对工件进行磨削而达到加工的目的。磨削加工通常按磨削工具分为固定磨粒加工和游离磨粒加工两大类，不同形式的加工，其用途、工作原理和运动情况有很大差别。

硅片加工中，单晶硅滚磨、内圆切割、金刚线切割和倒角都属于固定磨粒加工，而研磨、喷砂、多线切割和抛光等则属于游离磨粒加工。

图5.2为滚磨砂轮。

晶体硅磨削的三个阶段如下。

第一阶段：弹性形变阶段。磨粒开始与晶体硅接触，磨粒未切入晶体硅而仅在表面摩擦，表面产生热应力，此为晶体硅弹性形变阶段。

第二阶段：刻划阶段。随着磨削过程的深入，磨粒切入量增加，磨粒逐渐切入硅晶，使硅晶材料两旁隆起在晶体表面形成刻痕，为刻划阶段。

第三阶段：切削阶段。磨粒已切入一定深度，

图 5.2　滚磨砂轮

纵向切削到一定的程度，到一定温度时，这部分晶体硅随切面滑移而形成切屑流出。以下介绍滚磨开方。

滚磨开方工艺根据晶体的状况和用户要求来设计。对于太阳能级硅的晶体硅，需要进行滚圆和切方。如果是太阳能级的铸锭多晶块，就只需要开方即可。单晶硅滚磨切方时，应该首先进行定向，定向的主要目的有两个：

① 检查单晶硅轴向是否满足要求；

② 确定单晶硅参考面或者太阳能准方锭的位置，然后进行外形的滚圆，以便进行参考平面的制作，进而由机器完成参考平面确定的固定尺寸的单晶硅切方。对于多晶硅锭，由于块体较大，需要使用带锯或者线锯进行开方分割。随着切割工艺的进步，更大的硅块切割将不再困难。

如果需要制作参考平面，先转动晶体使参考平面位置一侧位于磨盘处并且使晶体断面所标示的参考平面标示线垂直于水平面。然后根据所需参考面的宽度计算进刀量，再根据单晶的大小，适当地调整磨轮上下位置，然后再开启磨轮主轴和水泵开关或者启动自动程序，制作参考平面。

硅晶体经过滚磨开方以后表面会形成一层损伤层影响后续加工产品的质量，故而采取一定的化学腐蚀或者机械抛光使晶界表面变得光滑，减小晶体再次受损的概率。

5.2　晶体切割

滚磨开方为晶体的深入切割奠定了基础。而晶体切割，就是利用内圆切片机或者线切割等

专用设备将硅晶体切割成符合要求的薄片。同时器件生产用的硅单晶片，对其表面取向也有一定要求。所以，切割时要按照一定的方向，且选择合适的硅单晶方向来满足要求的结晶学方向和偏离度数。硅单晶定向切割方法最普遍使用的是光图定向和 X 射线衍射定向法。将定向后的的硅晶体进行切割，以便获得与实际应用尺寸相近的硅片。以下介绍晶体硅的两种切割方法：内圆切割和多线切割。

5.2.1　内圆切割工艺

内圆切割利用内圆刀片为切割刀具，以其内圆作为刀口，其刀口镶上金刚石颗粒，一片一片进行磨削切割。内圆切割品种变换简单方便、灵活、风险低，但是效率低，原料损耗大，硅片体形变大，加工参数一致性差。

图 5.3 显示了内圆切割的简单工艺流程。首先明确晶体切割要求并做好相应的准备工作，再将滚磨后的晶体与专用切割夹具进行粘接固定，然后定向以确定并调整偏离角度和方向，切头片校对无误后进行自动切割，待切割完毕取下硅片经冲洗和去胶后送去清洗，这样整个内圆切割完成。

图 5.3　内圆切割的简单工艺流程

（1）准备工作

内圆切割的准备包括阅读工艺单弄清加工指令、核对工件和检查设备及工艺条件。

① 加工指令。硅单晶切割的指令指各种与硅切割有关的参数要求，主要有厚度、硅片表面取向等内容。

② 核对工件。切割实施前需核对工件是否正确，主要从编号、直径、长度和参考平面的外观特征来辨别。

③ 检查设备及工艺条件。检查设备各部位是否正常，压缩空气、冷却水、室内环境及劳保用品是否符合要求。通常采用的数据标准有单相 220V 和三相 380V，压缩气体气压≥0.5MPa，无水分及杂质，室内环境要求适当恒温。

（2）单晶硅粘接

首先确定单晶硅粘接方向，并且注意出刀时尽量避开晶体解理面和粘接的方向，要方便于定向切割。一般情况下粘接的方向是：(111) 晶体粘接方向与主参考平面垂直；(110) 晶体粘接方向与主参考平面呈 25°。晶体粘接方向确定以后，要对单晶硅、托板及装夹工具进行清洁，然后用胶进行粘接加固。

当硅片从晶棒上切割下来时，需要有某样东西能防止硅片松散地掉落下来。有代表性的是用炭板与晶棒通过环氧结合剂黏合在一起从而使硅片从晶棒上切割下来后，仍粘在炭板上。在许多情况下，炭板经修正、打滑、磨平后，在材料准备区域进行粘接。

炭板不是粘接板的唯一选择，任何种类的粘接板和环氧结合剂都必须以下几个特性：能支持硅片，防止其在切片过程中掉落并能容易地从粘接板和环氧结合剂上剥离；还能保护硅片不受污染。

石墨是一种用来支撑硅片的坚硬材料，它被做成与晶棒粘接部位一致的形状。在大多数情况下，炭板应严格地沿着晶棒的参考面粘接（图 5.4），这样炭板就能加工成矩形长条。当然，炭板也可以和晶棒的其他部位粘接，但同样应与该部位形状一致。炭板的形状很重要，因为要求能在炭板和晶棒间使用尽可能少的环氧结合剂和尽量短的距离。这个距离要求尽量短，因为环氧结合剂是一种相当软的材料而炭板和晶棒是很硬的材料。当刀片从硬的材料切到软的材料再到硬的材料时，可能会引起硅片碎裂。

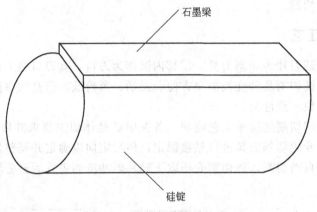

图 5.4　炭板与晶棒的粘接

炭板不仅在切片时为硅片提供支持，而且也在刀片切完硅片后提供材料，保护刀片。

（3）定向与校对

单晶硅切割为获得所需表面取向的晶片，通常使用定向切割技术，即沿硅单晶轴向的结晶学方向进行切割。

定向以后的晶体，装载到切割机上，根据定向结果调整好机器上二维转动台的偏离角度，切割第一片进行检验校对，如果满足要求就继续切割，否则进行调整，直到符合要求。

（4）内圆切割的操作过程

① 刀片安装与调节。根据待切割硅片的直径及厚度选择合适刀片安装到切割机刀盘上，注意对中并调节好张力，张力要均匀适度。

② 开启设备动力及其冷却装置。打开空气轴承及切割机上的空气压缩阀门、保护阀门及水阀门，并将冷却水流速调整到 20mL/s，然后开启切割机总电源。

③ 切割参数调节。切割实施前需根据待切硅片厚度设置机器的进给分度，根据待切割晶体状况设置进给速度，过慢影响切割产量，过快影响硅片质量且对刀片消耗较大，通常设置切割速度为 30～70mm/min。

④ 初始。切割装载上粘有油石的工件或专用油石夹具，完成后再切割粘好的晶体。单晶硅切割的头片需取下，测量晶向、厚度、总厚度变化及直径，观察硅片形状变化状况，合格后才能用自动方式继续切割。

⑤ 抽查与选刀。切割过程中由于刀片和刀口都可能因受晶体内部应力而发生某种变化，如刀口发生变化可能导致切出的硅片有裂纹或使刀口损伤，硅片厚度也会受到相应影响。如果发生问题，必须及时用油石修刀，若还切不出合格硅片，应停机检查设备及刀片。

切割过程，要注意安全。修刀时操作人员应小心操作防止事故发生。

5.2.2　单晶硅的多线切割

多线切割是一种通过利用金属丝的高速来回往复运动，将磨料带入到半导体加工区域进行研磨，最后硅单晶等硬脆材料一次被同时切割为数百片薄片的高效切割加工方法。数控多线切割机将逐渐取代传统的内圆切割机，成为硅片切割加工的主流方式。目前国内开发的高精度数控多线高速切割机床拥有高精度、高速、低耗性能，可全面实现对晶体硅材料及各种硬脆材料的高精度、高速度、低损耗切割，一次可完成纵横两个方向的分割，省料、省工、省时，因而大大提高生产效率，研磨切割表面精细，无深层次的裂痕损伤。高精度数控多线高速切割机床整体技术与国际先进水平比肩，尤其是在切割线的张力控制技术、收放线电机和主电机的同步技术方面在国际上遥遥领先。

总体上多线切割机都具有以下几部分结构：基础框架、切割区域、绕线室、砂浆系统、温度控制系统、电控柜、动力装置和测量系统。各个系统相互协调，而又各有精确的要求，如切割时所用到的导轮槽距有明确的规格，砂浆要求温度为20℃。综合保持这些性能，才能切割出符合要求的硅片。多线切割机如图5.5所示。

硅片多线切割技术是目前世界上相对比较先进的硅片分割技术，它有异于传统的刀和锯片及砂轮片等切割方式，并和先进的激光切割和内圆切割原理不同，它的原理是通过一根高速运动的钢线带动附着在钢丝上的切割刃料来回往复地对硅棒进行摩擦，从而达到高效率切割的效果。在整个过程中，钢线通过十几个导线轮的引导，在主线辊上形成一张线网，待加工工件通过工作台的下降时，实现工件的进给。硅片多线切割技术与其他技术相比有效率高、产能高、精度高等优点，是目前应用最广泛的硅片切割技术。

多线切割流程如图5.6所示。

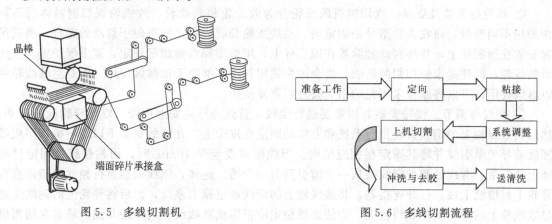

图5.5 多线切割机　　　　　　　图5.6 多线切割流程

（1）准备工作

与内圆切割一样，多线切割的准备工作也包括阅读工艺单并弄清加工指令，核对工件和检查设备及工艺条件等。

① 加工指令：单晶硅切割的加工指令指各种与切割有关的参数要求，主要有厚度、TTV、BOW、WARP和硅片表面取向等。

② 核对工件：切割实施前需核对工件是否正确，主要从编号、直径、长度和参考面等外观特征来辨别。

③ 检查设备及工艺条件：检查设备各部位是否正常，电、压缩空气、冷却水、砂浆导轮、钢线和室内环境及劳保用品是否符合要求。电源通常为单相220V和三相380V；压缩空气气压大于等于5.5MPa，无水分及杂质，冷却水为初级纯水，水压0.2～0.6MPa，水温15℃以下，无杂质；室内环境要求适当恒温，以20～25℃为宜。

（2）单晶硅定向

单晶硅切割工艺中利用定向技术实现定向切割，以获得所需表面取向的晶片。

单晶硅的多线切割一般不采用光图法和X射线衍射法进行晶体定向，而采用以下两种方法。第一种是利用头片校对调整法，采用内圆切割方法将晶体一个端面切割调整到所需取向，然后依此端面为基准进行晶体粘接，使切割沿此基准面进行而实行定向切割。第二种是将晶体进行两次粘接。太阳能的晶体硅通常采用 P（100）晶体，且单晶硅的晶向一般较正，因此定向较容易，往往垂直于轴向切割即能满足要求。

（3）单晶硅粘接

根据待粘接晶体的状况及其定向结果与标识确定晶体粘接方向，多线切割中晶体的粘接部分服从定向需要，对于太阳能级晶体，将其平面之一作为粘接方向即可。单晶硅粘接方向确定以后，清洁处理单晶硅，拖板和工装夹具放在待粘接部位，然后调配黏胶剂进行粘接并固化，特别需要留意的是刮去边缘的粘接剂。

5.2.3 多线切割系统调整与准备

① 选择与安装合适的导轮。在多线切割中，导轮的槽距设计主要取决于硅片目标厚度、钢线直径、磨料粒度及设备性能。在生产实际中，钢线直径、磨料粒度及设备在一定时期都是相对稳定的，因此通常都是针对一定工艺条件而备有各种不同槽距的导轮，以满足不同厚度的硅片切割要求，视切割目标的厚度并结合当时的工艺条件，选择合适的导轮。导轮选定后，安装上轴承凸缘密封件，用导轮运载装置把导轮移动到安装位置，然后安装上活动轴承、锁定螺钉、温度传感器、轴承盖和盖环等，最后安装砂浆粗过滤槽。

② 线轮的安装及更换。线切割机的线轮分为放线轮和收线轮，放线轮视切割晶体的不同而采用不同型号，而收线轮型号是固定的。在放线轮和收线轮之间有便于移动的螺杆，将其吊起安放在固定杆上，并将制动套筒放在固定杆上，用垫圈和六角螺母固定，装上保护盖。使用后的线轮，即使是未经切割的新线，也会因为使用长度不够而无法继续使用。但是空的线轮可以继续使用，可以将原有未用完的钢线去处后重复使用。

③ 绕线与调节。线轮安装好以后要进行绕线，首先为导轮安上皮带，以便导轮统一转动，然后将放线轮上的钢线头经张力系统和方向轮固定在皮带上。在绕线状态下启动电机，用皮带围绕着导轮牵引线并将其固定在相应槽内。当线带宽度至少 10mm 时，用黏性胶带固定已经绕上的线带，有线的胶带把线头从一个槽引到另一个槽。这样，钢线就能自行独立缠绕，直到导轮上每槽绕上线。打开连接器，将放线轮上的钢线通过张力系统，然后将导轮上的钢线头通过收线轮上的滑轮绕在收线轮上，为使钢线稳定应把钢线在收线轮上多绕几圈，最后在切割机上输入钢线的长度、直径、线轴和导轮直径，并且视需要切出硅片调整钢线的张力。

④ 砂浆配制。砂浆是由磨料和切割液组成的混合物，它在钢线和晶体硅的切割运动中发挥作用。常用的线切割砂浆的主要成分是碳化硅和聚乙二醇。线切割要求所用的砂浆有一定黏度，这关系到线切割对硅片切割能力的强弱。砂浆的黏度与聚乙二醇本身的黏度指标以及砂浆的配比和搅拌有关，通常需要连续搅拌 6h 左右，故而砂浆都是预先配制好的，且需要不间断进行搅拌以防止沉淀。配制浆液时，将聚乙二醇抽入搅拌桶，并加入一定量的碳化硅磨料进行充分搅拌使之均匀并达到所需黏度。浆料配制完成后连接到多线切割的砂泵系统，抽入到内置砂缸内不断搅拌备用。

⑤ 系统参数设置。切割实施前首先应进行系统参数设置，输入晶体硅的相关数据，如：晶体硅的编号与直径，所需导轮的直径和槽距、线轮线径、线长度和操作员，然后设置钢线的线速度和切割给进速度。值得注意的是，每次更换导轮、放线轮、收线轮以后，线径、线长和导轮直径必须重新输入。

5.2.4 其他切割方式

近年来，还有许多切割工艺被建议用在硅片切割上。如线性电气加工 EDM 工艺、配置研磨线工艺、电气化学工艺和电气-光化学工艺等。比起现在的切割工艺，这些方法都有其潜在的优势，然而，它们仍存在更多的问题而不能在商业上应用。最可行的方法是 EDM，又称火花腐蚀加工，它有非常低的切片损失。

5.2.5 激光刻字

经切片及清洗之后，硅片需用激光刻上标识。这一标识能提供硅片多方面的信息，并能追溯硅片的来源。硅片以从晶棒上切割下的顺序进行刻字，以保持硅片的顺序。标识主要是用来识别硅片的，以保证每一硅片的所有过程的信息都能被保持并作为参考。如果发现问题，知道硅片经过了哪些过程，在晶棒的哪一位置是很重要的。如果所有这些信息都能知道，问题的来源就能被隔离，在更多硅片经过相同次序而发生同一问题前就能被纠正。所以，在硅片表面的标识是很必要的，至少至抛光结束。

激光标识一般刻在硅片正面的边缘处，用激光蒸发硅而形成标识。标识可以是希腊字母或条形码。条形码有一好处，因为机器能快速而方便地读取它，但人们很难读出。

因为激光标识在硅片的正面，它们可能会在硅片生产过程中被擦去，除非刻得足够深。但如果刻得太深，很可能在后面的过程中受到沾污。因此，保持标识有最小的深度但能通过最后的过程是很值得研究的。一般激光刻字的深度在 $175\mu m$ 左右。这样深度的标刻称为硬刻字；标识很浅并容易清除的称为软刻字。

通常在激光刻字区域的另一任务是根据硅片的物理性能进行分类，通常以厚度进行分类，将与标准不一致的硅片从中分离出来。

5.3 硅片研磨及热处理

对于经过切割过后的硅片，极少数可以直接使用，大多数需要再对硅片边角进行处理，为使其边角光滑还需要进行研磨，甚至进行热处理去改变应力结构。

5.3.1 硅片边缘的倒角

进行硅片研磨前，首先要对其进行边缘倒角处理，提高切割出的硅片合格率。生产中利用专门的设备和工艺，运用高转速（7999～9999r/min）的金刚石磨轮与硅片作摩擦运动对硅片边缘进行磨削。硅片切割后经常应用倒角，消除硅片边缘应力集中区域，以减少后续工艺过程中硅片的破损。譬如说在研磨中边缘倒角极大地提高了硅片研磨时的破碎强度，硅片倒角常见的是 R 形倒角，T 形倒角在特定的条件下也会被采用。硅片倒角时，硅片常被固定在一个可以旋转的支架上，在其边缘处有一台处于高速旋转的金刚石磨轮，磨轮旋转速度为 5999～8000r/min 或者更高。

硅片倒角操作步骤：准备工作→校准调整（参数输入）→自动磨削→结束工作。

（1）准备工作

① 检查真空压力和氮气压力及水压是否符合要求。

② 选择凸轮。根据不同硅片的外形选取与硅片形状相匹配的凸轮，安装在设备的主轴上。

③ 选择磨轮。根据硅片的厚度及其边缘要求选取合适的磨轮。

④ 根据硅片外形尺寸换上相应的吸盘，调整冷却水嘴。

（2）校准调整

① 用标准样片校准测试（直径和厚度）。

② 把硅片几何参数输入计算机。

③ 调整硅片同心度，应小于 0.025mm。

④ 调节硅片高低位置。

⑤ 根据硅片的大小、形状选择合适的主轴转速。

⑥ 用单片模式试倒 1 片，测试观察，视需要进行再调整，直到符合要求。

（3）自动磨削

用自动磨削模式对硅片进行批量倒角处理，处理完的硅片将回到它原来在花篮中的位置。

① 将装有硅片的花篮放在送片器上，把空花篮放在接收器上。

② 监控设备运行，及时放片和取片。

（4）结束工作

批量处理完毕，清点片数，结束工作。

5.3.2 硅片研磨工艺

硅片研磨是对硅片上下两个平面进行磨削，除去表面的刀痕或者线痕，改善硅片表面平整度，即产生一层均匀的表面损伤层，使每批硅片的厚度偏差量接近。

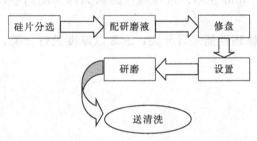

图 5.7 研磨的主要流程

硅片研磨可以看作是游离磨粒在相反方向转动的上、下磨盘间对工件的微弱的切削，包含着复杂的物理化学作用。磨片研磨前应注意：①磨具的表面精度要求高；②工件应作复杂的复合运动；③磨料的浓度、黏度、流量等要适度；④应具有适当的压力和研磨速度；⑤研磨时采用双面切割，以便对硅片上下两个表面进行均匀有效的研磨，提高研磨过程中磨盘的平稳性。

研磨的主要流程如图 5.7 所示。

研磨的过程主要有以下步骤。

① 硅片厚度分选：硅片经切割后厚度存在着差异，为使研磨后的硅片厚度较为一致且总厚度变化较小，对通过切割后的硅片厚度线进行分拣，将厚度一致的硅片同盘研磨，极大地提高了研磨效率。

② 配制研磨液：通常使用的磨料是金刚砂、纯水、助磨剂（一般为弱碱性，有增强砂粒悬浮和提高研磨速率的作用）、金属洗涤剂。要视材料采用适当配比。配制时要时刻注意保持清洁，不被杂物污染。

③ 修磨盘：就像测量角度一样平面必须水平，因此需要对平面进行校正，磨盘也是如此，修正磨盘时通常用 3～5 个规格相近的修正轮均匀地摆在磨盘上，启动砂浆，开机修正，修正时间在 20min 左右。

④设置：根据研磨硅片的类别、直径去层量及每盘片数，恰当设定轻磨、中磨及修磨转数。

⑤ 研磨：清洗已修正平整的磨片机，在下磨盘均匀放上与待磨硅片尺寸相应的硅片，轻磨约 20 转左右修正载体。然后将厚度接近的同档硅片放入载体孔并均匀地分布在整个磨盘上，检查是否对位，确定无误后，操作磨片机使上磨盘缓慢地下降至与硅片接触。将时间继电器转换开关拨至自动位置，启动砂泵抽入配好的研磨液，打开研磨液开关，调整好流量，开始研磨。

⑥ 清洗：硅片研磨后需要进行清洗去除表面的磨削废液。

5.3.3 背损伤

对硅片背面进行损伤使之产生缺陷，如晶格位错和重金属杂质陷落到这些高应力缺陷位置。如果背损伤的硅片经高温处理，则大量的可移动的金属离子会在各个方向移动，最终在背面诱陷。位错也会吸引硅晶格中的点缺陷，点缺陷在单晶拉制时发生，在高温（＞1000℃）下移动。当它们到达位错位置时，就会被固定不动。这个过程的缺点是如果硅片在高温下经很长时间，一些损伤可能会退火，使金属重新进入硅片。

背面可以有多种损伤方法，这些机械手段如喷砂，适当功率的激光照射及使用滚刷或铁笔摩擦背面。通过机械手段进行背损伤的评定参数是导入损伤量。一种测量损伤量的工艺是使用反射体来测量着色表面的反射率。这类的损伤应在隔离区域进行，因为该过程会产生很多脏的颗粒。

激光背损伤是一个更能控制和清洁的过程。然而，这是一个很慢的过程，因为激光束要扫描硅片表面以达到一个很好的覆盖。激光的照射会熔化硅片表面，熔融物会流入硅片，当它再结晶时，热应力会因位错的产生而释放。如果这些位错是热稳定的，在以后的高温处理过程中如氧化，它们会作为金属杂质沉积下来。无论位错是热稳定与否，都依赖于激光损伤的深度，与激光功率有直接关系。据观测，要能成功吸杂，激光功率需在 $15J/cm^2$ 或更大些。

背损伤的另一方法是离子灌输。当离子刺入硅片表面时，会将损伤引入格点。这种晶格损伤会作为金属离子的吸杂点。

5.3.4 边缘抛光

硅片边缘抛光的目的是去除在硅片边缘残留的腐蚀坑。当硅片边缘变得光滑时，硅片边缘的应力也会变得均匀。应力的均匀分布，使硅片更坚固。抛光后的边缘能将颗粒灰尘的吸附降到最低。硅片边缘的抛光方法类似于硅片表面的抛光。硅片由一真空吸头吸住，以一定角度在一旋转桶内旋转且不妨碍桶的垂直旋转。该桶有一抛光衬垫并有砂浆流过，用化学/机械抛光法将硅片边缘的腐蚀坑清除。还有一种方法是只对硅片边缘进行酸腐蚀。

5.3.5 预热清洗

在硅片进入抵抗稳定前，需要清洁，将有机物及金属沾污清除。如果有金属残留在硅片表面，当进入抵抗稳定过程，温度升高时，会进入硅体内。这里的清洗过程是将硅片浸没在能清除有机物和氧化物的清洗液（$H_2SO_4 + H_2O_2$）中，许多金属会以氧化物形式溶解在化学清洗液中；然后，用氢氟酸将硅片表面的氧化层溶解以清除污物。

5.3.6 硅片热处理

在晶体铸锭过程中，晶体会不可避免地接触石英坩埚，因此在晶体中会不可避免地形成氧的分布，而氧的存在会产生施主效应，导致硅材料电学性能发生改变而使器件失效。采用热处理后快速冷却可以将热施主大部分去除，从而削弱甚至消除氧在硅中的施主效应。

早期的单晶硅直径小，厚度也小，小型的热处理炉就可以满足硅片加工工艺的要求，单晶硅棒热处理为主要工艺。随着半导体器件产业性的发展，需求量加大，单晶硅的直径也越来越大，厚度也越来越大，进而导致热处理炉也越来越大。但是问题来了，随着晶体体积的加大，冷却时间相应延长，尤其是晶体中心温度不能快速冷却，所以直接对硅锭热处理达不到预期效果，但是在硅晶体切割并研磨后对硅片进行热处理就有效地解决了这个问题。同时，对硅片进行热处理还能够释放研磨后硅片内的应力，对后续的加工更加有益。

通过对热处理原因的解释，可见必要的热处理是保证硅片质量的重要步骤，但并非所有硅片都需要进行热处理，在硅片生产过程中，通常是对直拉的非重掺杂的硅片进行热处理。而对于经区域熔炼所得到的单晶硅其含氧量极低，经过重掺杂后氧的行为与普通掺杂有差异，故而不进行热处理。

硅片热处理温度一般在650℃左右，时间为30～40min，可用一般的扩散炉，将适当片数的硅片放至炉内的恒温区域。处理过程中需保持在高纯氮气之类的惰性气体中，以减少硅片的氧化，出炉后要快速冷却。待冷却结束后送至清洗和检验。

热处理系统包括：石英舟、硅舟、石英管等。它们首先要经过氢氟酸溶液2h的浸泡，冲洗过后再在650℃温度下煅烧2h，这样才能被处理系统所使用。

硅片热处理的主要步骤：

① 准备工作。首先检查核对来料与加工指令，然后开启室内排风和冷却水，打开并调节氮气气流量，将热处理炉升温至650℃恒定待用。

② 装片。戴上清洁的线手套和PVC手套，根据硅片直径选取适合的石英舟，将硅片小心地装入石英舟，避免划伤及污染硅片表面。

③ 入炉。将装上硅片的石英舟放到炉口，用石英棒推至恒温区。

④ 恒温。硅片热处理的温度为650℃±20℃。恒温时间30～40min。

⑤ 出炉。恒温结束后用石英棒将石英舟拉至炉口并快速降温，同时进行下一炉的热处理。

⑥ 结束工作。经过热处理后，清理片数送检。

工作完毕，关闭水、电、气及排风。

5.3.7 背封

对于重掺杂的硅片来说，会经过一个高温阶段，在硅片背面淀积一层薄膜，能阻止掺杂剂向外扩散。通常有三种薄膜被用来作为背封材料：二氧化硅、氮化硅、多晶硅。如果采用氧化物或氮化物来背封，可以严格地认为是一密封剂，而如果采用多晶硅，除了主要作为密封剂外，还起到了外部吸杂作用。图5.8为预热清洗、抵抗稳定和背封示意图。

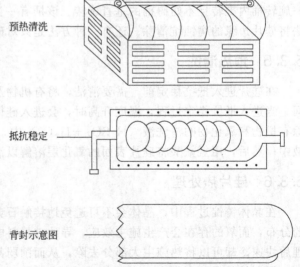

预热清洗

抵抗稳定

背封示意图

图5.8 预热清洗、抵抗稳定和背封示意图

5.3.8 粘片

在硅片进入抛光之前，先要进行粘片。粘片必须保证硅片能抛光平整。有两种主要的粘片方式，即蜡粘片或模板粘片。蜡粘片用一固体松香蜡与硅片粘接，并提供一个极其平的参考表面。这一表面为抛光提供了一个固体参考平面。松香蜡能防止当硅片在一侧面的载体下抛光时硅片的移动。蜡粘片只对单面抛光的硅片有用。

模板粘片有两种不同方法。一种只适用于单面抛光。用这种方法，硅片被固定在一圆的模板上，再放置在软的衬垫上。这一衬垫能提供足够的摩擦力，因而在抛光时，硅片的边缘不会完全支撑到侧面载体，硅片就不是硬接触，而是"漂浮"在物体上。当正面进行抛光时，单面的粘片保护硅片的背面。另一种方法适用于双面抛光。用这种方法，放置硅片的模板上下两侧都是敞开的，通常两面都敞开的模板称为载体。这种方法可以允许在一台机器上进行抛光时，两面能同时进行，操作类似于磨片机。硅片的两个抛光衬垫放置在相反的方向，这样硅片被推向一个方向的顶部时和相反方向的底部，产生的应力会相互抵消。这就有利于防止硅片被推向坚硬的载体而导致硅片边缘遭到损坏。除了许多加载在硅片边缘的负荷，当硅片随载体运转时，边缘不大可能会被损坏。

5.3.9　硅片抛光

集成电路用的硅片在研磨后都需要抛光，以获得完美的硅片表面。抛光后的硅片如图 5.9 所示。

图 5.9　抛光后的硅片

通常硅片在抛光前都会进行化学减薄，一方面可以减少硅片在前工艺中残留的应力，同时可以将硅片表面进行一次剥离从而去除硅片表面附着的杂质；另一方面还可减少抛光工作量，进而提高生产效率。化学减薄通常采用酸或者碱与硅片表面在一定条件下发生化学腐蚀反应。

酸腐蚀：腐蚀液由 HF、HNO_3、HAc 按照一定比例配制而成。通常配比为 HF：HNO_3：HAc＝$(1\sim2)$：$(5\sim7)$：$(1\sim2)$。由于酸腐蚀的腐蚀速度快且去层量不易控制，时常会因反应过快而导致硅片表面粗糙。所以，乙酸的作用就表现了出来，乙酸是弱酸，可以降低腐蚀速度，使硅片表面尽可能光滑，但并不能降低硅片塌边的可能性。总的来说，化学腐蚀有速度但边缘处理不佳。

碱腐蚀：碱腐蚀主要为纵向腐蚀，其腐蚀效果与硅片晶向有关，实际生产中视其腐蚀硅片的类别而采用不同的碱配比。由于碱腐蚀只在晶向上腐蚀较快，在其他方向较慢，碱腐蚀总的效率较慢。碱腐蚀硅片的厚度容易控制，废液易处理，但容易在硅片表面形成粗糙的腐蚀坑和花边，因此在碱腐蚀过程中要特别留心。

工业上通常使用的抛光方法是碱性二氧化硅抛光法。其抛光原理是：首先碱与硅片表面发生反应生成 Na_2SiO_3，Na_2SiO_3 进一步与水发生反应生成 H_2SiO_3，H_2SiO_3 中聚合部分发生部分电离形成胶体，黏附在硅晶体表面，吸附其上的金属杂质和离子以及易水解化合物。同时，二氧化硅胶粒有极强的吸附作用，可吸附产生的胶粒，所以在抛光中利用硅胶粒摩擦去除反应胶体，以达到抛光效果。

硅片的抛光应用上分为三类：机械抛光、化学抛光和化学机械抛光。机械抛光是利用抛光液中的磨料与硅片表面进行机械摩擦而实现的硅片表面加工。机械抛光速度较快，加工的硅片平整度高，适应性强。但是，由于磨粒硬度较大且粗细不均，导致硅片表面粗糙，且时有新的表面损伤层。化学抛光是利用化学剂对硅片表面进行腐蚀，完成对硅片表面的去层和修整。化学机械抛光是将化学作用和机械作用结合使用，使化学试剂与硅片发生化学反应，再借助抛光垫和磨料的摩擦去除反应物，如此循环化学和机械抛光达到抛光的目的。

通常生产中所用的是化学机械抛光，并且以上提到的碱性二氧化硅抛光法为主流工艺，主要有抛光前准备、厚度分选、装片、粗抛、精抛、取片、结束抛光七步（图 5.10）。

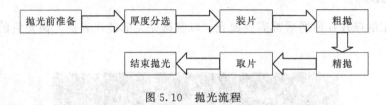

图 5.10 抛光流程

（1）抛光前准备

① 动力条件：电压要求 380V、50Hz；冷却水压要求 0.10~0.55MPa；气压要求在 0.2MPa 以上；纯水流速要求 4.55L/min。

② 硅片装载。

③ 抛光布垫。粗抛垫用含有聚氨酯的聚酯垫，细抛垫以无纺布材质为基础，再在它上面生长毛绒结构。

④ 配制抛光液，然后进行过滤，配制时常用 NaOH、KOH 进行 pH 调节。通常用 180 目和 240 目的过滤石棉对抛光液进行过滤。

（2）厚度分选

硅片厚度分选按每 2μm/挡分类，并做标识。选择合适的晶向进行抛光，然后为有蜡抛光和无蜡抛光准备好硅片。

（3）硅片上机抛光

硅片上机抛光通常采用先粗抛，后细抛。粗抛在于能使硅片表面去层，到达所需厚度、平整度，而精抛使其表面有更好的清洁度。

对硅片进行有蜡抛光，首先用千分尺测量瓷盘上硅片的厚度，保证同一瓷盘上硅片的厚度差在 5μm 之内，否则重贴。然后检查抛光头上卡块是否松动，并把已粘好的瓷盘装上抛光头卡好，扳动手动转阀，气缸对抛光头施压使其下降，接近抛光台，然后就可以开启机器按照所需规格对硅片进行抛光，先粗抛后精抛。抛光时间到后，将抛光压力降至零，关抛光液，用水泡 3~10s。

（4）取片

将硅片和瓷盘表面用干净滤纸吸干水后放在粘片机上进行加热（控制温度在 115~145℃），待抛光蜡熔化后轻推硅片边缘进行取片，取出后放置在干净滤纸上，硅片表面不能有镊子痕迹和抛光蜡。

5.4 硅片清洗

硅片的清洗是加工硅片的最后收尾，但其实在硅片研磨、切割过程中都有涉及，抛光后同样需要对经抛光过的硅片去蜡、清洗。经过清洗过的硅片才能更好地发挥出硅片的器件性能。

5.4.1 硅片表面杂质

硅片表面经过加工，其上杂质主要分为三类，即有机杂质、颗粒类杂质和金属杂质，以下将详细介绍。

① 有机杂质。硅片在切割时需要将晶体进行粘接固定，在抛光时也会对硅片进行粘接，因此硅片在这些过程中受粘接剂及蜡类杂质沾污，在机械加工中会引入脂类杂质。

② 颗粒类杂质。对于颗粒类杂质，通常会在研磨磨料和空气中被引入，一般采用机械擦洗或者超声波去除粒径≥0.4μm的污物，利用兆声波去除≥0.2μm的粒径杂质。

③ 金属杂质。硅片加工过程中，硅片一直处于有金属存在的环境中，不可避免地会引入金属杂质。

5.4.2 硅片的清洗

硅片清洗：根据硅片面所吸附杂质种类的不同采用不同的清洗方法。

化学法：利用化学试剂对硅片表面杂质进行腐蚀、溶解、氧化及络合反应，去除硅片表面杂质。通常采用酒精、丙酮等有机溶剂去除脂类杂质；采用无机酸去除抛光液中的盐、弱碱、金属氧化物等杂质。

物理法：主要是利用超声波和兆声波去除颗粒污物。超声波传递过程中，声波以正弦曲线传递，一层强一层弱，当弱的声波作用于液体时，会对液体产生负压，使液体内产生许多微小气泡，而当强声波信号作用于液体时，会对液体施加正压，液体中的小气泡会被压碎，进而在瞬间产生几百摄氏度的高温和几千个大气压，细小微粒在如此大的冲击力会被冲散、振落并被剥离下来，进而使硅片被清洁。在硅片的实际生产中，通常采用化学清洗与物理清洗相结合的方法：

① 使用强氧化剂使附着在硅表面的金属离子被还原成金属，溶解在清洗液中或吸附在硅片表面；

② 用无害的小直径强正离子代替硅表面的金属离子使之溶解在清洗液中；

③ 用清洗液配合超声波清洗达到清洗的最佳效果；

④ 用去离子水进行超声波清洗和冲淋，以去除溶液中的金属离子和表面残留污物。

图 5.11 所示为超声波清洗原理图。

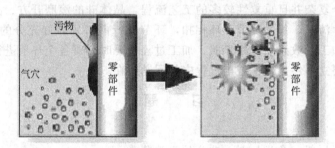

图 5.11 超声波清洗原理图

下面以硅片抛光后的清洗为例进行介绍，清洗有过蜡抛光的硅片，其晶向为（111），直径 100mm。

（1）准备工作

① 采用防护用具，使用耐酸碱手套，防止化学药品对人手造成伤害，避免人手所携带的杂质污染硅片；戴防护眼镜，避免药剂进入人眼；加工室通风，排出清洗硅片产生的有毒有害

气体。

② 连接动力，开启水电开关，对设备进行参数调试。

③ 检查清洗机、甩干机及其配件。清洗机要事先预热，甩干机合理装配挂架，经冲洗3～5次，直到出水水质符合要求（≥10MΩ·cm）为止。

④ 准备当班化学试剂并按照规定核对化学试剂是否符合要求。化学试剂包括 HF、H_2O_2、HCl、NH_4OH 等。

（2）硅片去蜡

① 配制清洗液。硅片去蜡使用 SC-1 液，去除硅片表面的颗粒性杂质，配制过程中操作者佩戴手套及防护眼镜。配制清洗液用到的药品数量根据清洗容器及硅片数量来确定，最后将药品溶解在纯水中。

② 加热。将硅片装在有提梁的花篮上，将花篮放入盛有清洗液的石英容器中，加热控温80～85℃，时间 10～15min。

③ 冲洗。加热时间到后，用大量纯水进行冲洗，降温后提出花篮，在 PVC 盒内冲洗，并不断振动、换水、冲洗至水成中性。

④ 重复以上过程，如需进行检验分选，则将冲洗干净的硅片放入专用甩干机中，水甩2min，干甩 1min。甩干后，进行检验。

（3）清洗

① HF 溶液浸泡。按照 1∶5（HF∶H_2O）的比例配制 HF 溶液，先加水于容器中再缓慢倒入 HF，防止飞溅，将硅片浸泡适当时间后，用纯水冲洗至中性。

② 用 SC-1 液冲洗。按照以上提到的流程进行冲洗。

③ 用 SC-2 液冲洗。SC-2 液清洗的目的是去除硅片表面的金属离子，按照适当的比例，即 HCl∶H_2O_2∶H_2O=1∶2∶8 进行清洗，条件与 SC-1 清洗相同，用纯水冲洗至中性后再将硅片移至甩干部分。

④ 甩干。将硅片平衡地放至甩干机中，盖上密封盖，漂洗 3min，甩干 1min，记录数据并送检验。

（4）结束工作

工作结束后清洗所用到的所有工具，并将工具放回原处，关闭风、水、电源，打扫室内卫生。

硅片加工是一个复杂并且重复性较多的工艺流程，晶体硅的滚磨开方、晶体切割、硅片研磨、硅片抛光、硅片清洗，每个环节环环相扣，环节进行前必须做好充分的器材、试剂准备，环节进行时相应的加工参数必须严格参照，加工过程中要时时对各个环节进行监控，一旦某个环节出了差错就需要立即停止，检查出过程中的问题所在。

习　题

一、名词解释。

滚磨开方　内圆切割　多线切割　硅片的化学剪薄

二、问答题。

1. 分别论述超声波清洗原理和超声波频率对清洗的影响。

2. 叙述硅片加工的过程。

第6章

晶硅太阳电池生产

晶硅太阳电池是以晶硅为原料经过一系列加工工艺制成的电池片，是目前太阳电池中应用效率比较高的一种，也是目前太阳电池产业的主流产品，其中多晶硅电池的市场份额较高。本章将详细介绍晶体硅太阳电池的生产工艺，以及目前一般的提高电池效率的方法。

6.1 清洗制绒

6.1.1 硅片清洗

原始的晶硅片是由大块硅锭经过线切割而形成的。在进行线切割的过程中，需要一些辅助的材料如磨料和有机溶剂。在加工过程中硅表面通常被油、砂、重金属粒子、有机物等沾污，所以必须先对硅片进行清洗，经常用高纯水、浓酸强碱、有机溶剂等清洗剂来清洗硅片。

另外，在经过线切割后，晶硅表面会有一层损伤层，其厚度为 $6\sim10\,\mu m$，这些损伤层会严重影响太阳电池的效率和性能，工业上常用酸性或碱性腐蚀液将其去除。常规的工艺是酸性腐蚀，溶液主要是 HF 和 HNO_3 以 2：1 的比例混合的溶液，将硅片置于液体中腐蚀约 8min 就可以去除因切割造成的表面损伤层。此工艺一般为制绒的前一道工序，并且会用一定浓度的 HF 去除表面氧化层，然后在制绒过程中会腐蚀掉这层氧化膜从而去掉损伤层。

6.1.2 制绒

在晶硅电池制备的工艺中，为了有效地提高硅表面对太阳光的吸收，提高太阳电池的效率，在硅片表面通过处理形成凹凸不平的坑是一个比较有效的增加减反射效果的工艺。经研究表明，硅片在 $400\sim1000nm$ 波长范围内的光谱吸收效果最好，普通平面硅片对这段光谱的反射率一般为 $30\%\sim40\%$，所以在太阳电池的生产工艺中，需要在硅片表面做出坑状的微型结构以增加电池的转换效率，即绒面。绒面具有以下优点：①对特定波长的光进行多次反射，有效提高太阳光在硅片表面的吸收效率，并且增加短路电流 I_{sc}；②延长太阳光在硅片中的光程，从而增加光生载流子的数量；③同时凹凸不平绒面也可增加 P-N 结面积，从而可增加对光生载流子的收集率；④实验表明通过绒面来延长少子寿命可以改善太阳电池的长波光谱响应，即红光响应。

多晶硅电池制绒的技术有以下要求：第一，绒面的形貌。就是绒面单个结构的大小以及结构参数，绒面单个微结构的尺寸比较小、比较窄时会增加入射光在微结构内部的光程，这样就增加了太阳光的陷光效应，提高了减反射的效果。绒面要均匀，绒面要能够完整地覆盖在多晶硅的表面，因为绒面的均匀性越好，扩散以后形成的 P-N 结就会越平整，电池的开路电压就越高；绒面的均匀性直接影响后续的加工工艺，如 PECVD 的镀膜时间，并且其均匀性也会影响到丝网印刷工艺浆料的填充性能和硅片的碎片率。第二，绒面表面的质量。在多晶硅锭切割和制绒过程中会给硅片的表面带来各种影响，如：裂纹、晶格畸变等一些表面、亚表面的损伤。在损伤处会有大量的硅原子的悬挂键，在发生"光电效应"时容易使少子进行复合；在某些晶格的位错位置也会出现大量的悬挂键，并且畸变的位置对载流子有着严重的散射作用，从而降低迁移率。另外，在裂纹与位错中间残留着大量的金属离子等杂质，并且会严重影响到 I_{sc}，进而影响到太阳电池的转换效率。所以，制备好的绒面要确保绒面的完整性。

目前多晶硅的制绒方法主要分为干法制绒和湿法制绒。干法制绒主要包括机械刻槽、激光加工、反应离子刻蚀等加工技术；湿法制绒又包括酸性腐蚀和碱性腐蚀。在工业级多晶硅制绒时主要还是湿法制绒技术中的酸性腐蚀，也叫各向同性腐蚀。

在工业流水线制绒中，主要由以下几个部分组成：制绒槽、水槽、碱槽（KOH）、水槽、清洗槽（IIF）、水槽、烘干槽，制绒机实物图如图 6.1 所示，另外在制绒机的首尾两端还有自动上料机和下料机，实现了工业自动化的目的，节省了人力成本。制绒槽中主要是 HF 和 HNO_3 的混合溶液；碱槽（KOH）主要是去除上一级没有反应的 HF，并且可以去掉部分的多孔硅；清洗槽（HF）主要是中和没有反应的 KOH，并且与硅生成 Si—H 键，具有较好的疏水性，更容易使硅片脱水，有利于最后一步硅片的吹干。每个槽体中间都会有一个水槽，主要是清洗掉上一级的溶液，使其不会带入到下一个槽体，从而污染下个槽体的溶液。

图 6.1 多晶硅制绒机实物图

酸性腐蚀主要采用 HF、HNO_3 与水混合的酸性腐蚀溶液，在特定的反应温度下（一般为 6～9℃）通过酸性来腐蚀破坏 Si—H 键，从而在硅片表面形成凹凸不平的坑形结构绒面。如图 6.2 所示，这是一片刚制绒完成的多晶硅片在 500 倍显微镜下的照片，经测量该绒面中心值在 400～1000nm 波长范围内反射率为 28%。其化学过程可用式（6.1）～式（6.3）来表示：

$$3Si+4HNO_3 = 3SiO_2+4NO\uparrow+2H_2O \tag{6.1}$$

$$Si+4HNO_3 = SiO_2+4NO_2\uparrow+2H_2O \tag{6.2}$$

$$SiO_2+6HF = H_2SiF_6+2H_2O \tag{6.3}$$

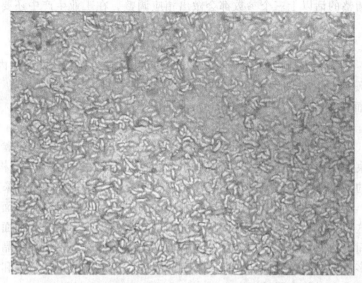

图 6.2　制绒后在显微镜下放大 500 倍的绒面表面形态

基本反应过程为：HNO_3 与硅发生反应在硅片表面生成一层致密的氧化层，并且阻止了 HNO_3 的后续反应，随后该氧化层与 HF 反应并被腐蚀掉，这时 HNO_3 又会继续与硅片发生反应，从而使反应继续下去。其实实际反应过程相当复杂，有实验研究表明，反应中生成的 NO 与 NO_2 会溶于水并且生成很不稳定的 HNO_2，HNO_2 水解生成具有很强活性的 NO^+，其中氮为正三价，这些三价氮在硅表面的氧化过程中起到了主导的作用。

6.1.3　工业制绒主要参数对反射率的影响

工业制绒监控的参数主要有以下几个：温度、药液添加量、泵流量和带速（硅片在制绒机中行进的速度）。按照在工业生产中的一般经验，硅片表面反应效果越明显，绒面就会越明显，反射率就会越低，但如果超过一定的限度，反射率也会随着绒面的变大而变大，这里只考虑一般情况。

① 温度。工艺设计中一般为 6～8℃，温度越高反应越剧烈，硅片表面绒面就会越明显，反射率就会越低。工业生产中通常根据点检的反射率大小来调整温度以控制反射率的大小。

② 药液添加量。即 HF、HNO_3 的添加量。制绒机在设置时，药液的自动添加是根据进入制绒机的多晶硅片数来添加的，一般为每进入制绒机 200 片或 400 片补一次药液。当反射率比较高时，可以增加这两种液体的添加量来调整反射率。实验研究表明，相对于硅片表面的绒面腐蚀坑来说，HF 具有向下的腐蚀作用，HNO_3 具有向四周腐蚀的作用，所以想要降低反射率时，要适当增加 HF 的量，这样腐蚀坑就会比较深，反射率就会比较低。

③ 泵流量。首先了解一下槽体结构，在制绒机的每个槽体中又会分为主槽和副槽，主槽就是硅片的浸泡槽，副槽就是配液槽，会将配好的药液添加到主槽；制绒机中有两台泵，一台是在副槽内自循环，主要是将槽内配好的药液搅拌均匀；另一台泵是将配好的药液喷淋到硅片表面并流到主槽。这台泵也是调整反射率的关键。当泵流量比较大时，流过硅片表面的药液量就会比较大，反应就会比较明显，反射率进而就会比较低。

④ 带速。带速就是硅片在制绒机中行进的速度，一般为 2.1～2.4m/s，通过带速的调整也会一定程度地改变反射率的大小。因为带速慢时，硅片接触药液的时间比较长，反应比较充分，反射率就会比较低。带速通常是工业提产的重要参数，但是带速的调整会引起一系列的反

应，如果带速有调整的话以上三个参数都会做出相应调整。在工业生产中还要定时定量检测以下参数：

① 工艺配方。包括温度，HF、HNO_3 自动添加量，泵流量，带速。

② 减薄量。一片硅片从制绒前到制绒后质量减轻量，应在 $0.3 \sim 0.6g$ 以内。

③ 反射率。测定硅片中间区域反射率在 $27\% \sim 29\%$ 之间。

④ 绒面。绒面大小正常，深度为 $3 \sim 5\mu m$，并且布满整个硅片表面。

⑤ 表面状况。少量绒丝，无明显发亮、晶界模糊，硅片完全吹干。

就微观而言，反射率的大小与酸性腐蚀出来的腐蚀坑有着重要关系。实验研究表明，绒面的减反射效果取决于绒面的结构参数。新南威尔士大学将制绒后的腐蚀坑结构近似为圆弧坑，建立了酸蚀绒面的减反效果的模型图，并提出了腐蚀坑的深宽比（h/D），深宽比越大，减反射效果就越明显，如图 6.3 所示。所以，在控制绒面反射率时不仅仅要看绒面的大小，还要观察绒面的深度，这两者的比值关系才会影响到绒面反射率的大小。制绒的绒面结构形态与腐蚀液配方、腐蚀时间以及温度有关，但实际中还要考虑的因素比较多，比如多晶硅本身晶粒的大小，晶体缺陷的多少都会影响到硅片表面反射率的大小，因此在测量反射率和调整工艺参数的时候还要考虑工业生产时的实际情况。

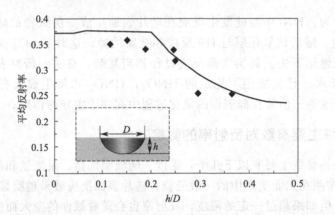

图 6.3　不同 h/D 值与酸蚀绒面反射率的关系

硅片腐蚀的整体厚度也是酸蚀制绒工艺中的重要参数之一。因为考虑到节约硅原料的成本，目前线切割硅片厚度趋势将为 $100\mu m$，但是现在市场上大多数硅片都在 $180\mu m$ 以上。硅片在线切割的两个切割面会有 $5 \sim 7\mu m$ 的损伤层，在多晶硅制绒过程中，腐蚀厚度过小，硅片表面的线切割损伤层和晶体缺陷就不能够全部去除，电池表面容易产生复合，少数载流子寿命减短，影响短路电流以及太阳电池的转换效率；腐蚀厚度过大，或者硅片在腐蚀液中的时间过长会导致表面孔坑微结构尺寸增大，就会降低减反射效果并且硅片变薄使得强度变小。在工厂中大量样品的测试结果表明，使电池效率达到最优的腐蚀深度为 $3 \sim 5\mu m$。

6.1.4　湿法酸性制绒优缺点

酸性制绒工艺有以下优点。①工艺较为简单。②成本相对较低。③去掉一部分线痕等损伤层。腐蚀坑结构最先开始于线切割带来的线痕、裂纹等表面损伤结构，所以在制绒过程中也会去掉一部分线痕等损伤层。

酸性制绒工艺缺点如下：①绒面稳定性不好，质量不容易受控，且减反效果不是特别明显。②所使用的 HF、HNO_3 以及反应生成的 H_2SiF_6 与 NO_x 废气对环境影响很大。③多晶硅表面因制绒产生的孔洞易发生晶体位错，当这样的 P-N 结承受一定强度的反向偏压时极容易发生雪崩击穿。因为传统的制绒工艺中有诸多缺点，以下是对传统酸蚀制绒工艺的改进方法。

① 在腐蚀液中加入添加剂改善腐蚀效果，提高绒面质量。目前主要添加剂包括：a. 硫酸（H_2SO_4）、磷酸（H_3PO_4）等酸类。它们作为反应过程的稳定剂，减缓反应速率，主要作用为增加腐蚀液黏度，从而控制腐蚀速率。但黏度增加会影响气泡的逸出，在制绒过程中气泡对绒面的形成有着重要的影响，所以气泡不能顺利地排出会影响到绒面在硅片上的均匀性。b. 亚硝酸钠（$NaNO_2$）。亚硝酸钠为腐蚀液提供初始 NO^+，上面讲到 NO^+ 在反应中起着主导作用，从而缩短反应的激活时间。c. 醇类等有机溶剂。这些添加剂能够降低反应液的表面张力，并且使生成气体快速逸出，防止气泡对后续制绒的影响；醇类还能够溶解硅片在切割中残留的有机物；在反应中起缓冲剂的作用，控制反应速度。

② 将电化学腐蚀工艺与酸腐蚀工艺相结合。采用铂丝或石墨作为阴极，多晶硅片作为阳极，并将含有机溶剂和 HF 的混合溶液作为电解液。

③ 利用多孔硅增加减反射效果。目前多孔硅结构的形成机理目前尚处于研究之中，多孔硅的存在会降低硅片表面的反射率，并且还有一定的吸杂效果，因此虽然多孔硅在晶硅电池中有着诸多优点，但是电化学制备多孔硅绒面目前难以应用于多晶硅太阳电池的工业量产化工艺中。

6.1.5 金刚线切割硅片湿法制绒

金刚线切割技术是一种采用固着金刚石颗粒的钢线代替钢线和砂浆的新型切片技术。与现行的砂浆切割技术相比，它具有切割速率快、环境负荷小以及切割锯屑易回收等优势，使硅片切割生产的成本大大降低。金刚线切割的硅片与结构线切割的硅片相比，具有成本上的优势，但是由于表面的结构和损伤程度发生了大的改变，电池片在硅片制绒工序遇到了问题。

金刚线切割多晶硅片的表面形貌与砂浆切割硅片表面形貌明显不同，主要包括光滑区、粗糙交界区、脆性崩坑及平行切割纹。与其他情况相比，光滑区面积是硅片表面积的主要部分，在光滑区域表面存在一层非晶硅层，该非晶硅层是由金刚石颗粒刻划硅片表面产生强烈塑性变形造成的；由于光滑区域的存在，金刚石切割硅片的反射率在可见光范围内高于砂浆切割硅片的反射率。现行的制绒工艺对金刚石切割有所不同，特别是对多晶硅片制绒失效，现在成本比较低的方法是增加添加剂。

制绒添加剂需满足如下要求：①具有较小的降低表面张力和界面张力的能力；②渗透力强；③形成泡沫能力；④具有很好的乳化性和乳化稳定性；⑤具有优良的分散性；⑥耐高温、耐强碱。因此，可以选择非离子表面活性剂，其能够降低溶液的表面张力，让制绒反应更均匀，从而可以使得硅片生成细密、均匀的金字塔；可以减少常规有机溶剂（异丙醇、无水乙醇等）的用量，大大减少溶剂挥发所造成的作业环境污染和废水处理费用，降低生产成本。

单晶使用添加剂的制绒液配方中含有机溶剂 1%～1.5%（常规配方 5%～6%），添加剂用量为 0.01%～0.02%。与常规配方相比，使用添加剂的制绒工艺成本大大降低，一吨的制绒液仅需添加 100～200g 添加剂，生产效率提高，制绒时间缩短，电池性能提高。

制绒的主要化学反应是：

$$Si + 2NaOH + H_2O == Na_2SiO_3 + 2H_2\uparrow$$

硅片制绒生产过程中，溶液失效是生产工艺波动的主要原因，失效的原因在于反应过程中 NaOH 的不断消耗和 Na_2SiO_3 的不断产生，导致反应物 OH^- 浓度降低，且硅片表面无法与其获得足够的接触速率；而且由于反应在高温 80～90℃进行，往往发生剧烈反应产生大量气泡，且所得绒面并不理想。一种解决方法是通过添加硅酸钠和 IPA（异丙醇）来抑制反应的进行，控制反应速率，从而得到比较好的绒面状态。另一种解决方法是通过在溶液中添加助剂以促进Si与OH⁻的接触速率，从而稳定溶液体系，延长溶液失效周期，稳定工艺，拓宽工艺容差范围。

制绒添加剂含有特殊功能的表面活性剂，它的加入可以改善制绒液与硅片表面的润湿性，且制绒添加剂对腐蚀液中OH⁻从腐蚀液向反应界面输运的过程具有缓冲作用，使得大批量腐蚀加工单晶硅金字塔绒面时，溶液中NaOH含量具有较宽的工艺范围，有利于提高产品工艺加工质量的稳定性。制绒添加剂一般为碱性，主要成分是水、IPA、NaOH、弱酸盐以及若干表面活性剂。

典型配方以质量比计为：氢氧化钠0.1%～3%，异丙醇2%～10%，添加剂0.01%～2%，其余为水。其中添加剂的配方以质量比计为：葡萄糖、葡萄糖酸钠或葡萄糖酸钾0.001%～3%，聚氧乙烯醚$100 \times 10^{-9} \sim 8000 \times 10^{-9}$，乳酸钠或柠檬酸钠0.001%～2%，丙二醇0.001%～2%，硅酸钠0.01%～6%，碳酸钠或碳酸氢钠0.001%～2%，其余为水。将单晶硅片放入制绒液中反应，控制反应温度为70～90℃，反应时间为10～30min。

多晶制绒和单晶制绒原理不同，单晶制绒添加剂的核心是表面活性剂，这种东西对溶液的pH值较为敏感，不同的pH条件下，性能表现差异很大，有些在碱里具有优良的性能表现。多晶制绒酸液为HNO_3/HF体系，是一个强氧化性、强酸性的体系，使用单晶的表面活性剂处于酸性环境性能就会大大下降，甚至发生分解。能够适应HNO_3/HF体系环境的表面活性剂不多，多晶制绒添加剂大致可分为以下三种。①电离平衡型：采用弱酸或者附加氧化剂，利用电离平衡原理，控制制绒液中H^+浓度或NO_2^-浓度，一般为抑制作用，通过降低反应速度的方式来提高绒面均匀性，这些物质可以是CH_3COOH、H_3PO_4和H_2SO_4等。②表面张力型：利用表面活性剂能降低制绒液表面张力，提高制绒液在硅片表面的铺展性，从而使制绒反应更加均匀。③有机模板型：利用表面活性剂在硅片表面的吸附特性，表面活性剂在改善绒面均匀性的同时起到模板剂的作用，形成大绒面嵌套小绒面的复式绒面。三种多晶制绒添加剂的优劣对比见表6.1。

表6.1　多晶制绒添加剂的对比表

多晶制绒添加剂	有机模板型	表面张力型	电离平衡型
工作原理	表面活性剂吸附在硅片表面，起到模板作用和改善制绒液在硅片表面的铺展性能	降低液体表面张力，改善制绒液在硅片表面的铺展性能	添加剂缓冲剂，降低制绒酸液的电离速度，通过控制反应速度，提高绒面均匀性
绒面特点	绒面均匀，晶界模糊，具有大绒面嵌套小绒面的复式结构	绒面均匀	绒面均匀
亲疏水性	非常亲水	疏水	疏水

6.2　扩散

6.2.1　扩散原理分析

P-N结是太阳电池制备工艺中的核心工艺。电池片之所以能够产生电能就是因为其中的P-N结产生的光电效应，而扩散的目的就是产生P-N结。现在工业生产一般是在P型半导体上通过扩散磷来形成N型半导体，从而形成P-N结。工业上一般采用氮气携带液态$POCl_3$进行管式高温扩散。主要采用$POCl_3$液态源扩散，是指将氮气通过含有扩散$POCl_3$的液态源，从而使携带$POCl_3$蒸气进入处于高温下的扩散炉中，杂质$POCl_3$蒸气在高温下分解，并且形成饱和蒸气压，再通入过量的氧气，产生的磷原子通过高温在硅片的表面向内部扩散。其特点主要是设备简单、操作相对方便、均匀性较好，适于工业批量生产。

目前工业生产中普遍采用掺硼的 P 型硅片作为衬底，通过表面扩散磷得到 N 型重掺杂层，在交界面处形成 P-N 结。采用液态三氯氧磷作为磷源，氮气作为运载气体将 $POCl_3$ 带入扩散炉石英管中，发生的化学反应如下：

$$5POCl_3 == 3PCl_5 + P_2O_5 \tag{6.4}$$
$$4PCl_5 + 5O_2 == 2P_2O_5 + 10Cl_2 \tag{6.5}$$
$$2P_2O_5 + 5Si == 4P + 5SiO_2 \tag{6.6}$$

$POCl_3$ 热分解时，在没有 O_2 的参与下，$POCl_3$ 分解是不充分的，生成产物是 PCl_5 和 P_2O_5，PCl_5 在管内不易分解并且对硅片具有一定的腐蚀作用，并破坏硅片的表面状态。但在 O_2 充足的情况下，PCl_5 会进一步分解成 P_2O_5 和 Cl_2，生成的 P_2O_5 又进一步与硅片发生反应，生成 SiO_2 和磷原子，并且在硅片的表面形成一层含磷的 SiO_2 层，即磷硅玻璃，然后磷原子在高温下再向硅片表面扩散。

6.2.2　工业级扩散工艺

工业上的扩散主要分为升温、氧化、扩散、深扩散、降温等工艺，扩散设备如图 6.4 所示。

图 6.4　工业多晶硅扩散设备实物图

扩散的大致工艺如表 6.2 所示。

表 6.2　多晶硅扩散工艺步骤

步骤	放舟	升温	氧化	扩散	深扩散	降温	取舟
每步时间/s	300	500	200	600	400	1840	300
温度/℃	800～810	800～810	800～810	800～810	850	700	700
N_2 流量/(mL/min)	20000	20000	17400	15800	17800	30000	20000
O_2 流量/(mL/min)	0	0	600	800	200	0	0
$POCl_3$ 流量/(mL/min)	0	0	0	1700	0	0	0

下边主要介绍具体步骤：

① 在石英舟进管内之前要用氮气进行吹扫，吹扫的主要作用在于去除炉管内的杂质气体，

防止污染本次扩散工艺。

② 放舟：一般扩散进出舟都比较慢，主要是考虑到硅片的骤冷骤热会破坏硅片的硬度，使硅片易碎。

③ 升温：炉门打开，炉管温度流失导致温度波动较大，所以一般要给一定的时间让炉管进行升温、恒温，这时还会检查管中的气密性，确保扩散反应的正常进行。

④ 氧化：扩散前在管中通入足够量的氧气，对硅片表面进行氧化，使硅片进行真正扩散的时候更加均匀，同时将管内充入足量的氧，有利于下一步扩散的进行。

⑤ 扩散：通入氮气携带三氯氧磷进入管中，并通入足量的氧，三氯氧磷在富氧状态下高温分解所得的产物与硅进一步反应，生成单质磷并使得磷原子进入硅片内部，形成 P-N 结。

⑥ 深扩散：该步的主要作用在于对磷原子的进一步推进，使得磷原子扩散到硅片内形成 P-N 结，然后使有毒废气被反应和排放。

⑦ 降温：在扩散结束后开始通入大量氮气进行降温。

⑧ 取舟：降温工艺完成后，硅片自动缓慢出炉。

扩散中首先在 810℃ 将含有磷源的三氯氧磷气体通入石英管，在高温硅片周围形成一个充满磷的原子气氛，让磷原子通过多晶硅表面向内部扩散 10min 左右，扩散深度约几百个纳米；接下来进一步进行高温处理，使预沉积在表面的磷原子继续向硅片深处扩散，形成了一个 n^+/n 层，这样的结构有利于后续电极的制备，因为 n^+ 层不仅可以和金属电极形成欧姆接触，降低接触电阻，以获得好的填充系数，而且可以防止电极制备过程中金属原子扩散进入基体内部，可以降低电极带来的表面复合损失。扩散工艺控制点如下。

① 硅片中心值方阻在 $80 \sim 85\Omega$ 以内。方阻就是方块电阻，又称为面电阻，是指一个正方形的薄膜导电材料边到边之间的电阻，方阻仅与导电膜的厚度等因素有关，在这里方阻反映的是电池片扩散后的磷浓度和结深。实验研究表明方块电阻的大小与扩散温度成反比，温度越高反应越剧烈，表面磷浓度就会越大，所以方阻越低。在一般情况下，方阻越小说明磷扩散形成的结深越深，如结太深，死层比较明显，少子寿命比较低，进而影响光电转换效率，浅结死层越小，少数载流子的寿命就会比较高，就会增加光生载流子被收集的概率，电池短波相应比较好；但是浅结又会引起串联电阻的增加；工业生产中的实际结深为 $0.3 \sim 0.5 \mu m$ 比较好。

② 管不均匀度<5%，片不均匀度<8%。在扩散的抽查检测中不仅要看中心方阻值的大小，还要看看整片和整管的均匀性，用不均匀度来表示，其计算公式如下：

$$不均匀度 = \frac{最大值 - 最小值}{最大值 + 最小值} \times 100\% \tag{6.7}$$

在检测中每个扩散管中会抽取 6 片扩散好的硅片进行测试，每片硅片会测试 9 点，即：左上、正上、右上、左边缘、中心值、右边缘、左下、正下和右下。测量位置都是在距离硅片边缘 1cm 处的位置，通过用这种方法来检测整片和整管的扩散均匀性。

6.3 刻蚀

6.3.1 去磷硅玻璃

经过扩散过的硅片表面会有一层含有磷的 SiO_2 层，又被称为磷硅玻璃层，在刻蚀前要将其去除，防止其对后续工艺产生影响，主要是通过 HF 将 SiO_2 层去除。主要反应原理如式(6.8)，依靠 HF 与 SiO_2 发生反应生成配合物的过程。

$$SiO_2 + 6HF \longrightarrow H_2SiF_6 + 2H_2O \tag{6.8}$$

6.3.2　湿法酸性刻蚀

因为扩散时硅片是背对背放置的，这样正面和硅片的边缘都会被扩散一层 P-N 结，周边的扩散层因为有 P-N 结，产生短路，造成漏电流过大，所以要将其去除。去除的方法分为湿法刻蚀和干法刻蚀。以下将简单介绍湿法酸性刻蚀，即用 HF 和 HNO_3 混合液将边缘的硅腐蚀掉，从而去除边缘的 P-N 结，方程式有式(6.9)~式(6.11)，其机理与制绒的原理是一样的，只是浓度要大于制绒时的溶液浓度。

$$3Si+4HNO_3 \longrightarrow 3SiO_2+4NO\uparrow+2H_2O \qquad (6.9)$$

$$Si+4HNO_3 \longrightarrow SiO_2+4NO_2\uparrow+2H_2O \qquad (6.10)$$

$$SiO_2+6HF \longrightarrow H_2SiF_6+2H_2O \qquad (6.11)$$

刻蚀设备与制绒设备有很多相似之处，刻蚀机也分为刻蚀槽、水槽、碱槽（KOH）、水槽、酸槽（HF）、水槽、烘干槽，两端同样有上料机和下料机。硅片在刻蚀槽行进时要保证硅片下底面滚轴的绝对水平，因为溶液的液面要精确控制在与硅片相齐平，这样才能使硅片的背面和侧面接触到刻蚀液进而将边缘和背面刻蚀掉，所以控制刻蚀液的高度，使其不能够泛液到硅片的正面也是一个关键控制点；在刻蚀槽内都是先由 HNO_3 和 Si 反应，生成 SiO_2 和 NO、NO_2，然后 SiO_2 再和 HF 反应，将硅片的边缘刻蚀掉，进而去除边缘的 P-N 结，这就是边缘刻蚀的原理。

6.3.3　工业湿法刻蚀

湿法刻蚀主要采用正面无保护的湿法刻蚀方法将电池背面的 P-N 结去除，以达到分离 P-N 结的效果，所以在槽中会有一些其他反应妨碍刻蚀的效果。工业中主要根据以下几点来评判刻蚀的效果。

① 减薄量：指硅片从刻蚀前到刻蚀后的质量减轻量，一般为 0.04~0.12g。

② 方阻提升值：指刻蚀前后方阻提升的大小，用于衡量 P-N 结中的磷浓度。

③ 边缘刻蚀效果：通过冷热探针测试冷热效果，硅片热的一方的载流子会向冷的探针方向扩散，从而形成电流。测试时要保证边缘被刻蚀掉，防止上下表面短路。

以上三点的控制方法很多，比如槽液温度、泵流量、药液添加量、带速（硅片行进速度）等；而在工业生产的过程中，工程师都是通过计算和长期经验来调试其中的参数，以达到理想效果。

另外，刻蚀需要格外注意的是槽体内的抽风大小，因为在刻蚀槽中采用的是正面无保护法刻蚀。由于药液的挥发在槽体内会在硅片的上表面形成局部的气象腐蚀效果，这样就破坏原本扩散好的 P-N 结，并且这样会改变硅片表面的不均匀度，在经过 PECVD 后会出现色斑、亮斑等不良品，所以调整好槽体的抽风系统是降低刻蚀后返工率的关键。

6.4　减反射膜

6.4.1　减反射膜常见制备方法

减反射膜在太阳电池制造中是非常重要的一部分，其主要目的就是在硅片上表面沉积一层蓝色的氮化硅薄膜。

工业生产中常见的制备氮化硅薄膜的方法有以下几种。①直接氮化：高温氮化、等离子体增强氮化、激光辅助氮化等方法。②物理气相沉积法（PVD）：包括离子束增强沉积法、磁控反应溅射等方法。③化学气相沉积（CVD）：CVD 法是最常用的氮化硅薄膜制备方法。其中，工业生产中常用的是等离子体增强化学气相沉积法（PECVD），因为该工艺具有较好的灵活性、沉积温度低和重复性好等优点，目前已经在工业中得到大量应用。以下内容主要阐述 PECVD 法制备氮化硅薄膜的工艺。

6.4.2 等离子体增强化学气相沉积法（PECVD）

PECVD 原理就是将含有薄膜组成原子的气体充入密闭容器中，借助微波或射频等在炉体中通过辉光放电形成等离子体，而等离子体化学活性很强，并且在特定温度下很容易相互发生反应，所以比较容易在基片上沉积出所期望的薄膜。其优点是反应温度低，成品率高。

PECVD 又分为管式 PECVD 和板式 PECVD，工业中考虑到易于控制和可大量生产，所以多选用管式 PECVD。主要机理是在管中通入 SiH_4、NH_3、N_2 等，在射频电源的作用下将其电离成离子；在电场的作用下经过多次碰撞产生了大量 SiH_3^-、H^- 等自由基；自由基在运动中会被吸附在基板上或者直接取代基板表面的 H 原子；由于在自身动能和基板温度的影响下，被吸附的原子会在基板表面迁移，并选择能量最低的点稳定下来；与此同时基板上的原子不断脱离基板上原子的束缚，在电场的作用下进入等离子体中，以达到动态平衡；当原子沉积速度大于逃逸速度后，这些等离子体就可以不断地在基板表面沉积成人们所需要的薄膜。图 6.5 为管式 PECVD 的原理图，在生产的过程中主要考虑的是生成硅片表面膜厚的大小，以及氮化硅薄膜的折射率。膜厚主要由在硅片表面沉积的时间的长短决定，而折射率的大小主要由 SiH_4、NH_3 的比值决定。研究表明，在合理的比值范围内管中 SiH_4 越多，折射率就会越高，这样就可以根据 SiH_4 的量来改变生成膜的折射率大小。

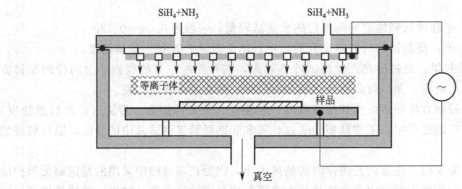

图 6.5　管式 PECVD 原理图

在工业生产中，PECVD 工艺制备薄膜材料时，主要过程如下：

① 硅片在反应炉中是背对背放置，当气体通入到炉中后，通过射频电源的作用，产生非平衡的等离子体气氛，在此情况下开始反应，并由此产生等离子体和活性基团的混合物；

② 在微观结构下，各种活性基团会向电池生长表面和石墨舟管壁扩散运动，与此同时在炉体内发生各反应物之间的次级反应，反应过程相当复杂；

③ 在经过一系列反应后，所得产物到达生长表面，被吸附并与表面发生反应，同时伴随有气相分子物的再放出。

如图 6.6 就是多晶硅片经过 PECVD 镀完膜后的实物图。

晶体硅太阳电池在工业生产中主要用相应的设备来淀积 SiN_x：H 减反射膜。其反应式如下：

图 6.6　多晶硅片经过 PECVD 镀完膜后的实物图

$$3SiH_4 + 4NH_3 \xrightarrow[400℃]{等离子体} Si_3N_4 + 12H_2 \uparrow \tag{6.12}$$

在等离子体的作用下，硅烷和氨气发生分解、电离或激发，化学反应后在硅片表面沉积，生成富含氢的非晶薄膜。

6.4.3　双层减反射膜应用

镀减反射膜是晶体硅太阳电池制造的一个重要步骤，减反射膜会使硅片反射率大大减少，极大地提升了效率。随着技术进步，人们又提出了双层减反射膜来增强减反射效果的概念。它的优点是不仅能够起到很好的钝化作用，并且在减反射能力上也比单层膜有了很大改善，能够很好地提升太阳电池的转换效率，在太阳电池行业发展中起到了很好的推动作用。所以，在电池片的制备工艺中，双层减反射膜已经成为减少光的反射、增强钝化效应的必备工艺。大量数据研究表明，氮化硅薄膜的制备可以将原有 28％的反射率降低到 3％以下，可见减反射膜主要在太阳电池提高效率方面有着不可或缺的作用。

在镀膜过程中并不是生成单一氮化硅物质，在高频电源的作用下 SiH_4 和 NH_3 形成等离子体，在此环境下会生成比较复杂的氢化氮化硅，氢化氮化硅薄膜在电场表面会形成良好的体钝化效果，并且氮化硅的折射率越高，钝化效果就会越好；双层减反射膜就是先在电池表面沉积一层高折射率的减反射膜，保证电池的减反射效果，然后通过相同的技术沉积一层折射率较低的减反射膜，这样不仅实现减反射的效果，还增强电池表面的钝化效果。

氮化硅的高效减反射原理：因为沉积的氮化硅折射率介于硅材料和空气之间，再沉积上一定厚度的氮化硅薄膜，光在照射到第一层减反射膜上时会有一部分折射进去，另外有一小部分光被反射回来，折射进去的光又会有一部分在第二层减反射膜上被反射回来，这两束反射光会达到光学干涉相消条件，这样就达到减反射的目的。所以，其中最重要的是使氮化硅膜的厚度和折射率满足减反射的光学匹配条件，如图 6.7 所示。

在工业化生产中，不仅要控制折射率的大小以达到双层减反射的效果，而且要控制镀膜以后的颜色。因为膜厚相差几个纳米就会影响到硅片的颜色，颜色不同的多晶硅片在组装好的太阳电池组件中的色差就会比较严重，会影响到电池组件的整体外观。所以，在生产中会控制颜

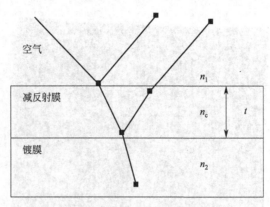

图 6.7　双层减反射膜原理

色生成，防止有色差或者颜色偏离的现象。工业生产中主要以蓝色和淡蓝色为主，所以要控制硅片的镀膜厚度在 73～100nm 以内，这样就会保证颜色的统一。表 6.3 是在折射率一定时不同膜厚所对应的氮化硅颜色。可以看出，随着膜厚的增加，颜色会随着变化，而且会是一个循环的变化，即由硅本色到黄色、红色、蓝色、绿色、白色，然后再循环到硅本色。

表 6.3　折射率一定时不同膜厚所对应的氮化硅颜色

颜色	厚度/nm	颜色	厚度/nm
硅本色	0～20	深蓝色	73～77
褐色	20～40	蓝色	77～93
黄褐色	40～50	淡蓝色	93～100
红色	55～73		

6.5　丝网印刷

6.5.1　丝网印刷工艺

　　丝网印刷就是将想要印刷的图案附着在丝网上，利用浆料透过丝网进行印刷的一种工艺。在太阳电池印刷中就是将电池片放在网版下面，在丝网上涂一层浆料，在刮刀挤压下浆料会穿过丝网中间的空洞，并将网版上的图案印刷在电池片的表面。在丝网设计时，可以通过相应技术将丝网的网孔封住，在没有图案的部分就会封住网孔使浆料不能够通过，而有图案的部分可以顺利通过浆料，这样经过刮刀的挤压就会保证浆料有规律地印刷在基板上，这样电池片上就只会有想要的图案。丝网印刷示意图如图 6.8 所示。其中钢丝常用作丝网材料，蚕丝、尼龙、聚酯纤维、棉织品、铜丝都可以作为丝网材料。

6.5.2　工业丝网印刷工艺要点

　　丝网印刷中有几个方面很重要：网版的参数，印刷浆料，网版的图案，基板和刮刀。印刷图形的宽度由丝网的目数及丝径决定。在网版选择时，要求网版的孔径约为浆料粉体粒径的 2.5～5 倍；网版的目数是网版的重要参数，目数越低，丝网越稀疏；网孔越大，浆料通过性就会越好，反之则越差。背银和背铝两道工序在印刷时对丝网要求不高，主要是考虑印刷厚度，选用 250～280 目即可。在硅片的正表面银浆印刷的工艺要求比较高，主要是保证栅线的宽度及栅线的厚度要求，一般选用 300～330 目，电池片栅线的宽度值取决于丝网的线径及网

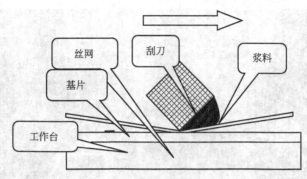

图 6.8　丝网印刷示意图

孔的宽度。印刷浆料是由功能组分、黏结组分和有机载体组成的一种混合流体，浆料分为导体浆料、电阻浆料、介质浆料和包封浆料等。在太阳电池的印刷中所用到的都是导体浆料。在印刷中一共用到三种浆料，分别为第一道银浆、第二道铝浆和第三道银浆，在工业化生产中第三道的工艺尤为重要，要对其中的含银量、有机物载体以及无机添加物等进行把控。图案的设计主要考虑到在节省面积的同时，又能最大效率地收集到硅片表面的载流子，同时也要配合浆料的成分才能达到应有效果。基板和刮刀主要是考虑到机械本身的问题，即刮刀要十分平整，不能有丝毫的缺口和痕迹，保证印刷出来的图案平整无瑕疵。

工业丝网印刷工艺分为以下几步。

① 背电极印刷（正极）。在电池的背面印刷上几条银电极，主要作用是使铝背场与锡带连接良好。因为铝与锡的接触性不好，所以在电极接触点会用银浆来代替，使其具有良好可焊性，形成良好的欧姆接触，抗拉力作用强并且减少电池片的电阻，减少电流损失。

② 背电场印刷。电池片背面产生的载流子汇集到背电极输出到负载，硅片背面形成一层硅铝合金会在硅片背面形成 P^+ 层的重掺杂区，这种重掺杂区可以减少铝背场与硅片接触处的少子复合，进而提高开路电压和增加短路电流。背电场用浆料为铝浆。

③ 正面电极印刷（负极）。作用是收集正面产生的载流子，由栅线汇集到主栅线处并对外输出光生电流。栅线的高度和宽度都有严格规定，因为栅线太宽会影响到硅片接收光的表面积，所以人们一直在极力使栅线变窄变高，这样既不影响电池的光照面积，也可以提升载流子的收集率。正面电极所用浆料为银浆。如图 6.9 所示是多晶硅太阳电池正面电极印刷的实物图。

丝网印刷背面的铝浆厚度控制是非常重要的。在硅片的烧结工序中温度会达到 600℃，如果印刷浆料太薄，在烧结过程中与硅形成熔融区域而被消耗，而该合金区域无论电池片从横向电导率，还是从锡带的可焊性方面均不适合于作为背面金属接触。但是，如果铝背场太厚，不仅浪费浆料，同时还会导致烘干不均匀，在更严重的情况下不能将其中所有的有机物挥发出来，导致烧结好的铝层中含有其他有机物质，不能产生纯净的铝背场，并且还会产生铝苞。

6.5.3　烧结

经丝网印刷印在扩散片上的电极浆料还没有和硅形成合金，也就是说电极浆料还没有被固化到硅中，因而不能形成良好的电接触，必须进行烧结，印刷在基片上的浆料需要通过烧结工艺形成厚膜导体。烧结前印刷膜需要进行干燥，让有机载体充分挥发掉，然后进行烧结。可以把印刷好电极浆料的硅片置于传送带上，随着传送带的转动进入高温区烧结，最后传送带将烧结好的太阳电池输送出来。烧结过程的烧成曲线应根据浆料、太阳电池表面钝化和减反射介质

图 6.9　多晶硅太阳电池正面电极印刷的实物图

的具体情况并通过工艺实验优选来确定。温度选择上既要保证良好的欧姆接触性，又要避免过高温度使有害的电极金属大量进入硅中，以获得良好的光电转换效率。

对于多晶硅太阳电池，因存在较高的晶界、点缺陷（空位，填隙原子，金属杂质，氧、氮及它们的复合物），对材料表面和体内缺陷的钝化尤为重要。表面钝化的主要方式是饱和半导体表面的悬挂键，降低表面活性，以此来降低载流子的表面复合率。这种钝化方法主要有二氧化硅、氧化铝、氮化硅、磷硅玻璃以及多层钝化膜相结合等。除前面提到的吸杂技术外，钝化工艺有多种方法，通过热氧化使硅悬挂键饱和是一种比较常用的方法，可使 Si—SiO_2 界面的复合速度大大下降，其钝化效果取决于发射区的表面浓度、界面态密度和电子、空穴的浮获截面。在氢气氛中退火可使钝化效果更加明显。

工艺原理如下：烧结就是将印刷在硅片上的浆料在烧结炉中高温共烧，使浆料与硅材料表面形成良好的欧姆接触，从而减少浆料与硅的接触电阻，以达到更好地收集光电流的目的；并且烧结控制必须足够精准，金属电极要穿透减反射膜但是不能穿透 P-N 结。

烧结的目的：其一，烧结的第一目的就是要使电极穿过减反射膜，这样才会使得电极与硅片相连，并与太阳电池形成良好的欧姆接触；其二，PECVD 工艺中产生氢悬挂键，在烧结工艺的过程中会向硅片体内扩散，起到钝化作用。

对于烧结工艺控制要求，如图 6.10(a) 所示是烧结炉的实物图。在烧结炉中会有很多温区，不同温区的作用不同。前部分温区主要是将印刷在硅片表面的浆料烘干，只有最后两个区域是烧结区。烧结区的温度控制至关重要，烧结温度过低会使烧结不完全，并且使电池片串联电阻过大；温度过高会导致 P-N 结烧穿，并联电阻过小。如图 6.10(b) 所示是烧结完成后下料口的照片，在此处要检测硅片的整体颜色是否均匀，硅片没有局部变色；浆料没有被污染的电池正面，电池表面无铝珠、铝刺，符合电池最大弯曲度。弯曲度要求将硅片自然地放在金刚石台面上，不改变硅片本身弯曲度，选择合适的标准将塞尺从一边推进硅片弯曲边缘的弧形内，测量弯曲弧形最高点距离水平面的高度，实际生产中弯曲度要求要在 1.87mm 以下。外观要求：印刷外观要求需严格按照《晶体硅太阳电池质量等级分类办法》A 级品检验标准执行。

(a) 多晶硅烧结炉   (b) 烧结完成后的下料口

图 6.10 烧结

6.6 分类检测

6.6.1 分类检测原理

① 分类检测设计。太阳电池片是在一定温度下接收特定辐照度的太阳光照射，同时改变外电路的负载，测量出负载的电流 I、电池端电压 U，绘制两者的关系曲线，然后根据数据和曲线由计算机软件系统计算出各种电性能参数。在测量过程中要严格控制测试环境的温度，因为当温度改变时，硅片中的载流子会受到影响，这样测试的开路电压和短路电流都会不准确。因此，要时常对机器进行校准，防止机器误差影响产品性能。

② 分类过程。分类检测机在运行中会将电池片传送到机器中的暗室，在暗室上方会有模拟太阳光的灯具进行照射，由设备模拟负载和测试系统进行测试，再由电脑根据测试的数据进行处理分析，并生成 I-U 曲线，以便于直观地反映电池片的性能。分类检测机的原理示意图如图 6.11 所示。

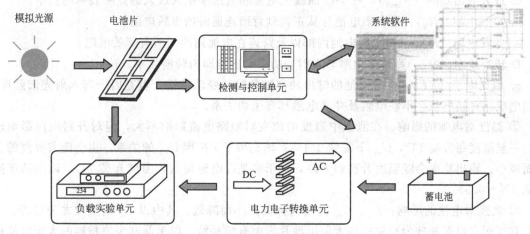

图 6.11 分类检测机原理示意图

　　③ 分类。利用分类检测机将电池的规格进行分类，主要依据电池片的发电效率分为多个挡位，将相同转换效率的电池片放在一起，因为在电池片做成组件时要保证所有电池的效率相同，这样就会减少组件因电池片效率不同带来的能量损耗。分类检测机实物图如图 6.12 所示，通过机械臂将不同转换效率的电池片分类放置。

图 6.12　分类检测机实物图

6.6.2　分类检测技术参数

　　① 电池测试标准：辐照度为 $1000\text{W}/\text{m}^2$，温度为 $25℃\pm2℃$。

　　② 主要电性能参数。

　　a. 短路电流（I_{sc}）：在测试标准下，太阳电池片在短路状态下的输出电流。

　　b. 开路电压（U_{oc}）：在测试标准下，太阳电池片在无负载即开路状态下的端电压。

　　c. 最大输出功率（P_{max}）：在 I-U 曲线上电流和电压乘积为最大的点所表示的功率。

　　d. 串联电阻（R_s）：指太阳电池片从正面到背面连通时的等效电阻。

　　e. 并联电阻（R_{sh}）：指太阳电池内部以及跨连在电池两端的所有等效电阻。

　　f. 转换效率（N_{cell}）：输出功率与入射光功率的比值即为转换效率。

　　g. 填充因子（FF）：体现电池的输出功率随负载的变动特性。填充因子与入射光谱强度、短路电流、开路电压、串联电阻及并联电阻都有密切关系。

　　③ 温度对电池的影响。在测试中温度的改变对短路电流影响不大，但对开路电压影响较大，一般温度每升高 $1℃$，U_{oc} 下降约 0.4%；填充因子 FF 因 U_{oc} 的关系，也会随着温度的上升而减小；输出功率会随温度升高而下降，对于多晶硅电池而言，温度升高 $1℃$，输出功率减小 $0.4\%\sim0.5\%$。

　　④ 光强对电池的影响：I_{sc}、U_{oc} 随着光强的减小而降低，其中以 I_{sc} 的变化尤为显著。

　　常规而言以多晶硅为原材料的太阳电池片表面有结晶粒；以单晶硅为原材料的太阳电池片表面均匀。多晶、单晶硅电池如图 6.13 所示。

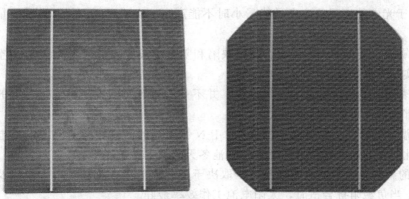

图 6.13　多晶、单晶硅电池

6.7　晶硅太阳电池生产线设备

①晶硅太阳电池生产线设备有清洗制绒机、扩散炉、等离子体刻蚀机、二次清洗机、甩干机、等离子化学气相沉积设备（PECVD）、丝网印刷机、烧结炉、石英管清洗机、测试仪、热缩包装机、石墨电极清洗机、石墨电极烘干机等。

②生产线外围设备有纯水站、空压机、负压站、酸雾处理塔、硅烷燃烧塔、净化与新风系统、冷却水站、氮气罐、氧气罐、酸碱及废水处理设施、特气（硅烷、氨气及四氟化碳）和独立地线等。

③主要辅助性设施有清洗石英管机、甩干机、金相显微镜、插片台、片盒、电子秤、手推车、三管扩散炉、净化装片台、推车、净化柜、源瓶柜、四探针、操作台、冷热探针、测试台、净化装片台、取片台、电极储存柜、推车、网版、浆料搅拌机、浆料滚动机、储存柜、废片盒、工作台、手工分拣台、包装网带炉、手推车、可视柜、防毒面具、面具滤芯、碎片箱、手式液压车、其他辅助性工具等。

④厂房总体要求（以 25MV 太阳电池片生产线为例）。

a. 厂房有效高度不小于 3.5m，地面承重不小于 2500kg/m^2，总面积约 2000m^2（不含外围设备），其中净化厂房约 1800m^2。

b. 厂房地面涂刷环氧树脂（浅绿色或浅灰色），厚度不小于 2mm。

c. 厂房扩散间洁净度为 10000 级，其余为 100000 级，相对湿度小于 60%，环境温度 18～25℃。

d. 具有独立地线接口，厂房布局符合消防要求，一、二次清洗间有紧急冲淋装置。

e. 每个房间合理安排插座，其中一次清洗、扩散、二次清洗、等离子刻蚀、PECVD 房间：10A、220V 不带接地 2 处，10A、220V 带接地 2 处，20A 三相四线动力插座 2 处；丝网印刷、烧结与分选功能大厅：10A、220V 不带接地 6 处，10A、220V 带接地 6 处，20A 三相四线动力插座 6 处。

6.8　提高太阳电池效率的方法

6.8.1　影响太阳电池效率的主要因素

①光谱的影响。太阳光由不同频率的光组成，但不是所有频率的光线都正好产生"电子-

空穴对"；由于光电效应现象，光子能量小时不能产生"电子-空穴对"，光子能量大时浪费了多余能量。

② 晶格缺陷和复合中心的影响。晶格缺陷和复合中心使大量产生的"电子-空穴对"重新复合，不能实现光电转换。

③ 电池表面对光的反射造成能量损失。并不是所有照射到太阳电池组件上的光线都被吸收，还有一部分被反射造成能量损失。

④ 环境温度的影响。随着温度的提高，P-N 结附近的活性层减薄，使电池电压和转换效率下降。因此，在相同的光照情况下，硅电池冬天的效率高于夏季。

⑤ 负载的影响。太阳电池的输出电压取决于负载的工作电压和功率大小以及蓄电池标称电压等因素。当负载阻抗合适时，太阳电池工作效率最好。

在多晶硅电池制备中，关键问题之一是减少多晶硅薄膜的晶界。多晶半导体的表面和晶粒边界，由于晶体周期性排列中断而在边界产生悬挂键，从而在晶体能隙中产生表面态和界面态。由于晶界内的杂质太多也会在带隙中形成缺陷态。这些都将在表面和界面内产生空间电荷，形成表面和界面势垒，引起表面和界面附近能带弯曲，影响载流子的输运和在边界面产生复合，从而影响太阳电池效率。

6.8.2 提高电池效率的方法

（1）N 型多晶硅作为太阳电池片

理论上讲，硼掺杂的 P 型硅和磷掺杂的 N 型硅都可以作为太阳电池的原料，现在工业上大多使用 P 型硅片来生产太阳电池，因为以 P 型硅作为原材料在扩散时工艺相对简单，易于控制；而以 N 型硅制备的太阳电池开路电压和填充因子都比较低，并且以 N 型硅作为原材料生产的太阳电池，随着时间的增加性能会逐渐地退化。N 型硅的优点是：与 P 型硅相比，相同的电阻率时少数载流子会更多，转换效率会更高，并且 N 型硅具有较强的抗污染能力。

（2）采用低压扩散工艺

目前工业化生产的多晶硅太阳电池在扩散工艺中都是采用高温、高压的方法，然而管中的高压气流很不容易被控制，从而使得硅片在管中不能够均匀扩散，造成在一片硅片上的不同位置方阻差异较大，即在硅片表面上扩散的磷浓度和结深不同，从而会引起电池片填充因子的减少；而低压扩散工艺不仅能够很好地解决管中空气流动不均匀、得到较为稳定的方阻值，还能减少扩散工艺的时间，减少扩散的能耗，这在工业化量产中能起到很好的节能作用。

（3）臭氧氧化硅片

采用臭氧氧化硅片是为了增强抗 PID 效应。电势诱导衰减（Potential Induced Degradation，PID）是指太阳电池组件在长期受到一定的外电压下发生功率衰减的现象，这是一种极化效应。多晶硅太阳电池组件采用铝边框接地，一般的电池组件都会进行连接形成 1000V 的负压，电池受到负电压很容易引发 PID 效应。研究发现，钠离子存在于光伏组件的光伏玻璃中，组件受到负压时钠离子从玻璃迁移到氮化硅膜内，从而引发 PID 效应。在高温、高湿的情况下，PID 效应会更加明显，所以抗 PID 效应成为了提高组件寿命的重要因素之一。

研究表明，高的折射率具有较好的抗 PID 作用，在 PECVD 工艺中的双层氮化硅薄膜已经起到很好的作用，但为了使抗 PID 效果更加稳定，可以在镀膜之前，在硅片的正面增加一层氧化硅薄膜。因为氧化硅薄膜的化学稳定性比较好，具有良好的致密性，对金属离子具有一定的阻挡作用，所以具有增强抗 PID 的效果。臭氧在常温下就可以将硅片氧化，所以使用臭氧工艺可以在低能耗下完成，并且工艺相对简单；臭氧可以用氧气通过臭氧发生器设备进行制备，所以原料比较容易制备。

（4）埋栅电池

埋栅电池是通过激光在晶硅太阳电池上刻槽，并将电极掩埋在硅片表面以下的技术。由于金属栅线在硅片中的接触性好，与槽内的重掺杂硅的接触电阻更小，所以硅片的填充因子更高；由于电池栅线在硅中掩埋，增加电池片的受光面积，不仅提高电池片的转换效率，也提高短路电流。图 6.14 即为埋栅电池的结构示意图。

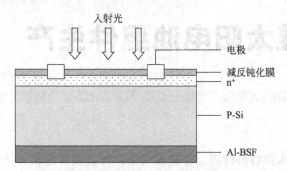

图 6.14　埋栅电池结构示意图

当然，还有其他一些技术。随着这些新技术的应用，太阳电池的转换效率得到了极大提高。

习　题

一、名词解释。

湿法酸性制绒　PID 效应　方阻

二、问答题。

1. 太阳电池制备工艺扩散原理分析。

2. 请谈谈工业丝网印刷工艺中分为哪几步？

第7章
晶硅太阳电池组件生产

由于晶硅太阳电池本身容易破碎、容易被腐蚀，若直接暴露在大气中，光电转换效率会由于潮湿、灰尘、酸雨等因素的影响而下降，电池片也容易损坏。因此，晶硅太阳电池一般都必须通过胶封、层压等方式做成平板式结构后使用，作为电源用必须将若干单体电池串、并联连接并严密封装，这就是太阳电池组件。晶硅太阳电池封装成太阳电池组件是太阳电池能够长时间使用的关键环节，可以隔绝太阳电池与外界大气的联系通道，保护电极和避免互相连线受到腐蚀。另外，用刚性材料进行封装也避免太阳电池的碎裂，封装质量的好坏决定了晶硅太阳电池组件的性能和使用寿命。晶硅太阳电池的封装主要是采用真空热压法，将经过正负极焊接的太阳电池单体，经串、并联形成晶体硅太阳电池阵列后，两面采用 EVA（Ethylene Vinyl Acetate，聚乙烯乙酸乙烯酯）材料，再在两侧加上低铁钢化玻璃和 TPT，放入真空层压机内，将层压腔室抽真空，加热，将玻璃/EVA/太阳电池串/EVA/TPT 热压到一起，保证使用的实用性、互换性、可靠性和寿命。其中，TPT（Tedler Polyeast Tedler，复合氟塑料膜）是太阳电池背面的覆盖物，为白色氟塑料膜。组件封装后有足够的机械强度，能经受在运输、安装和使用过程中发生的冲突、振动及其他应力，减少整体电能损失。

7.1 太阳电池组件的结构

常规太阳电池组件的结构形式有下列几种：玻璃壳体式结构（如图 7.1 所示），平板式组件（如图 7.2 所示），无盖板的全胶密封组件（如图 7.3 所示）。

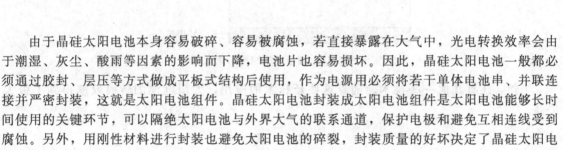

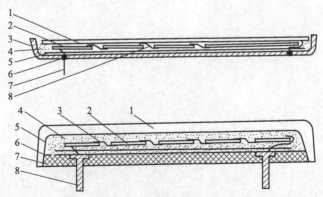

图 7.1　玻璃壳体式太阳电池组件示意图

1—玻璃壳体；2—硅太阳电池；3—互连条；4—黏结剂；5—衬底；6—下底板；7—边框；8—电极接线柱

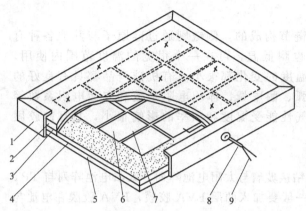

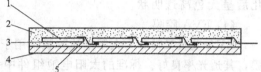

图 7.2　平板式太阳电池组件示意图	图 7.3　无盖板的全胶密封太阳电池组件示意图
1—边框；2—边框封装胶；3—上玻璃盖板； 4—黏结剂；5—下底板；6—硅太阳电池；7—互连条； 8—引线护套；9—电极引线	1—硅太阳电池；2—黏结剂；3—电 极引线；4—下底板；5—互连条

7.2　太阳电池组件的封装材料

组件寿命是衡量组件质量的重要因素之一。组件工作寿命的长短和封装材料、封装工艺有很大关系。封装材料对太阳电池起重要的作用，例如玻璃、EVA、玻璃纤维和 TPT 对封装后的组件输出功率也会有影响。要求组件所使用的材料、零部件及结构在使用寿命上互相一致，避免因一处损坏而使整个组件失效。

（1）上盖板

上盖板覆盖在太阳电池组件的正面，构成组件的最外层，它既要透光率高，又要坚固，起到长期保护电池的作用。用于上盖板的材料有：钢化玻璃、聚丙烯酸类树脂、氟化乙烯丙烯、透明聚酯、聚碳酸酯等。

对于太阳电池所用的封装玻璃，目前的主流产品为低铁钢化压花玻璃，在太阳电池光谱响应的波长范围内（320~1100nm），因其含铁量极低（低于 0.015%），所以其透光率极高（在400~1100nm 的光谱范围内为 91% 左右），从其边缘看过去为白色，因而又称白玻璃，对于大于 1200nm 的红外光有较高反射率。

另外，对玻璃进行钢化处理，不仅透光率仍保持较高值，而且使玻璃的强度提高为普通平板玻璃的 3~4 倍。玻璃钢化过程有助于提高太阳电池组件抗冰雹、意外打击的能力，确保整个太阳电池组件有足够高的机械强度。为了减少光的反射，可以对玻璃表面进行一些减反射工艺处理，制成"减反射玻璃"，其措施主要是在玻璃表面涂布一层薄膜，可有效地减少玻璃的反射率。

（2）树脂

树脂包括室温固化硅橡胶、氟化乙烯丙烯、聚乙烯醇缩丁醛、透明环氧树脂、聚醋酸乙烯等。一般要求有如下几点：①在可见光范围内具有高透光性；②具有弹性；③具有良好的电绝缘性能；④能适用自动化的组件封装。树脂封装是一种简易的太阳电池封装形式，所使用的材料成本相对低廉。它以其灵活性和低廉的价格广泛地应用于小型太阳能产品，如太阳能草坪灯、太阳能充电器、太阳能教学用具、太阳能玩具、太阳能路标及太阳能信号灯等。

（3）有机硅胶

有机硅产品的基本结构单元是由硅-氧链节构成的，侧链则通过硅原子与其他各种有机基团相连。有机硅不但可耐高温，而且也耐低温，可在一个很宽的温度范围内使用，无论是其化学性能还是物理机械性能，随温度的变化都很小。有机硅产品都具有良好的电绝缘性能，其介电损耗、耐电压、耐电弧、耐电晕、体积电阻系数和表面电阻系数等均在绝缘材料中名列前茅，而且它们的电气性能受温度和频率的影响很小，并且硅胶固化后呈无色高透明状。

（4）EVA胶膜

EVA胶膜又被称为太阳电池胶膜，用于粘接玻璃与太阳电池阵列、太阳电池阵列与TPT膜，其透光率良好。标准的太阳电池组件中一般要加入两层EVA胶膜，EVA胶膜在电池与玻璃、电池与TPT之间起粘接作用。EVA是乙烯和乙酸乙烯酯的共聚物，未改造的EVA透明、柔软，有热熔粘接性、熔融温度低、熔融流动性好等特征。这些特征符合太阳电池封闭的要求，但其耐热性差，易延伸而弹性低，内聚强度低，易产生热收缩而致使太阳电池碎裂，使粘接脱层。此外，太阳电池组件作为一种长期在户外使用的产品，EVA胶膜是否能经受户外的紫外老化和热老化也是一个非常重要的问题。以EVA为原料，添加适宜的改性助剂等，经加热挤压成形而制得的EVA太阳能电池胶膜，在常温时便于裁切操作；按加热固化条件对太阳电池组件进行层压封装，冷却后即产生永久的黏合密封。玻璃纤维层用玻璃纤维编织而成，用于去除层压时可能被密封在电池板内的气泡。

图7.4　太阳电池组件（摄于青藏公路沿线）

（5）背面材料

背面材料一般为钢化玻璃、铝合金、有机玻璃、TPT等。TPT用来防止水汽进入太阳电池组件内部，并对阳光起反射作用，因其具有较高的红外反射率，可以降低组件的工作温度；也有利于提高组件的效率。TPT膜厚为0.12mm，其反射率在400~1100 nm的光谱范围内的平均值为0.648。

目前应用较多的是TPT复合膜，有如下特点：①具有良好的耐气候性，能经受户外的气温变化、紫外老化和热老化等；②层压温度下不起任何变化；③与粘接材料结合牢固。

（6）边框

平板组件必须有边框以保护组件，有边框的组件组成方阵。边框用黏结剂构成对组件边缘的密封，主要材料有不锈钢、铝合金、橡胶、增强塑料等。太阳电池组件如图7.4所示。

7.3　太阳电池组件生产工艺

太阳电池片规格有单晶和多晶两种。目前多晶规格为156mm×156mm×0.2mm；单晶规格有125mm×125mm×0.18mm和156mm×156mm×0.2mm两种。

如果需要，太阳电池片首先要剪切成不同大小和尺寸，这就是剪片。步骤如下：①将电池片切割成电池组件所需的尺寸规格，用激光划片机来切割电池片；②熟读《激光划片机用户使用说明书》，并经确认后才可以上岗；③开机：首先检查水路、电路无误后方能开机，开机时先扭开"电源"开关，在制冷系统达到标准温度后才能启动激光电源；④打开计算机电源开关，再打开激光频率电源开关；⑤切割前先将激光电流、频率调到切割时所需的标准，打开抽风机将要切割的电池片吸在工作台面上，然后按程序进行切割；⑥按下"脚阀"，取下电池片，沿切割线扳开，分类摆放；⑦将激光电源调至工作电流；⑧关闭计算机、工作台电源，按动停止按钮、断开总电源。

工艺要求：①切割时激光电流不能过高，也不能过低；②不许裸手触及电池片；③电池片要轻拿轻放。

质检标准：①抽检的每小片电压在 0.5V 以上；②切割的小片跟所编制程序一致。

如果剪切工艺不需要，可以直接进入电池测试环节。

7.3.1 电池测试

由于电池片制作条件的随机性，生产出来的电池性能不尽相同，所以为了有效地将性能一致或相近的电池组合在一起，应根据其性能参数进行分类；电池测试即通过测试电池的输出参数（电流和电压）的大小对其进行分类，以提高电池的利用率，做出质量合格的电池组件。由于电池片的生产工艺不同，硅片的厚度也不同，因此生产出来的电池片表面颜色会出现不同色差，在一片电池片上出现两种或多种颜色（有黑蓝色、浅蓝色、花蓝色），这就是色差太大。好的电池片颜色应一致。单晶电池片的色差很小，大都是黑蓝色。每片电池片的电性能也不是一致的，其转换效率有高有低，大致分高效、中效、低效片等，所以参数也不完全一样。每块组件所采用的电池片颜色、电性能、几何尺寸等都要一致。

电池片在复杂的生产工艺流程中，都会出现不同程度的微缺陷。在生产物流过程中，电池片会出现不同程度的微损伤，如栅线问题、扩散问题、崩边、V形口、裂缝、色差问题等。根据以上各种现象，把电池片作分档处理。出厂前在以上的分档基础上做人工分选，在灯光下眼睛挑选再分类的这个过程称选片。为了有效地将性能一致或相近的电池组合在一起，应根据其性能参数进行分类；电池测试即通过测试电池的输出参数（电流和电压）的大小对其进行分类，以提高电池的利用率，做出质量合格的电池组件。分选好的电池片都分别放到规定位置待用，具体工艺如下。

（1）准备工作

① 熟读《单体太阳能电池测试仪用户使用手册》，并经确认后才可以上岗。

② 工作时必须穿防尘工作服、戴防尘帽、戴手指套。

③ 清洁工作台面，做好工艺卫生。

（2）作业程序

① 首先确认电池片测试仪连接线连接牢固，压缩空气压力正常。

② 打开操作面板两"电源"开关，调节充电电压和预燃电流。

③ 把电池片放置在测试台面工装内，用脚踩下"脚阀"不动。

④ 按下"启动闪光"按钮，确认测试光源亮起。

⑤ 把测得的"电流值"作为电池分档的依据。

⑥ 松开"脚阀"，取下电池片，按技术要求对单体电池进行分档放置。

⑦ 每一个组件作为一个包装，用原电池包装盒传递。

⑧ 作业完毕，按操作规程关闭分选仪电源。

（3）工艺要求

① 按技术文件要求进行分档并做标识。

② 不许裸手触及电池片。

③ 电池片要轻拿轻放。

（4）质检标准

① 抽检的每片电流误差小于 15mA。

② 每个电池组件颜色一致。

硅太阳电池片规格标准见表7.1。

表 7.1　硅太阳电池片规格标准表

序号	项目	说明	外观Ⅰ级	外观Ⅱ级	外观Ⅲ级
1	EL 测试		不允许有偏黑或偏亮的电池片出现	不允许有偏黑或偏亮的电池片出现	不允许有偏黑或偏亮的电池片出现
2	电性能	光电转换效率	相同功率的电池片按电流进行分档，逆电流≤3A		
3	正面次栅线断开		≤3 条断线，每条断线长度<3mm，不能允许有两个平行断线存在	长度<3mm，数量<4 处	长度<4mm，数量<5 处
4	正面栅线结点		<3 处，每处长度和宽度均<0.5mm	<4 处，每处长度和宽度均<1mm	<5 处，每处长度和宽度均<2mm
5	正面是否漏浆	由于网版原因引起的漏浆	无	在肉眼可观测到的情况下，少于 2 处，总面积小于 1.5mm²	漏浆面积≤2mm²，数量≤2 处
6	正面主栅缺损		≤1 处，尺寸＜2mm×2mm	≤1 处，尺寸＜2mm×3mm	≤2 处，尺寸＜2mm×4mm
7	正面印刷图案偏离	因为硅片与网版未完全对准而引起的图案偏离	印刷边界到硅片边沿的距离差别 d≤0.5mm	印刷边界到硅片边沿的距离差别 0.5mm<d<1mm	超过Ⅱ级类片标准
8	正面色差	PECVD 沉积氮化硅减反射膜的色差及均匀性	无	同一片电池上因色差因素导致的色彩不均匀面积应小于 2cm²	同一片电池上因色差因素导致的色彩不均匀面积应小于 5cm²
9	正面色斑	有制绒或脏污引起的色彩不均匀	无	轻微色斑面积≤2cm²，无点状色斑	轻微色斑面积≤4cm²
10	黄金斑	PECVD 时电池片正面被颗粒掩盖引起	无	色斑面积≤1mm²，数量≤3 个	色斑面积≤2mm²，数量大于 3 个
11	正面脏污	因各种原因引起的脏污	可允许有 3 个以下直径小于 1.5mm 的脏污	显著脏污、面积不超过电池片总面积的 30%	显著脏污
12	正面划伤	电池工艺过程中因各种原因造成的正面划伤、绒面破坏	无	轻微划伤，划伤长度小于 3mm	轻微划伤，划伤长度小于 5mm
13	正面水痕	去除磷硅玻璃层后，经清洗、烘干（或甩干）后流下的水痕	同一片电池上因水痕因素导致的色彩不均匀面积应小于 2cm²	同一片电池上因水痕因素导致的色彩不均匀面积应小于 3cm²	同一片电池上因水痕因素导致的色彩不均匀面积应小于 4cm²
14	正面指印	操作过程中在电池片上留下的指纹	同一片电池上因指印因素导致的色彩不均匀面积小于 2cm²	同一片电池上因指印因素导致的色彩不均匀面积小于 3cm²	同一片电池上因指印因素导致的色彩不均匀面积小于 4cm²
15	背面印刷图案偏离	因为硅片未完全对准网版而引起的图案偏离	背面印刷外围到硅片边沿距离差别 b≤0.5mm	背面印刷外围到硅片边沿距离差别 0.5<b<1mm	背面印刷外围到硅片边沿距离差别 b>1mm

续表

序号	项目	说明	外观Ⅰ级	外观Ⅱ级	外观Ⅲ级
16	背面主栅缺损		断线≤1处,且断线长度≤5.0mm	断线≤1处,且断线长度≤5.0mm	断线≤2处,且断线长度≤5.0mm
17	背铝缺损	因印刷或烧结炉传送带结构等原因导致背铝缺损	缺失面积不超过背电极总面积的5%	缺失面积不超过背电极总面积的20%	超过Ⅱ级类片标准
18	背面铝珠、鼓包		无	无	无
19	背面脱粉	因浆料烧结不完全导致背场或背电极致密度不够	用手抚摸手套上无残留物	用手抚摸手套上有残留物	用手抚摸手套上有明显残留物,且接触一片的正面有掉落物
20	崩边		深度小于0.5mm,长度小于1mm,数目不超过2个	深度小于1mm,长度小于2mm,数目不超过3个	超过Ⅱ类片标准
21	V形缺口		无	允许存在但未伤及栅线,深度小于0.5mm,长度<1.0mm	长度≤5.0mm,且无隐裂
22	U形缺口		允许存在,但不伤及栅线且不能有尖角,长度<2.0mm,深度<1.0mm,总数≤1个	允许存在,但不伤及栅线且不能有尖角,长度<2.5mm,深度<1.5mm,总数≤2个	深度≤2.0mm,长度≤5.0mm,数目≤3个,且无隐裂
23	缺角	因各种原因导致缺角	无	缺角≤10mm²,但未伤及栅线	缺角≤15mm²,但未伤及栅线
24	弯曲(b)		对于156mm×156mm电池,b<1.8mm;对于125mm×125mm电池,b<1.0mm	对于156mm×156mm电池,1.8<b<3.6mm;对于125mm×125mm电池,1.0<b<2.0mm	对于156mm×156mm电池,b>3.6mm;对于125mm×125mm电池,b>2.0mm
25	隐裂、裂纹、穿孔片	因各种原因导致隐裂	无	无	无

7.3.2　正面焊接

正面焊接是将汇流带焊接到电池正面(负极)的主栅线上,汇流带为镀锡的铜带,使用的焊接机可以将焊带以多点的形式点焊在主栅线上。焊接用的热源为一个红外灯,利用红外线的热效应进行焊接,焊带的长度约为电池边长的两倍,多出的焊带在背面焊接时与后面的电池片背面电极相连。

(1)准备工作

工作台加热板温度设定在50℃±5℃,恒温电烙铁温度设定在340℃±10℃,每班正式生产前进行点检,然后每隔4h测量一次,记录在相应表格上,每班工作前要校准电烙铁温度。将锡带剪切成电池组件所需的尺寸规格待用。穿上工作服、工作鞋,戴工作帽、手套、口罩和手指帽,禁止裸手接触电池片。待工作条件准备好即可开始工作,先将预先分选好的电池片分别焊接上指定的锡带,焊接用的焊带一般是0.17mm×1.8mm,焊带的质量最好为15μm厚的锡面且均匀。电池片的栅面是正面,正面是负极,按图7.5所示要求焊接。每焊接好一个组件,应对焊接台面用无尘布加少量酒精清洁一次,确保台面清洁度。单片焊接好的电池片每叠存放数量,边长125mm的不允许超过50片,边长156mm的不允许超过40片,超出数量用泡沫隔开。流程卡要随电池片批号填写好，组件型号和电池片分档次放置等。工作室内环境温度要求 25℃±2℃，湿度 30％～60％。焊接好的电池片表面清洁，无助焊剂结晶，无锡珠、毛刺、锡渣、虚焊和过焊，待用互连条置于环氧树脂板上。具有一定的机械强度，沿 180°拉焊带，检查拉力。此工艺目的就是将单片电池片的负极焊上锡带，便于下道串接工序使用。

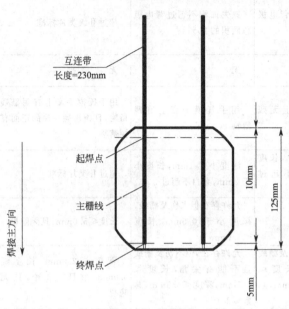

图 7.5　正面焊接

（2）串焊准备

所需材料为分选好的电池、互连带、酒精、助焊剂、棉签、碎布等。首先检查电路无误后方能开机：先将要剪切尺寸、剪切数量输入并确定，按动"开始"键开始剪切。剪切的锡带必须平直，长短必须一致，不能有脱锡现象；工作时必须穿防尘工作服、戴防尘帽、戴手指套，清洁工作台面，做好工艺卫生。

（3）串焊操作程序

①打开工作台电源及电烙铁电源，升温达到要求时起焊；②首先放好电池片，正面（负极）向上，将互连带用助焊剂浸泡并晾干；③将有助焊剂的互连带平铺在电池片的主栅线上，互连带与主栅线对正，误差小于 0.05mm，互连带的前端离电池片边沿的距离为 10mm，误差不能超过 1mm；④手拿烙铁，先在互连带端部点焊然后轻拉互连带的末端，并对正主栅线，用烙铁头的平面平压互连带，开始焊接，焊接时烙铁头从互连带上一次性推过，中间不可停留；⑤当焊接到互连带末端时（即将结束），右手前移速度加快并轻提电烙铁，避免末端有焊锡堆积。

串焊工艺要求做到：①焊接平直、光滑、牢固，用手沿 45°左右方向轻提焊带条不脱落；②电池片表面清洁，焊接条要均匀地焊在主栅线内；③单片完整，无碎裂现象；④不许在焊接条上有焊锡堆积；⑤不许有热斑；⑥在焊接过程中不允许停顿，并且不能反复修焊；⑦在整个操作过程中不允许用裸手接触电池片正面。

串焊质检标准为：①互连带与主栅线完全吻合，左右误差小于 0.05mm，起焊点到互连带 5mm，误差小于 1mm；②电池表面干净整洁，互连带上无焊锡堆积；③片与片之间是在间隔 2mm 的模板上操作焊接的，串焊后垂直整齐，表面均匀、平滑、整洁。

7.3.3　背面串接

背面串接是将电池串接在一起形成一个组件串。电池的定位主要靠一个模具板，上面有放置电池片的凹槽。槽的大小和电池的大小相对应，槽的位置已经设计好。不同规格组件使用不同的模板。操作者使用电烙铁和焊锡带将前面电池的正面电极（负极）焊接到后面电池的背面电极（正极）上，这样依次将电池片串接在一起并在组件串的正负极焊接出引线。焊接要求大致参考正面焊接要求。

7.3.4　层压敷设

背面串接好且经过检验合格后，将电池片串、玻璃、切割好的 EVA、背板按照一定层次敷设好，准备层压。玻璃事先涂一层试剂，以增加玻璃和 EVA 的粘接强度。敷设时保证电池串与玻璃等材料的相对位置，调整好电池片间的距离，为层压打好基础。敷设层次由下向上依次是：玻璃、EVA、电池片、EVA、背板。

叠层准备工作：①工作时必须穿防尘工作衣、戴防尘帽、戴防尘手套，台面无灰尘保持清洁；②串接好的电池串、EVA、背板、汇流条等放置有序，保持洁净；③准备切割连接条（比如标准版，四条90mm，三条280mm，两条285mm，两条415mm）。

叠层工序：①在汇流条布线台上平放一块清洁的钢化玻璃，光面向下；②在玻璃上铺一层高透EVA胶膜；③把布线模板放在玻璃的两端固定的位置；④把电池串平放好（电池的背面朝上），检查确认电池串焊接精确，连接牢固；第一组电池片铺上后进行定位，电池片距离玻璃边左右偏移17.5mm，上下偏移28mm；电池片与电池片间隔保持3mm，测量好后用胶布固定；⑤把电池串摆放均匀，电池串之间的距离为3mm，误差不可超过0.05mm，每个电池之间要平行，锡条距离电池片5mm；⑥清理好汇流布线（如图7.6所示）的工作场所，把焊接用的设备和汇流条放好，把带外接线的汇流条焊好，把背板正确地平放在太阳电池板的正极的上端；⑦把条形码贴在电池板左上角的汇流条上，有数字的一面向着玻璃且数字在下方；⑧把焊接用的设备从工作台上移走；⑨在组件背面覆盖一层EVA，切开一个出线小口；⑩在EVA上面覆盖一层背板并确保背板的黏面对着EVA，切开一个出线小口；⑪引出电极，距玻璃的一端到开口的位置长80mm，距玻璃的左右两边各362.5mm，误差小于1mm，中间进行电流电压检测，175W板电流大于1000MA，电压大于40V，130W板电流大于1000MA，电压大于30V；⑫在"流程单"上做好生产编号记录；⑬经检验员检验合格后可流入下道工序，若不合格则进行返工。拼接好的组件定位准确，串接条间隙一致（误差±0.5mm），汇流条平直，无折痕，单片无碎裂。在拼接过程中，保持组件中无杂质、污物、焊带条残余部分。覆盖EVA、背板时，一定要盖满钢化玻璃（每边≥5mm）。清洁工作台面，做到工艺洁净。

叠层（如图7.7所示）后接条间缝隙一致（误差＋0.05mm），汇流条平直，无弯曲，无翘起等。单片电池片无碎裂，组件中无杂质、污物、焊带条残余部分等。条形码规范一致，有数字的正面向着玻璃面方向。组件内电池片无碎裂、无气泡、无杂物、无明显移位；整体、边沿整齐干净。

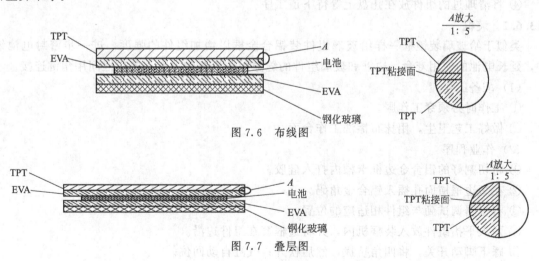

图7.6 布线图

图7.7 叠层图

7.3.5 层压工艺

将敷设好的电池放入层压机内，通过抽真空将组件内的空气抽出，然后加热使EVA熔化将电池、玻璃和背板粘接在一起，最后冷却取出组件。层压工艺是组件生产的关键步骤，层压温度、层压时间根据 EVA 的性质决定。

（1）作业程序

① 作业前开启层压机自动运行一个空循环，待其达到设定温度后，开盖、打开真空泵。查看相关设定参数（温度、时间），铺好一层耐高温布，平稳放入叠层好的电池组件，玻璃面向下，然后再在上面盖一层耐高温布（纤维布正面向里），进行层压操作。

② 查看层压工作时的相关参数，温度 135~138℃，上、下室真空度为 -0.1MPa，抽真空 6min，加压 40~50s，固化 15min。

③ 待层压操作完成后，层压机上盖自动开启，拉出电池板。

④ 在"流程单"上做好记录。

⑤ 检查组件是否符合工艺规范，并立即修边。

（2）工艺要求

① 组件内单片无碎裂、无气泡、无明显移位。

② 放入铺好的叠层组件时，要迅速进入层压状态。

③ 开盖后，迅速拿出层压完的组件。

（3）质检标准

① 组件内硅片无碎裂，无气泡，无杂物，无明显移位。

② 边沿整齐干净。

7.3.6 修边与装框

7.3.6.1 修边

层压时 EVA 熔化后由于压力而向外延伸固化形成毛边，所以层压完毕应将其切除。

① 将已组装好的电池组件进行清理。

② 将组件平放在专用台面上，用介刀去掉边框的毛刺、多余硅胶。

③ 用酒精、擦布、棉手套等，清理擦洗干净组件背板和玻璃面。

④ 将清理过的组件放在托盘上等待下道工序。

7.3.6.2 装框

类似于给玻璃装镜框一样给玻璃组件装铝合金框以增加组件的强度，进一步密封电池组件，延长电池的使用寿命。边框和玻璃组件的缝隙用硅酮树脂填充，各边框间用角键连接。

（1）准备工作

① 工作时必须穿工作服。

② 做好工艺卫生，用抹布擦洗工作台面。

（2）作业程序

① 将切割好的铝合金边框卡槽内打入硅胶。

② 在短边框横面孔插入铝合金角码。

③ 将机器调试到与组件相适应的位置。

④ 两人平抬组件放入装框机内，并将边框套在组件边沿。

⑤ 踩下脚动开关，将四角挤拢，然后松开；气缸自动回位。

⑥ 将背板与边框交接处补打硅胶，再安装接线盒。

（3）工艺要求

① 接线盒与背板之间必须用硅胶密封。

② 引线电极必须准确无误。

（4）质检标准

① 对角线误差不可超过 1.5mm。

② 接线盒安装牢固，周边的胶露出边沿 1.5mm。

7.3.7 焊接接线盒

在组件背面引线处焊接一个盒子，以利于电池与其他设备或电池间的连接。

太阳能接线盒（如图 7.8 所示）是为用户提供太阳电池板的组合连接方案，它是介于太阳电池组件构成的太阳电池方阵和太阳能充电控制装置之间的连接器，是集电气设计、机械设计与材料科学为一体的跨领域的综合性设计，是太阳能组件的重要部件。

接线盒的构造：一般太阳能接线盒包括上盖和下盒，上盖与下盒通过转轴连接。其特征在于：在下盒内平行布置有数条接线座，每相邻两接线座之间通过一个或多个二极管连接，上盖或下盒是用导热材料制作的。其产品类型现已有：灌胶式接线盒、屏幕墙接线盒、小组件接线盒等。

图 7.8　太阳能接线盒

7.3.8 组件测试

测试的目的是对电池的输出功率进行标定，测试其输出特性，确定组件的质量等级。太阳电池组件参数测量的内容，常用的除了和单体太阳电池相同的一些参数外，还应包括绝缘电阻、绝缘强度、工作温度、反射率及热机械应力等参数。绝缘电阻测量是测量组件输出端和金属基板或框架之间的绝缘电阻。在测量前先做安全检查，对于已经安装使用的方阵首先应检查对地电位，静电效应以及金属基板、框架、支架等接地是否良好等，可以用普通的兆欧表来测量绝缘电阻，但应选用电压等级大致和待测方阵的开路电压相当的兆欧表。绝缘强度是绝缘本身耐受电压的能力。作用在绝缘上的电压超过某临界值时，绝缘体将损坏而失去绝缘作用。通常，电力设备的绝缘强度用击穿电压表示，而绝缘材料的绝缘强度则用平均击穿电场强度（简称击穿场强）表示。击穿场强是指在规定的试验条件下，发生击穿的电压除以施加电压的两电极之间的距离。

室内测试和室外测试，对参考组件的形状、尺寸、大小的要求不一致。在室内测试的情况下，要求参考组件的结构、材料、形状、尺寸等都尽可能和待测组件相同。而室外阳光下测量时，上述要求可稍微放宽，即可以采用尺寸较小、形状不完全相同的参考组件。在组件参数测量中，采用参考组件来校准辐照度要比直接用标准太阳电池来校准辐照度更好。

（1）准备工作

① 工作时必须穿工作服。

② 做好卫生，用抹布擦洗工作台面和测试仪器。

③ 开启测试仪，校准测试因子使测试出来的组件与标准组件的功率相同。

（2）作业程序

① 打开测试软件，触发闪光灯，调整光强使光强红色曲线与紫色横线重合（可调整光源的电压强弱和光源与测试支架的间距）。

② 每次测试前先装上标准组件，校准测试的电流因子和电压因子，使测试出来的组件与标准组件的功率相同。

③ 把被测组件放在测试仪上，正确设定电池面积。

④ 调整负载，使测试速度和光强曲线匹配。

⑤ 触发闪光灯，自动测试，记录数据，将测试数据保存打印在标签上，贴在组件背面。

⑥ 测量结束，取下电池板组件，转入下道工序。

⑦ 作业完毕，关闭测试仪。

（3）工艺要求

① 对测试光强进行正确设定。

② 对组件温度进行修正。测试条件 $AM_{1.5}$ 为 $100mW/cm^2$，温度 $25℃$。

（4）质检标准

在标准测试条件下抽检，误差符合要求。

地面用太阳电池组件长年累月运行于室外环境，必须能反复经受各种恶劣的气候条件及其他多变的环境条件，并保证要在相当长的额定寿命（通常要求 15 年以上）内其电性能不发生严重衰退。在每一个项目进行前后均需观察和检查组件外观有无异常现象，最大输出功率的下降是否大于 5%。凡是外观发生异常或最大输出功率下降大于 5% 者均为不合格，这是各项试验的共同要求。

高压测试是指在组件边框和电极引线间施加一定的电压，测试组件的耐压性和绝缘强度，以保证组件在恶劣的自然条件（如雷击等）下不被损坏。

振动、冲击检测：振动及冲击试验的目的是考核其耐受运输的能力。试验条件如下：振动频率为 10~55Hz，振幅为 0.35mm，振动时间为法向 20min、切向 20min，冲击次数为法向、切向各 3 次。

冰雹试验：模拟冰雹试验所用的钢球重大约 227g，下落高度视组件盖板材料而定（钢化玻璃：高度 100cm；优质玻璃：50cm），向太阳电池组件中心下落。

盐雾试验：在近海环境中使用的太阳电池组件应进行此项试验，在 5% 氯化钠水溶液的雾气中储存 96h 后，检查外观、最大输出功率及绝缘电阻。更严格的检验还有地面太阳光辐照试验、扭弯试验、恒定湿热储存、低温储存和温度交变检验等。

图 7.9　太阳电池组件工艺流程图

（流程图节点：单体电池 → 上电极焊互连条（制备互连条）→ 单片电池分选 → 组合焊接 → 组合电池测试 → 铺设（玻璃清洗）→ 层压封装 → 固化 → 边框封装 → 电性能测试 → 组件检验 → 组件包装）

7.3.9　包装入库

将电池组件用小角木垫在框架边包装，再用纸箱封装。按照用途、目的、规模，太阳电池分为以下几种组件。

① 用于电子产品的组件。为驱动计算器手表，收音机、电视、充电器等电子产品，一般需 1.5V 至数十伏的电压。而单个太阳电池产生的电压小于 1V，所以要驱动这些电子产品，必须使多个太阳电池元件串联连接才能达到要求电压。

② 聚光式组件。太阳电池发电系统是在聚焦的太阳光下工作的，它分为透镜式和反光镜式两种。透镜式聚光必须采用大面积凸透镜来作透镜，它是把分割的凸透镜曲面连接在一起。反光镜式又有两种形式，一种是采用抛物面镜，太阳电池放在其焦点上；另一种是底面放置太阳电池，侧面配置反光镜。太阳电池除了采用单晶硅太阳电池以外，常采用转换效率较高的砷化镓太阳电池。此外，还有荧光聚光板型太阳电池，是把所吸收的太阳电池光通过荧光板变为荧光，荧光在荧光板内传播，最后被聚集于放置太阳电池的端部。

③ 混合型组件。光热混合型组件是为了更有效地利用太阳能，让太阳光发电又发热的器件。这种混合型组件有聚光型光热混合型组件和聚热型光热混合型组件等。

太阳电池组件工艺流程如图 7.9 所示。

7.4　太阳电池组件生产设备

生产太阳电池组件的全套设备有：激光划片机（太阳电池片切割、硅片切割），太阳能组件层压机，太阳能组件测试仪，太阳电池片分选机等。这些设备都可以由国内厂家生产。

（1）激光划片机

激光划片机（如图 7.10 所示）主要是实现对太阳电池片和硅、锗、砷化镓等半导体衬底材料的刻划与切割。激光划片机采用计算机控制半导体泵浦及灯泵浦激光工作台，使其能按图形轨迹做各种运动。泵浦就是激励或激发的意思，激光又称镭射（Laser），具备高亮度、高准直性、高同调性等特点，可用于工业加工、医疗、军事等领域。

半导体泵浦及灯泵浦激光器都是采用 Nd：YAG（掺钕钇铝石榴石）晶体作为激光产生的工作物质，这种材料对泵浦光的吸收波峰在 808nm 附近。灯泵浦是利用氪灯发出的光来泵浦 Nd：YAG 晶体，产生 1064nm 的工作激光，但氪灯发出的光的光谱范围较宽，只是在 808nm 处有一个稍大的峰值，其他波长的光最后都转换成多余的热量散发掉。

半导体泵浦是利用半导体激光二极管发出 808nm 的激光来泵浦 Nd：YAG 晶体，产生激光。由于半导体激光二极管的发射波长与激光工作物质的吸收峰相吻合，加之泵浦光模式可以很好地与激光振荡模式相匹配，从而光转换效率很高。半导体泵浦激光器的光转换效率可达 35％以上（灯泵浦激光器的光转换效率仅为 3％～6％），整机效率比灯泵浦激光器高出一个量级，因而只需采用轻巧的水冷系统。所以，半导体泵浦激光器体积小、重量轻、结构紧凑。

（2）太阳能组件层压机

层压机（如图 7.11 所示）用于单晶（多晶）太阳能组件的封装，能按照设置的程序自动完成加热、抽真空、层压等过程；自动方式是通过控制台预先设定层压各控制参数，手工关盖后自动运行，层压完毕自动报警开盖，等待封装下批组件；手动方式是通过控制台上控制按钮进行手动操作。平面式层压平台使电池板水平放置，均匀受热，自动化程度高，性能稳定，一个人可轻易完成放置和取出电池板的操作。

（3）太阳能组件测试仪

太阳能组件测试仪（如图 7.12 所示）专门用于太阳能单晶硅和多晶硅电池组件的测试，通过模拟太阳光谱光源，对电池组件的相关电参数进行测量；一般都有校正装置，输入补偿参数，进行自动/手动温度补偿和光强度补偿，具备自动测温与温度修正功能。

图 7.10　激光划片机

图 7.11　太阳能组件层压机

测量太阳电池的电性能归结为测量它的伏安特性，由于伏安特性与测试条件有关，必须在统一规定标准测试条件下进行，或将测量结果换算到标准测试条件，才能鉴定太阳电池电性能的好坏。标准测试条件包括标准太阳光（标准光谱和标准辐照度）和标准测试温度，温度可以通过人工控制。标准太阳光可以通过人工模拟，或在自然条件下寻找。使用模拟阳光时，光谱取决于电光源的种类及滤光、反光系统。辐照度可以用标准太阳电池短路电流的标定值来校准。为了减少光谱失配误差，模拟阳光的光谱应尽量接近标准阳光光谱，或选用和被测电池光谱响应基本相同的标准太阳电池。

图 7.12　太阳能组件测试仪

关于太阳电池效率的测量，一种情况是太阳模拟器的光谱和标准太阳光谱完全一致；另一种情况是被测太阳电池的光谱响应和标准太阳电池的光谱响应完全一致。这两种特殊情况都难以严格地实现，而两种情况相比之下，后一种情况更难实现。因为待测太阳电池是多种多样的，不可能每一片待测电池都配上和它光谱响应完全一致的标准太阳电池。光谱响应之所以难于控制，一方面是出于工艺上的原因，在众多复杂因素的影响下，即使是同工艺、同结构、同材料，甚至是同一批生产出来的太阳电池，也不能保证具有完全相同的光谱响应；另一方面是来自测试的困难，光谱响应的测量要比伏安特性麻烦得多，也不易测量正确，不可能在测量伏安特性之前测量每片太阳电池的光谱响应。因此，为了改善光谱匹配，最好的办法就是设计光谱分布和标准太阳光谱非常接近的精密型太阳模拟器。标准规定：地面标准阳光光谱采用总辐射的 $AM_{1.5}$ 标准阳光光谱，地面阳光的总辐照度规定为 $1000W/m^2$。标准测试温度规定为 $25℃$。若受客观条件所限，只能在非标准条件下进行测试，则必须将测量结果换算到标准测试条件下。

习　题

一、名词解释。

正面焊接　层压敷设　组件测试

二、问答题。

1. 请简述串焊质检标准。

2. 简述层压工艺的作业程序。

第8章
太阳电池浆料

太阳电池浆料通常指的是晶体硅太阳电池用的背面银浆、背面铝浆以及正面银浆，一般称为背银、背铝及正银。目前，在太阳电池行业中主要将银浆用作太阳电池的正背面电极，铝浆则作为背面电极，它们是影响太阳电池光电转换效率的重要因素，是生产太阳电池片的关键辅助材料。

8.1 太阳电池浆料简介

电子浆料是电子信息产业的基础材料，是一种由固体粉末和有机溶剂经过三辊轧制混合均匀的膏状物。电子浆料一般由四种成分组成：导电相、玻璃粉体、有机载体、添加剂。浆料按性能分为介质浆料、电阻浆料、导体浆料。随着电子浆料技术的进步，出现了其他形式的电子浆料，如氧化物浆料。电子浆料产品集冶金、化工、电子技术于一体，是一种高技术的电子功能材料。电子浆料主要应用于制造厚膜电路（形成导电网络）、片式元件（片式电阻、片式电容、片式电感）、导电油墨（应用于 PET、PCB、柔性线路基材）、汽车玻璃、薄膜开关、柔性电路、导电胶、敏感元器件（PTC、NTC、压敏元件）及其他方面。其中，电子浆料用于太阳电池电极时就是太阳电池浆料。

在太阳电池的结构成本中，导电浆料是除了硅材料之外，影响太阳电池成本最重要的材料，占电池片成本的 15%～20%。太阳电池导电浆料是太阳电池的光电转换效率的重要影响因素。一般来说，一块 156 规格的晶硅电池片，需要正面银浆料 0.11g，背面银浆料 0.029g，背铝 1.22～1.40g。

太阳电池浆料的主要作用实际上是电极，将太阳电池光照时产生的正负电荷分别输出到外部用电负荷上，从而实现光电转换的目的。太阳电池片的效率同很多参数如开路电压、短路电流、串并联电阻、填充因子等相关，这些参数几乎都同电极的好坏相关，而且电极的好坏又同电池片前期的工艺有关。目前，电极制作一般是用丝网印刷技术将浆料印刷到电池片上，再经过烧结工艺形成正面和背面电极。

① 背面银浆。从三种浆料的作用来看，背银的功能性最小，先前的背银通常称之为银铝浆，也就是浆料中含银和铝。由于背银对电池的性能影响很小，生产中主要目标是降低背银的成本，对背银的要求主要是单耗、焊接性能等，技术门槛比较低。

② 背面铝浆。铝浆的作用主要是在烧结的过程中，在电池片背面形成铝背场来提高电池片的电性能。铝背场的作用机理有两个：一个是铝吸杂；一个是形成所谓的 P$^+$ 层。

③ 正面银浆。正银的作用在于收集电流，是三种浆料中制备难度最大的。因为正面银浆

电极材料必须具备良好的导电性而且要与硅基太阳电池板形成良好的欧姆接触。在工艺性方面，浆料通过印刷被传输到电池片基体时需与网版相匹配，形成均匀平整的线条和良好的高宽比并在干燥前保持其形状，从而提高受光面积，提高电池片效率，这就要求有良好的印刷性。其中，最重要的是控制浆料对减反膜以及硅片的腐蚀从而形成均匀、良好的欧姆接触。

8.2 太阳电池正面浆料历史

20 世纪 60 年代，美国首先开发了银导电浆料，随着光伏、电子、汽车行业的兴起，浆料的发展脚步不断加快。通过浆料技术上的提升和补硅材料纯度、栅线以及底板的配置优化，太阳电池浆料的效率逐步提高。

目前，大批量生产晶硅太阳电池电极所能采用的两种低成本工艺是丝网印刷和电镀。这两种工艺方法简单，设备简单。对于电镀工艺，需要在腐蚀出电极图案的电池片表面连续电镀多层金属，比丝网印刷复杂且生产周期长。当前，晶硅太阳能生产中主要采用丝网印刷技术，就是将导电浆料透过丝网网孔压印在硅片上形成电极。

正面银浆的发展历史主要是围绕提高太阳电池效率和电池片生产成本的问题。提高电池效率与降低成本是相互矛盾的，比如增加效率需要使用银含量更高的产品，这样成本就会增加。就正面银电极而言，目前大部分厂家在向细线密栅的方向发展，正电极在保证体电阻较低的前提下要足够"细"以减少遮光面积，且足够"密"以便收集更多的载流子；这样可以增加受光面积，提高电流收集，从而提高效率，这样做也可以减少浆料的用量。

作为太阳电池材料的银浆，应该不断开发与新型太阳电池技术路线相匹配的导电浆料，甚至共同研究更合适的电池工艺。目前由于设备的进一步更新、导电浆料的进一步升级，超细栅线太阳电池金属化逐渐成为可能。细栅、多栅太阳电池技术是在现有生产设备和生产工艺的基础上研究开发高方阻、细栅密栅多晶硅太阳电池的制备技术。

我国太阳电池用浆料产业起步较晚，始于 20 世纪 70 年代，相关研发及生产相对落后，这在一定程度上制约了我国光伏产业的发展。到目前为止，国内已有一些企业开始对太阳电池导电银浆的研发和生产。而企业自主开发生产的太阳电池导电银浆虽占有一定市场份额，但在银浆的研发生产上面临着诸多问题。①科研投入不足，拥有自主知识产权和专利的企业较少，而大部分专利的研发应用只处在实验阶段，离投产还有一段距离。②工艺技术和生产设备水平较低，与国外大型企业相比，国内生产规模小，自动化程度低。③产品种类单一，缺乏自己的特色和专攻项目，产品质量及性能不能完全满足用户的需要。④所需原材料供应不稳定，并且其质量的稳定性、一致性差。⑤企业与高校及科研机构合作少，缺乏技术和设备研发人才，在技术积累以及人员素质等方面与国外企业存在一定差距。⑥持续研发能力不强，团队力量比较低，从而导致精细化程度较低。

8.3 太阳电池片的生产及对正银浆料的性能要求

8.3.1 太阳电池片的生产

首先将 P 型掺硼硅片放入在含 NaOH 或 KOH 的溶液中，去除由线切割引起的表面损伤层，同时在表面形成倒金字塔陷光结构，形成绒面。多晶硅材料由于各晶粒晶向不同，通常通过酸（HF/HNO_3 系统）或等离子体制作表面陷光结构。绒面结构越小，陷光（减反射）效果越好，但是小绒面不利于印刷电极烧结时形成良好的接触，因此绒面大小需综合考虑。在进行下一步磷扩散之前需要对硅片进行清洗，保证硅片表面的洁净，防止多余杂质在扩散时进入硅片，形成复合中心；接下来进行磷扩散，以制作太阳电池的核心部分 P-N 结。将硅片放置在充满磷源（通常为磷酸）的气体中高温处理，在硅片表面形成 N 型层，扩散结深大约 $0.6\mu m$。扩散层方块电阻由温度和时间决定。由于在扩散时硅片侧面同样会形成 N 层，为了防止边缘漏电，需要将侧面的 N 层去除。扩散后硅片表面会形成磷硅玻璃，通常通过 HF 溶液将其清洗，以降低表面复合。为了降低电池反射率，在去除磷硅玻璃后，需要在硅片表面沉积一层减反射膜。通常使用离子体化学气相沉积 SiN_x，得到的 SiN_x 富含 H 原子，烧结时这些 H 原子将扩散进入硅中，起到钝化硅中缺陷和杂质的作用。接着进入电极制作工序。

为了使太阳电池能向外输出电能，采用丝网印刷的方法印刷银浆、铝浆，形成前、背电极；为了减少背面复合和提高太阳电池的开路电压，在背面印刷一层铝浆烧结后形成背面场（BSF），由于铝在后续的烧结过程中将扩散进入硅体内，形成 P^+ 层，形成背反射电场；每步印刷工艺之后，采用烘干炉将浆料烘干以适合于下一步印刷。用于印刷的浆料必须具有很好的触变性，当其受到外力作用时黏度迅速下降，透过网板的网孔，在外力撤销后，浆料的黏度恢复原状，以保持电极形状。前电极的印刷需要增加高宽比以减少内阻损失。先制作印有电极图形的网板，将含金属的浆料印刷到硅片表面。首先用银铝浆印刷背面，形成背电极，再用铝浆印刷除背电极外的整个背面，最后用银浆印刷前电极。太阳电池正面需要银浆的部位如图 8.1 所示。晶体硅太阳电池断面示意图如图 8.2 所示。

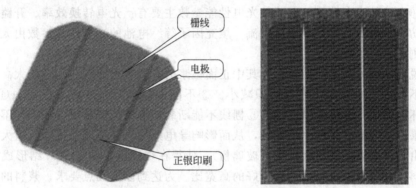

图 8.1　太阳电池正面需要银浆的部位

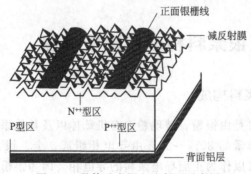

图 8.2　晶体硅太阳电池断面示意图

8.3.2　硅太阳电池对正银浆料的性能要求

好的导电性是晶硅太阳电池正面电极所使用的银浆的必然要求，其次银浆还应满足以下要求：①能与多晶硅电池板之间形成牢固的接触，与常规电阻相比，得到的导电膜层更加致密；②接触电阻相对比较小，在线宽相对较小或厚度较小时也能显示较低的电阻特性，在低温下将不同粒径的金属颗粒进行热处理，也能够得到较好的欧姆接触；③要使电极本身的体电阻小，满足具有优良的导电性的条件；④电极对硅基片上面的遮挡面积小，收集效率较高；⑤可焊性强；⑥成本相对低廉，污染较小，符合清洁能源利用的要求。

衡量正银浆料的性能指标主要如下。①固含量。固含量指的是导体浆料中导电粉粒和无机黏结剂的含量。固含量采用热重/差热综合热分析仪测试。②黏度。黏度是表征浆料黏滞性的参数，指导体浆料的流变程度。黏度分为牛顿流体黏度和非牛顿流体黏度两类。导体浆料为非牛顿流体黏度。黏度采用旋转式黏度测试仪测试。③方阻。方阻是指烧结过后的导体浆料膜层的单位面积的电阻，方阻采用四探针法测量。④接触电阻。接触电阻是指烧结过后的导体浆料与器件材料的接触电阻。接触电阻采用低阻仪测量。⑤可焊性。可焊性是指烧结过后的导体浆料膜层上锡时的浸润程度。⑥细度。细度指的是浆料中的无机颗粒的分散度。⑦附着力。附着力是指烧结后的导体浆料膜层与基体的附着程度。附着力测试采用数字式拉力计。首先将滚锡铜条按工艺流程焊接到金属膜层上，固定元器件，然后将铜条另一端固定到拉力计的夹头上，启动拉力计，拉力计会缓慢增加拉力，直到焊点从元器件上剥落。此时，拉力计上显示的数值就是电极的附着力。⑧干燥工艺。干燥工艺测试是指导体浆料印刷成膜后的烘干温度和时间。经过干燥工艺后，电极膜一般不会与其他物体发生粘接。⑨烧结工艺。烧结工艺是指烘干形成的导体膜经过高温烧结的温度和时间。经过烧结工艺后，电极膜应光亮平整，不影响材料本身的电性能。⑩电池的光电性能。电池的光电性能参数主要有：光电转换效率、开路电压、短路电流、最大功率点电压、最大功率点电流、填充因子等。电池的光电性能参数由太阳电池综合参数测试仪测量。

具体来说，用于太阳电池的浆料，其中正面银浆的技术难点如下。①不能太高，太高浪费银材料。②不能太宽，太宽使光窗面积减小。③不能太深，太深破坏 P-N 结。④不能太浅，太浅不能破坏绝缘层，影响导出电流。⑤栅线不能断裂，电流无法导出。⑥不能不均匀地和表面接触，如果不均匀会使接触电阻变大，从而影响导电效率。⑦不能使接触电阻大，不能增加接触电阻（由于这就需要制造出优良的玻璃粉），使得在烧结过程中和 P-N 结形成很好的欧姆接触。⑧浆料的性状必须稳定，达到良好的高宽比。为达到以上几点要求，浆料的有机成分必须能够适用微米级印刷，同时无机成分必须烧穿氮化硅钝化层和 P-N 结以达到良好的欧姆接触。

8.4　太阳电池正银浆料构成及形成机理

8.4.1　太阳电池正银浆料构成

太阳电池正银浆料主要是由银粉、玻璃粉、有机载体以及其他添加剂，按照一定比例组成的混合物浆料。一般浆料总量的 80%～90% 由导电相组成，金、银、铂、钯等金属粉末导电导热性能都较好，它们均可以作为正面导电浆料的导电相。因为银粉不仅具有良好的导电导热性能，且相对于其他贵金属来说价格还算便宜，所以导电浆料的导电相广泛使用银作为材料。银粉在银浆中起导电作用，是浆料的主要功能相。银粉由球形或片状的银构成，是决定银电极性能的主要因素。正银浆料中的金属银粉在高温时可与硅形成欧姆接触，同时构筑银膜以完成栅线本身的导电互联功能。

无机黏结剂一般占浆料总量的 $2\%\sim10\%$，主要材料为玻璃粉，作用是穿透太阳电池减反射膜，使电极与硅基片结合，而且无机黏结剂对于欧姆接触电阻也有重要作用。玻璃粉在高温烧结的过程中熔化，将银粉与硅基片粘接起来，固化膜层使其与基体牢固结合，形成良好导电接触。玻璃粉对制备的电极栅线的力学性能和电性能有重要影响。玻璃粉在满足合适的转化温度的同时，要有一定的稳定性。正银浆料中的金属银粉在高温时可与硅形成欧姆接触，同时形成银膜以完成栅线本身的导电互联功能。正银浆料中的微细玻璃料在热处理时熔化，将硅表面的太阳光减反射层熔穿，使浆料中的银可以与硅面接触；同时，玻璃黏结剂将金属银粉附着在硅片表面，形成致密均匀的导电膜，导电膜厚度为 $15\sim25\mu m$。

有机载体的组成主要是高分子树脂、有机溶剂和部分添加剂等，一般占浆料总量的 $5\%\sim15\%$，它的主要用途是让浆料有良好的印刷性。它是导电功能和黏结功能微粒的运载体，起着控制浆料的流变性和触变性、调节浆料黏稠度的作用，在银浆中起分散和润湿粉体颗粒的作用，使银浆具有良好的印刷性。正银浆料中的有机成分起分散作用，使浆料呈一种比较稳定的悬浮体或者膏体状态，可以较长时间放置而不产生物料的沉淀、分离与变性。另外一些有机添加剂一方面可以改善浆料的工艺性能，另一方面可以使浆料具有良好的流动性、触变性。有机载体最后在烧结过程中挥发掉。

8.4.2 太阳电池正银浆料形成机理

太阳电池正银浆料的主要作用是与太阳电池硅片形成良好的导电接触，也就是形成欧姆接触。

(1) 金属-半导体接触理论

金属与半导体接触的两种方式分别是欧姆接触（Ohmic Contact，电阻接触）和二极管接触（Schottky Contact，肖特基接触）。肖特基接触是一种整流接触。欧姆接触是一种非整流接触，是一种结电阻显著小于半导体器件本身电阻的金属-半导体接触，具有线性和对称的电流-电压关系，其接触电阻远小于材料的电阻。在有电流通过时，欧姆接触上的压降也远小于器件或样品本身的压降，所以这种接触不影响器件的电流-电压特性。太阳电池电极制备中要减小串联电阻就必须获得良好的欧姆接触或接近欧姆接触状态，以减少在金属-半导体结上的能量损耗。理想的欧姆接触，其电流外加电压成线性变化。如图 8.3 所示，晶硅太阳电池需要制备电极与金属形成良好的接触面，电池通过电极与外电路接通。理想电极要有助于光生载流子的定向移动并且能够无能量损耗地释放和接受电路中的自由电荷。

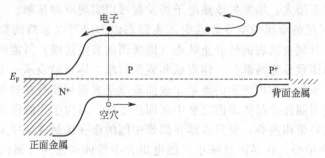

图 8.3 晶硅太阳电池理想能带示意

半导体器件必须通过接触才能与外部系统实现能量的传输和转移。因此，在连接电路前，器件上的电极需要提前制备好，一个电极即代表一个金属-半导体接触。肖特基接触类似于 P-N 结都具有整流特性；而欧姆接触则表现出电阻特性，类似于定值电阻，如图 8.4 所示。理想情况下，欧姆接触的电阻很小，其电阻小到可以忽略不计。实际上，人们希望欧姆接触的电阻值要远远小于器件本身的电阻值。

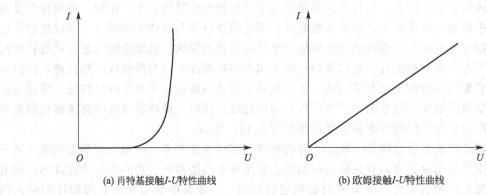

(a) 肖特基接触 *I-U* 特性曲线　　　　(b) 欧姆接触 *I-U* 特性曲线

图 8.4　*I-U* 特性曲线

若未进行合金化，金属与半导体接触面存在肖特基势垒，通常为肖特基接触，表现出一定的整流特性。由于欧姆接触的制作工艺比较困难，实现良好的欧姆接触对半导体器件性能有十分积极的意义。实际工艺制作出的接触通常既不会是完全的欧姆接触，也不会是完全的肖特基接触。前电极的形成要尽可能让金属-半导体的工作方式接近欧姆接触状态。

（2）隧道效应的利用

隧道效应又称势垒贯穿，是由微观粒子波动性所确定的量子效应。当粒子运动遇到一个高于粒子能量的势垒时，按照经典力学，粒子是不可能越过势垒的；按照量子力学方程可以解出除了在势垒处的反射外，还有透过势垒的波函数，这表明在势垒的另一边，粒子具有一定的概率贯穿势垒。理论计算表明，对于能量为几电子伏的电子，方势垒的能量也是几电子伏，当势垒宽度为 1Å 时，粒子的透射概率达零点几；而当势垒宽度为 10Å 时，粒子透射概率减小到 10^{-10}，已微乎其微。在重掺杂的半导体表面，会形成一个很薄的耗尽层，耗尽层厚度的数量级为埃。当重掺杂的半导体表面与金属接触形成一个结时，随着掺杂浓度的升高，隧道效应发生的可能性会增大；然后，隧道电流会成为金属-半导体结中的主要电流机制。对于高掺杂浓度，低势垒高度，或者两者同时满足，是获得小电阻接触，即欧姆接触的必要条件。

欧姆接触的电流输运理论是在热电子发射理论的基础上同时考虑电子隧道效应而形成的。要形成欧姆接触有三种途径。

① 提高掺杂浓度。随着掺杂浓度的提高，空间电荷区逐渐变窄，势垒也逐渐变薄，电子的隧道穿透概率也逐渐增大，场发射或热电子场发射可以实现欧姆接触。

② 选择功函数匹配的金属与半导体或引入表面态以形成可以忽略的势垒。功函数是指一个电子从费米能级上升到金属表面外静止状态（即所谓的真空能级）所需的能量。在量子力学计算功函数中，将功函数分为两部分：体贡献和表面贡献。体贡献表示一个电子由于晶体的周期势场以及与其他电子相互作用产生的能量。表面贡献是表面可能存在表面偶极层的作用。表面态是由晶格的完整周期性在晶体表面突然中断而产生的，对应于连续能量范围的二维带，而且该带可以与价带或导带相重叠，但只有落在禁带中间的带在接触现象中发挥作用。

③ 引入大量复合中心，在界面处减小接触电阻。半导体和任何金属的接触，从半导体向金属的过渡，其实是由半导体的共价键向金属的金属键的连续转变。也就是说，金属-半导体是两种原子的互相扩散区域，也可称为金属-半导体的合金化区域。金属-半导体合金化有两种类型：一种是金属和半导体原子间的相互扩散，彼此溶解，但不形成化合物；另一种则是金属和半导体经由高温化学反应生成化合物。对硅而言，就是形成金属硅化物。银硅界面属于前一种类型，银和硅两种材料接触后会相互渗透：少量硅原子会扩散到金属银中；同时，少量银原

子也会扩散到硅中。从而在与硅表面垂直的方向上，形成连续过渡且有差异的界面环境。

在硅太阳电池制造过程中，印刷、烘干过程结束之后，疏松的厚膜银层附着于硅晶片，在烘干烧结过程中有机溶剂通过蒸发和燃烧消失，而玻璃料在达到玻璃粉的熔化点以上后开始熔化，它形成液相包裹银颗粒并浸润腐蚀 SiN 减反膜。当烧结温度达到 650℃ 左右时，分布于熔融的玻璃相中的导电相银颗粒开始部分熔解在液相中。金属银在高温下会穿透氮化硅减反射膜漏洞，然后渗入到 N 型硅层，为银颗粒与发射极硅基的电学接触创造前提条件。与此同时，银粉在高温条件下熔化连接成致密的银层。Ag 的溶解度受 SiO_2 与 PbO 在玻璃相中的含量影响，在烧结峰值温度时达到最大。在高温下，正银浆料中的固态混合体与硅表面会发生固相反应，从而形成特殊的界面微观结构。通过调节银浆配方，可以控制银的渗透程度。过浅和过深的银-硅接触结，都会对电池性能产生不良影响。在烧结后期温度急剧下降，由玻璃料熔蚀的硅在硅片表面重新外延结晶，银晶粒也在硅片表面上析出呈倒金字塔形扎入到 N 型硅发射区。

8.5 银粉对正银电极性能的影响及制备

8.5.1 银粉对正银电极性能的影响

银粉是正银浆料中的主要成分。理论上讲，银含量越高的银浆其导电性能越好，制备的银电极的电阻越小。当浆料中的银含量超过一定值时，性能变化就不太明显。考虑到过量银粉含量会严重影响浆料的印刷性能，正银浆料的银含量要根据需要保持合理的比例。在完整的硅片上制备电极时，银栅线自身的电阻变化也会变得非常关键，网版和印刷工艺变化时也要调节正银浆料中的银含量。

银粉的性能依赖于银粉的粒度和形貌特征。而选择银粉时，必然要考虑银粉的诸多性能，如比表面积、振实密度、结晶性和抗腐蚀等。而制备银粉时，反应条件的控制、还原剂的选择、界面活性剂的使用不同，都可以使银粉具有不同的物理化学特性，比如不同晶粒大小、各种颗粒形态、比表面积、分散程度、松装密度、振实密度、结晶性、平均粒径以及粒径分布等。

（1）银粉粒径对导电性能的影响

按照粒径对银粉分类，纳米银粉平均粒径小于 $0.1\mu m$（100nm）；银微粉平均粒径范围为 $0.1 \sim 10.0\mu m$；而称为粗银粉的平均粒径在 $10.0\mu m$ 以上。如果银粉粒径较大，则会在丝网印刷时堵住网版，使浆料不能漏过网版得到电极图案；但如果银粉粒径较小，则具有较高的比表面能，在烧结过程中极易团聚而结成银块，冷却后重结晶得到的银颗粒减少，增大电极的比接触电阻。

浆料中的主要成分为银粉，银浆中的主要成分是超细银粉。它决定了浆料的电性能和力学性能。所以，银粉的粒径等其他形貌特征对浆料性能的影响都较大，相对于一般用银粉要求较高。银粉的粒径大小对欧姆接触及银硅接触界面处的结构、填充因子、太阳能电池的开路电压都有影响。对于不同种类的银粉中，在浆料丝网印刷的过程中，一般片状银粉的粒度较大，很难通过网孔，并且在烧结过程中片状银粉的热收缩率较大，因此一般选用超细的球形银粉或类球形银粉作为银浆浆料。银粉的颗粒尺寸影响接触状况、串联电阻、P-N 结的漏电流、扩散层的饱和电流密度。由于对于颗粒度超细的银粉，其表面能很低，能够在温度很低、玻璃黏结剂熔化之前就扩散烧结形成致密的银块，这使银在玻璃相中的溶解困难。玻璃相中银的饱和度太小，在硅片表面仅有少量的银在冷却过程中析出，使电池的串联电阻过大；在烧结过程中，银粉中较大颗粒的结块速度慢，玻璃相中银的溶解度比较大，硅片上有银在冷却时大量析出，较大颗粒的结晶银使漏电流明显增大。只有与玻璃粉匹配的银粉，才有可能获得较好的电性能。太阳电池银浆使用平均粒径范围为 $0.1\sim3.0\mu m$ 的银粉能够较好地协调烧结时间与银溶解量之间的关系，在硅半导体与银金属线间能形成良好的欧姆接触。该范围粒径的银粉在制成浆料后颗粒间相互填充，增加银膜填充密度，利于提高导电性。

（2）银粉的分散性对导电性能的影响

银粉的分散性对制作太阳电池银浆来说也有较高的要求。超细银粉通常在合成、干燥时易形成团聚体。团聚现象按键合的形式分为软团聚和硬团聚。若是键合范德瓦耳斯力等引起的团聚称为软团聚，软团聚可以用机械方法打散；若是由键氢键、桥氧键等引起的团聚则称为硬团聚，而硬团聚很难被打散。银浆配成后大的团聚体虽然经过了三辊研磨，但是细度仍较大，导致在丝网印刷过程时难以通过丝网，容易使电极和栅线形成断点和断线，造成电池片产生的电流难以有效传输，最终造成光电转换效率降低，影响电池的电性能，更难达到太阳电池高效率的要求。

另外，银粉的比表面积、结晶性、振实密度、表面处理等对银浆的烧结性能、印刷性能及电性能等都有影响。

正银浆料最终会和晶硅电池顶部的金字塔表面晶硅顶部的腐蚀凹槽表面接触。为了使银浆能充分和减反膜表面接触，特别是在大型颗粒无法触及到的空间或部位，通常会在普通银粉中掺入部分纳米银粉，以获得银浆对凹凸表面的良好接触。另外，纳米银粉在正银电极制备工艺中，更容易参与高温化学固相反应。纳米银粉因为活性高，在常温下容易发生自烧结或者团聚现象，造成纳米银粉分散性很差，振实密度低。在相同体积下，银微粒越大，银微粒间的接触概率越低，并留下很大的空间被非导体的树脂所填充，导致导体微粒间形成阻隔，最终使导电性能下降。相反，细小银微粒的接触概率较高，导电性能提高。所以，银粉的粒径改变后，银含量应该随之调整，以配合最佳的浆料工艺。

在调制浆料时，银粉不能被有机载体完全润湿，导致印刷效果不好，烧结后烧结银膜收缩率大，连接不致密，孔洞多，导电性能差，满足不了电子浆料进一步发展的需求。银粉在银浆中的分散性对太阳电池性能也有很大影响。用分散性好的银粉制备的银浆烧结后，不发生结块而是形成致密结构，因而很大程度上可提高太阳电池的性能，使制备的电子浆料具有优良的印刷性、稳定性。

目前太阳电池用正银浆料超细银粉主要采用化学还原法制备，通过优化还原和分散体系，控制溶液浓度、搅拌方式、搅拌速度、反应温度、溶液 pH 值、过滤、干燥以及后续处理方式等工艺参数，调控银粉的形貌、粒度、分散性和密度等特性。一般银粉粒径选择范围是 $0.1\sim20\mu m$。使用两种或两种以上不同粒径的银粉来制备太阳电池导电银浆，可以抑制在烧结之后接触电阻的增大以及在形成电极时产生的微小裂纹，提高电池的导电性。太阳电池导电银浆中银粉的质量分数一般在 $70\%\sim90\%$ 的范围内。如果高于这个范围，将会影响银浆的流变性，不利于银浆的印刷，并且导电性也无明显提高。当银粉含量过高时，含有树脂的溶剂无法全部浸润所有银粉的表面，从而使接触电阻增大。

除了单独地将银粉作为导电相外，还可以将银粉与其他金属或合金颗粒等共混作为银浆中的导电相。通过添加这些金属或合金颗粒等，不仅可以降低太阳电池电极的成本，而且有效扩大银浆的烧结范围，使制备的太阳电池拥有更高的转换效率。银含量的下降降低浆料的价格，同时也使得单个电池片的浆料用量有所下降。

8.5.2 导电银粉的制备

银粉的制备方法很多，主要包括有机械化学合成法、电子束照射法、微波等离子体法、直流电弧热等离子法、电解法和喷雾热分解法等，但是这些方法有耗能较大、需要设备特殊而且对环境要求苛刻等一系列缺点。而液相还原法设备简单，容易控制工艺条件，易大量生产，且成本较低。此方法目前已被广泛使用。液相还原法的工作原理：在水中加入含有银元素的盐（硝酸银等），使其在水中溶化，然后将化学还原剂加入，沉积出银粉，再经过洗涤、烘干过程得到平均粒径在 $0.1\sim10.0\mu m$ 之间的银还原粉。但液相还原法有一定缺点，即在制备银粉时，银粉颗粒因比表面积大极易发生团聚。下面重点叙述液相还原法。

（1）调节剂以及氧化剂溶液的制备

用抗坏血酸作为还原剂，聚乙二醇作为分散剂，制备太阳电池正极浆料。

① 调节剂制备：先取一定量的去离子水，再取适量浓度为 $25\%\sim28\%$ 的浓氨水，将其溶于去离子水中配制成浓度为 $5\%\sim10\%$ 的氨水。

② 氧化剂溶液制备：按抗坏血酸与硝酸银的摩尔比为 $1:2$ 称取硝酸银，将硝酸银溶于去离子水中，配制成硝酸银溶液。

（2）还原液的制备

先称取一定量的还原剂抗坏血酸，在适量去离子水中溶解，得到一定浓度的溶液；然后再称取适量的聚乙二醇，在抗坏血酸溶液中加入称好的分散剂（即聚乙二醇），将反应箱的水温调到某一恒定的值，使搅拌速度调至范围为 $400\sim600r/min$ 的某一值，在强力搅拌机内搅拌一定时间，其作用是使其充分溶解、混合，进而配制成还原液。

（3）进行还原反应

还原液是由抗坏血酸和聚乙二醇组成的。将配制好的还原液放置于一定温度的水浴中，将硝酸银溶液在搅拌状态以一定加速度逐渐滴加到还原液中，开启超声振荡使溶液均匀地发生反应。在反应过程中将配制好的氨水溶液滴加到反应液中，目的是调节反应溶液的 pH 值的大小。等硝酸银溶液滴加完成后再等待反应半个小时。

（4）固液分离反应以及洗涤干燥

将取出的反应产物使用离心机进行固液分离，先用去离子水洗涤三次，再用无水乙醇洗涤两次。最后，将洗涤后的银粉放在 80℃恒温干燥箱中干燥 8h，得到所需要的银粉。

银粉的扫描电镜图（SEM 图）如图 8.5 所示。

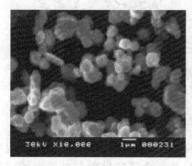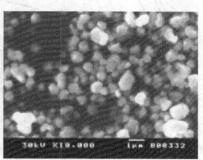

图 8.5　银粉的扫描电镜图（SEM 图）

8.6　玻璃粉对正银浆料性能的影响及制备

8.6.1　玻璃粉对正银浆料性能的影响

一般来说，正银浆料中的玻璃料发挥着关键作用：作为连接剂，实现金属粉粒之间的连接以及金属膜与硅基片之间的连接，形成导电通道；作为助熔剂，加速金属粉体的熔化和金属膜的构筑；作为熔蚀剂高温时腐蚀晶硅，蚀穿减反射膜，为银-硅欧姆接触的形成创造前提条件；作为催化剂，促进或优化银-硅界面高温化学反应。玻璃料不仅用于精确地构建导电窗口，而且直接参与金属-半导体接触界面的高温化学固相反应和银-硅电学接触的形成，在浆料-发射极界面间作为传输媒介。由于玻璃粉厚度很薄，电子可以通过隧道效应在浆料与电池发射极间移动，且玻璃粉的存在有助于在银颗粒浆料与电池发射极界面间形成结晶。玻璃料性质显著影响晶体硅电池串联电阻。因此，玻璃料是硅太阳电池栅正电极技术的关键。

（1）含铅玻璃料

传统厚膜浆料工艺里使用最多的无机黏结相就是含铅玻璃料。最常见的玻璃系统有 PbO-ZnO-B_2O_3 系、PbO-B_2O_3-SiO_2 系、PbO-Bi_2O_3-B_2O_3 系、PbO-B_2O_3 系等。以上这些玻璃体系具有较低的软化温度，通常可以小于 500℃；匹配的热膨胀系数（TEC）位于 $90\times10^{-7}\sim100\times10^{-7}$℃$^{-1}$ 之间，具有良好的电性能。图 8.6 是 PbO-B_2O_3-SiO_2 玻璃系统的相图。该系统的玻璃料是正银浆料研制中使用最频繁、最有效的无机黏结相种类。

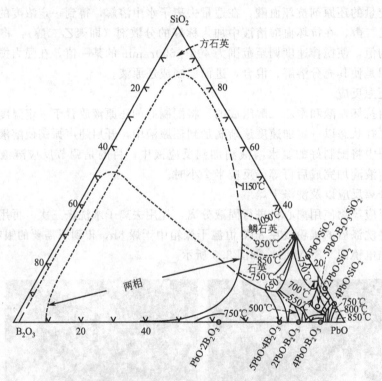

图 8.6 PbO-B_2O_3-SiO_2 玻璃系统的相图

在作为无机黏结相的玻璃料中，铅的使用可降低玻璃熔点，从而降低烧结温度。铅元素对封装处化学性质的稳定性起到非常关键的作用。另外，含铅玻璃料与硅表面的浸润性、附着性好，常见的无铅玻璃都不具备以上优点。

（2）无铅玻璃料

银浆的无铅化主要是玻璃料的无铅化，就是含铅玻璃体系中的铅被去掉或替换。主要是保持玻璃的化学稳定性、浸润性良好，并有合适的软化温度和烧结温度，浆料与硅片的热膨胀系数匹配；否则，就会导致烧结后金属膜层产生裂纹，严重影响电极的电性能。现在国内外的无铅化玻璃研究主要集中在磷酸盐玻璃体系、钒酸盐玻璃体系、硼酸盐玻璃体系以及由它们派生的众多玻璃体系。无铅玻璃体系中往往加入了很多较贵的稀土元素氧化物和过渡元素氧化物，提高生产成本，这也是以上众多方案最终不能批量生产的原因。

硅太阳电池 N 型层表面覆盖的氮化硅减反射膜是一种介电性能良好的薄膜，它主要起到三个方面的作用：第一，减少电池表面光的反射；第二，进行表面和体钝化，减少电池的反向漏电流；第三，利用其良好的抗氧化和绝缘性能，有效阻止钠离子、金属和水分子的扩散。氮化硅减反射膜的厚度为 $75\sim80nm$，位于绒面金字塔顶端的氮化硅膜要略薄，而位于金字塔底部的凹槽内沉积的氮化硅膜则要略厚一些。要想在烧结的短暂高温区间内使银-硅接触反应完成，首先必须通过熔融玻璃蚀穿氮化硅膜，玻璃料起到对氮化硅减反射膜的熔蚀作用。

8.6.1.1 玻璃系统基本理论

玻璃属于非晶物质的范畴，具有长程无序、短程有序的微观结构。玻璃态物质具有各向同性、无固定熔点、变化的可逆性、可变性和亚稳性的特点。玻璃的结构有无规则网络说、晶子学说等，应用广泛的主要是无规则网络学说。传统玻璃被看成是由硅氧四面体为结构单元的三维网络所组成的，结构长程无序、短程有序，硅氧键是极性共价键，必须满足共价键的方向性和离子键所要求的阴阳离子的大小比。也有混合型氧化物、氟化物玻璃，在此玻璃结构中氧和氟都起桥联作用。

不同材料组成的玻璃结构不同，不同材料所起的作用也不同。一般可按元素与氧结合的单键能的大小和能否生成玻璃，将氧化物分成网络生成氧化物、网络外体氧化物和中间体氧化物三类。

网络生成氧化物：能单独生成玻璃，在玻璃中能形成各自特有的网络体系。网络生成氧化物有 SiO_2、B_2O_3、P_2O_5 等，配位多面体一般以顶角相连。网络外体氧化物：不能单独生成玻璃，不参加网络，一般处于网络之外。主要是离子键，电场强度较小。常见的网络外体氧化物有 Li_2O、Na_2O、K_2O、CaO、SrO、BaO 等。网络外体氧化物因为键的离子性强，其中氧离子容易摆脱阳离子的约束，是游离氧的提供者，起断网作用；其阳离子是断键的聚集者，这一特性对玻璃的析晶有一定的作用。当阳离子的电场强度较小时，断网作用是主要方面；当电场强度较大时，聚集作用是主要方面。中间体氧化物：一般不能单独生成玻璃，其作用介于网络生成体和网络外体之间。中间体氧化物有 BeO、MgO、ZnO、Al_2O_3、Ga_2O_3、TiO_2 等。

不同氧化物作用不同，根据引入氧化物性质的不同，将主要原料分为酸性氧化物原料、碱金属氧化物原料和碱土金属氧化物原料三类。

(1) 酸性氧化物原料

① 引入 SiO_2 的原料。SiO_2 在玻璃中构成骨架，赋予玻璃良好的化学稳定性、热稳定性、透明性、较高的软化温度、硬度和机械强度。但含量增大时，熔融温度升高，玻璃液黏度增大。

② 引入 B_2O_3 的原料。氧化硼在玻璃中也起玻璃骨架的作用，能降低玻璃的热膨胀系数，提高玻璃的热稳定性。B_2O_3 在玻璃中的含量，一般不大于 14%。当玻璃成分中引入 $0.6\%\sim1.5\%$ 的氧化硼时，即能加速玻璃的熔化和澄清，降低玻璃的熔化温度。氧化硼还能改善玻璃的成形性能。

③ 引入 Al_2O_3 的原料。在含有碱金属和碱土金属氧化物的硅酸盐玻璃中，加入少量 Al_2O_3 能降低玻璃的析晶倾向，提高玻璃的化学稳定性、热稳定性和机械强度，扩大玻璃成形操作范围。

(2) 碱金属氧化物原料

① 引入 Na_2O 的原料。Na_2O 是一种良好的助熔剂，能在较低温度下与 SiO_2 反应生成硅

酸盐，能降低玻璃液的黏度，加快玻璃的熔制速度。但 Na_2O 将减弱玻璃的结构强度，增大玻璃的热膨胀系数，降低玻璃的热稳定性、化学稳定性和机械强度。因此，玻璃组成中，Na_2O 的总量不能过高。

② 引入 K_2O 的原料。K_2O 的作用与 Na_2O 类似，它能延长玻璃的料性，增强玻璃的光泽及透明性。

（3）碱土金属氧化物原料

① 引入 CaO 的原料。CaO 在玻璃中的主要作用是增加玻璃的化学稳定性和机械强度。但含量过高时，玻璃易于析晶，因此，玻璃中 CaO 含量一般不超过 12.5％。在高温时，CaO 能降低玻璃液黏度，加速玻璃的熔化和澄清；但在低温时，会使黏度快速增大，给成形操作带来困难。

② 引入 MgO 的原料。MgO 在玻璃中的作用与 CaO 相似，用 MgO 替代部分 CaO，能加速玻璃的熔化和澄清，改善玻璃的成形性能，降低玻璃的析晶倾向，并提高玻璃的热稳定性。

③ 引入 BaO 的原料。BaO 在玻璃中的作用与 CaO、MgO 相似，能增大玻璃的强度及化学稳定性。

④ 引入 ZnO 的原料。ZnO 能降低高温时玻璃液的黏度，能降低玻璃的热膨胀系数，提高玻璃的化学稳定性和折射率。

⑤ 引入 PbO 的原料。PbO 能降低玻璃液黏度，利于玻璃熔化，并增长玻璃的料性。熔制时易受还原气氛影响，对耐火材料侵蚀较大。对铅玻璃的熔制，必须采用氧化气氛；否则，铅玻璃及其原料会被还原出金属铅。

（4）辅助原料

根据它们的作用，可以分为助熔剂、澄清剂等。

① 硝酸钠和硝酸钾。它们是助熔剂，硝酸钠（$NaNO_3$）又称智利硝，硝酸钾（KNO_3）又称硝石，它们的熔化温度为 310～336℃，加热到 400℃ 就分解，在较低温度下与 SiO_2 发生作用，从而加快玻璃的熔制过程。$NaNO_3$ 和 KNO_3 同时又是一种澄清剂，在熔制过程中受热分解放出氧气，并能降低玻璃液的黏度，促进玻璃的澄清和均化。

这两种原料都是强氧化剂，受热能放出氧气，所以最好用密闭容器装，存放在干燥、阴凉之处，不要和易燃物放在一起。

② 氧化砷和氧化锑。它们在玻璃熔制过程中受热分解放出气体，是促进玻璃液的澄清和均化的原料，称为澄清剂。氧化砷（As_2O_3）又称白砒，一般为白色结晶粉末或无定形的玻璃状物质，是最常用的澄清剂。单独使用时将升华挥发，仅起鼓泡作用。它常与硝酸盐配合使用，其原因是：

$$2NaNO_3 \longrightarrow 2NaNO_2 + O_2 \uparrow$$
$$As_2O_3 + O_2 \longrightarrow As_2O_5$$

当熔制温度不高时，白砒与硝酸盐分解放出的氧气反应生成 As_2O_5。当温度高于 1200℃ 时，As_2O_5 分解放出氧气，产生澄清作用。硝酸盐的用量为氧化砷量的 4～8 倍。氧化砷作澄清剂时，将会有部分转入玻璃液内，在加工时的还原气氛中它易被还原成砷而使玻璃变黑。粉状或蒸气状的氧化砷都是有毒物质。因此，在保存和使用中要严防中毒。

氧化锑（Sb_2O_3）是白色结晶粉末，其澄清机理与氧化砷相同；也必须与硝酸盐配合使用，但其挥发较小，由于其密度大，对铅玻璃的澄清尤为有效。

另外，钾、钠、钙、镁、钡、铅的硫酸盐都可作为澄清剂，其中以硫酸钠应用最广泛。硫酸钠（Na_2SO_4）高温时分解，放出大量二氧化硫气体，起高温澄清的作用。

③ 氟化物。主要有萤石（CaF_2）和氟硅酸钠（Na_2SiF_6）。萤石与 SiO_2 反应生成 SiF_4 气

体，起澄清作用。在熔制过程中，部分氟将发生反应生成 HF、SiF_4、NaF，它们的毒性比 SO_2 大，氟化物能在人体中富集，使用时必须注意对大气的污染。

不同氧化物作用不同，如 Al_2O_3、La_2O_3、CaO、MgO 能提高表面张力，K_2O、PbO、B_2O_3、Pb_2O_3 能降低表面张力。在氧化物玻璃中，PbO、B_2O_3、K_2O、Na_2O 等氧化物适量加入均可降低玻璃体系的软化点。

8.6.1.2 玻璃粉的性能及作用

玻璃料在烧结温度达到 $380 \sim 450 ℃$ 后开始熔化，它形成液相包裹银颗粒并浸润腐蚀减反膜。当烧结温度达到 $650 ℃$ 左右时，分布于熔融的玻璃相中的导电相银颗粒开始部分熔解在液相中。银的溶解度受玻璃粉的含量影响及烧结时温度的影响，在烧结峰值温度 $850 ℃$ 时达到最大。玻璃粉的软化温度低，润湿能力强，有利于减反射膜的腐蚀，形成较理想的 Ag/Si 欧姆接触；有利于银粉烧结，获得致密的电极结构；还有利于量子力学隧道效应的发生，导致低的接触电阻，从而提高太阳电池的性能。

在烧结后期温度急剧下降，由玻璃粉熔蚀的硅在硅片表面重新外延结晶，Ag 晶粒也在硅片表面上析出呈倒金字塔形扎入到 N 型硅发射区。烧结工艺后期的快速冷却，有利于控制 Ag 在玻璃相中的浓度梯度以提高栅线的导电能，同时防止因晶粒生长过大而破坏 P-N 结，形成导电旁路减小并联电阻。

玻璃粉的含量影响导电性能。当玻璃粉含量较少时，玻璃粉不能充分润湿银粉，微观形貌偏向于不连续的结构，银颗粒无法在基板上铺展，并产生许多小孔，颗粒垂直生长，不能很好地渗透到多孔的基板上，甚至从基板上剥落。当玻璃粉含量适当时，玻璃粉充分润湿银粉，偏向于线性的连续性，边缘明显，分辨率高，线性收缩小，银颗粒水平生长，结构致密。当玻璃粉含量偏高时，会产生变形的边缘，即产生边缘模糊现象。随着玻璃粉中 SiO_2 质量的增大，SiO_2 成为基体剂形成玻璃的主体并决定物理化学性能的基础。由于 Si—O 键结合力较强，随着 SiO_2 质量的增大，此外，骨架的解体便越不完全，也越不容易，在宏观上就表现为熔点高，玻璃化温度也随之升高。此外，一些重要控制指标包括密度、玻璃化温度、热膨胀系数等都对玻璃粉有重要影响。

8.6.2 玻璃粉的制备

玻璃粉的制备一般通过原材料高温熔融，经过水淬、球磨细化得到。高温处理一般包括升温、保温过程，达到设计温度后，将液态的熔融玻璃迅速水淬降温。随后是球磨，球磨工艺时间长短决定了粉粒颗粒大小。通常会根据需求调节烧结和球磨工艺。玻璃料制备流程包括以下几个方面。

① 配料。按照玻璃料配方，用电子秤称量配方中要求的原料，配制一定重量的物料，将物料混合均匀。玻璃料配方主要由氧化物组成，主要氧化物包括 PbO、Bi_2O_3、B_2O_3、SiO_2、Al_2O_3、ZnO、ZrO_2、TiO_2、V_2O_5、MgO、CaO、Ag_2O、P_2O_5 等。一般采用分析纯。

② 装罐。将配好的物料一次性装入适当大小的坩埚内。

③ 烧结。将坩埚放入高温炉内升温加热。设定炉的温度控制器，让高温炉按照玻璃烧结工艺的要求进行升温、保温过程。在 $700 \sim 800 ℃$ 保温 1h 左右，一般最高温度在 $1050 \sim 1350 ℃$ 之间。

④ 水淬。当升温时间结束后，使用坩埚钳，端出坩埚，将高温熔融状态的玻璃迅速倒入冷水中淬火，得到玻璃碎片。

⑤ 清洗。将水淬后的玻璃碎片用去离子水冲洗。

⑥ 球磨。将玻璃碎片、去离子水和洁净的磨球装入球磨罐，装入物不得超过整个球磨罐

体积的 3/4，然后置于行星球磨机中球磨。球磨机转速保持在 200～500r/min，球磨时间根据球磨情况而定。

⑦ 烘干。将球磨后所得玻璃料和去离子水混合物澄清后倒去表层的部分水，然后将装混合物的钵子放入烘干箱中，按工艺要求的时间和温度进行烘干。

⑧ 过筛。将烘干后的玻璃料过筛，筛网网孔按照正银浆料工艺对玻璃料粒径的要求，过筛后得到符合工艺要求的玻璃料，即玻璃料粒径小于 $10\mu m$。

⑨ 储存。将玻璃料储存在洁净、密封的容器中待用。

配制玻璃料需要的仪器有电子天平、高温炉、坩埚、行星球磨机、电热干燥箱、筛网等。

8.7　有机载体和添加剂对银浆性能的影响及制备

8.7.1　有机载体和添加剂对银浆性能的影响

有机载体作为分散银粉和无机黏结剂的介质，对浆料的流变性能、印刷性能起着至关重要的作用。它的主要作用是使浆料具备适宜的印刷性和成膜性。有机溶剂、增稠剂是有机载体中的主要组成部分，同时还添加有适量的分散剂、偶联剂、表面活性剂等各种助剂。配方适当的有机成分可以延长浆料的保存时间，使分散于其间的固体微粒能长期、稳定地悬浮其中而不发生沉降，使浆料在长时间放置后仍然保持良好的工作性能和印刷性能。有机载体在浆料烧结过程中可以完全挥发。如果在烧结过程中有机载体碳化除去不完全，则会在导电体内产生大电阻杂质，对电池片的转换效率造成影响，而且浆料的流变性和整体的触变性及银粉的悬浮性和浸润性等的调节都要靠有机载体来实现。通常情况下，有机载体包括有机溶剂和增稠剂两种。为了改善其流动性，可加入表面活性剂。为了避免烧成时容易出现的二次流动现象，可加入流延性控制剂。为了改善浆料的触变性，需加入适量的触变剂和胶凝剂等。浆料有机成分的组成成分大致可以分成以下几类。

① 增稠剂。增稠剂用来改善浆料的黏度，以包覆固体微粒，阻止微粒的凝聚，调节浆料的流变特性，阻止微粒凝聚；而在浆料印刷干燥后，可使固体颗粒粘接在一起，具有一定的强度。增稠剂一般用有机树脂，它可以分散悬浮浆料体系中的微粒，也能明显增大浆料的黏度、塑性。常用的有机树脂有松香、硝酸纤维素、聚乙烯醇缩丁醛、乙基纤维素等。

② 有机溶剂。有机溶剂有分散浆料的作用，并能使固体粉末浸润，可溶解纤维素形成黏稠的有机载体，并且为整个浆料体系提供包裹环境。浆料的印刷性、流平性与溶剂有很大关系。另外，溶剂稳定均匀的挥发，有助于厚膜的形成。有机溶剂影响浆料的干燥程度和增稠剂的溶解度，其特点是沸点高，常温下挥发慢。松油醇、柠檬酸三丁酯、丁基卡必醇、邻苯二甲酸二丁酯等有机溶剂常用于银浆中。其中，邻苯酯类对人体健康有害，且污染环境，所以，一般尽量避免使用。

③ 触变剂。触变剂则是为使银粉颗粒间能良好接触，保证浆料的流平性能。触变剂改善膜层的可塑性，为了避免烧成时容易出现的二次流动现象，可加入流延性控制剂。浆料中还需加入适量的胶凝剂等。常用的触变剂有树胶、淀粉、氢化蓖麻油、聚酰胺蜡微粉、气相二氧化硅等。

④ 表面活性剂。表面活性剂是指能显著降低有机体系的表面张力或与基底和金属银粉之间的界面张力的物质，它可以减小固体微粒与载体接触界面的张力，使固体微粒充分浸润，使它们均匀地分散于载体中，且能够降低颗粒的表面自由能，增加浆料中固体颗粒的稳定性。很

少量的表面活性剂就能显著改善分散体系的分散性和流平性。常用的表面活性剂有硬脂酸盐、卵磷脂、环烷酸锌、甲苯、乙醇、油酸和环己酮等。

⑤ 塑化剂。塑化剂对于正面银浆印刷中线型的塑料成型起着关键作用。常用的塑化剂有DEHP等。

⑥ 添加剂。在浆料中加入微量的添加剂可以使硅太阳电池正银电极的电性能改善，又不会影响浆料的厚膜工艺性能。添加剂改性的一般方法：添加经验上能与N型硅形成欧姆接触的金属，如锌、钛；添加能作为银栅线下方的N型层实现重掺杂的五族元素化合物，主要是磷化物，实现正银浆料的自选择发射极等等。

8.7.2 有机载体的制备

有机载体又可被称为有机黏结剂，是一种溶解于有机物的聚合物溶液，作用是运载玻璃粉和银粉颗粒，用来控制银浆料的印刷和流变特性，可以调节浆料的黏度，使原来状态为固体颗粒的混合物分散成有流体特性的银浆，便于通过丝网印刷到基板上，形成成品所需的图形形状。在配制银浆的有机载体的过程中，应该综合考虑到浆料的流平性、稳定性、分散性等性能。银浆质量好坏的一个极其重要的评价因素是有机载体的适用性。

理想中的有机载体性能具备以下特点：①室温下不容易挥发，在高温下分层迅速能够挥发干净；②与固体粉末的颗粒不能进行化学反应；③黏度适中且易于调节，与粉末颗粒形成悬浮液；④黏结性好，没有固定的沸点，这是为了防止在银膜上出现大量的孔洞或者是出现透光现象；⑤高温烧结过之后燃烧完全没有残留的灰分。

有机载体制备过程如下。①有机溶剂的基本组成部分中主要选用溶剂和乙基纤维素体系，溶剂则采用松油醇、丁基卡必醇、邻苯二甲酸二丁酯等成分组成，乙基纤维素用来作为增稠剂；同时，还加入卵磷脂、聚酰胺、KH570分别作为表面活性剂、防沉剂、偶联剂。②制备有机载体工艺流程为：分别按设计好的配比称量各组分的质量，放置在烧杯中，置于60～90℃的水浴锅中加热，在加热过程中不断地搅拌直到乙基纤维素完全溶解，然后保温1h后，拿出来冷却至室温。此过程进行之后便制得太阳能正极银导电浆料所需的有机溶剂。

8.8 正银浆料及正电极的制备工艺及设备

8.8.1 正银浆料及正电极的制备工艺

前电极制备一般分浆料制备、丝网印刷和烘干烧结过程。

（1）浆料制备

首先，分别准备好银粉、玻璃粉、有机载体；其次，将银粉、玻璃粉充分混合，然后进行研磨；最后，将混合均匀后的玻璃粉、银粉与有机载体混合，接着反复研磨，在有机载体中使粉料均匀地分散，这样是为了能得到成分均匀而细腻的银浆。可以在不锈钢容器或者聚丙烯容器里面装入粉料和有机载体，为使粉料和有机载体浸润，且同时破碎成较大的结块，接着让它们在行星式混合机上进行初步混匀。当有机载体润湿所有粉料且较大的结块被粉碎时，就结束此道工序。粉料和有机载体均经过适当混合后，就可被传送到三辊研磨机进行辊轧。结块在辊轧的过程中，通过巨大的剪切作用进一步被粉碎，而粉料则得到完全润湿。反复研磨银浆，同时逐渐地减小辊轧间隙，以使银浆符合标准。银浆制备工艺如图8.7所示。

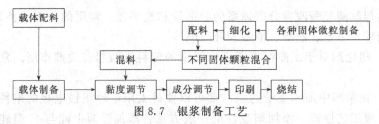

图 8.7　银浆制备工艺

（2）丝网印刷

正极银导电浆料的印刷和烧结过程是将需要印刷的硅基片用去离子水和无水乙醇通过超声波清洗三遍，经过干燥后将先前制备好的太阳能正极银浆料通过丝网印刷印刷到硅基片上面，得到所需要的图案，然后干燥，最后再经过高温烧结得到成品的银膜。

太阳电池板正银导电浆料使用丝网印刷的原理：丝网网版的图形网孔能够透过浆料印刷的基板上，将其他部分的网孔完全堵住，这样使得浆料无法透过去，在基板上形成空白。

丝网印刷的过程：在丝网一端放上浆料并且把浆料均匀地铺在网板上，在需要印刷的丝网上的部位再用刮刀施加一定压力，同时向丝网另外一端移动。刮刀移动过程中，浆料通过网孔被挤压到基板上。基板和网版之间要保持有一定的距离，这样做使得当刮刀离开时，丝网能通过自身的张力快速脱离承印物，保证印刷尺寸进度。选择适当网孔大小的丝网，通过部分遮蔽或者镂空，制作出特定形状的图案。印刷时在丝网一端倒入浆料，通过刮刀使丝网上均匀地覆盖一层浆料。涂抹过程中刮刀刀尖高度必须高于网版高度，使得浆料不至于被挤出网版，造成印刷模糊。有时加料可与印刷同时进行，节约时间，提高产率，但要注意不要使浆料结块堵网。印刷时，同时引导刮板挤压和移动，正银浆料就按照设计的图形转移到硅基片上，这就获得人们所需的特殊形状膜结构。丝网印刷由丝网、刮刀、浆料、工作台及基片组成，利用网版栅线图案透过浆料在硅片表面形成电极花样。由于丝网与基片间存在一定间隙，丝网印刷过程中充分利用了丝网自身的张力，在刮刀挤压浆料移动的过程中，未与刮刀接触的网版在张力作用下与基片保持间距，而接触部分始终沿刮刀边缘保持线性，保证印刷尺寸的精度。刮刀的速度直接影响到生产的效率，受到丝网印刷精度的限制，一般前电极栅线的印刷速度设定在 $200 \sim 300 \mathrm{mm/s}$，钢丝网版因其强度高、耐磨损、透过性好被广泛采用。

正银导电浆料通过丝网印刷的方式印刷在硅基片上，其中使用的正面银浆有一定的技术要求，即在获得最大的受光面积的条件下，导电性一定要好，且能够最大限度地把硅片产生的电能输出来。这就要求银浆的丝网印刷精度必须要好。而影响丝网印刷精度的主要因素有浆料黏度、流平性、细度、触变性等方面。细度好的浆料在印刷过程中就不会堵塞网孔，能保证印刷出的栅线线条均匀、流畅、密实，栅线较为连续。所使用银粉的粒径、银粉在浆料中的分散性、玻璃粉的粒径等方面决定浆料的细度。浆料的触变性主要由有机载体的组成来决定，良好的触变性是印刷出清晰电极条纹的关键。如果触变性太强，通过丝网印刷在栅线电极上的浆料还没有流平就定型，使电极线的力学性能变差。另外，电池片具有表面凹凸不平电极栅线的话，通常会出现电池串联电阻较大、短路电流较小的现象。而当触变性太弱时，印刷在电极线上的浆料一直处于流动状态，主要表现为横向流动，这就造成电极栅线的宽度大小大于设计的栅线宽度且电极高度下降。栅线宽度增大，电池片的受光面积减小，电极高度降低，造成短路电流小、电阻大，就会使电池片的电性能变差。在实际应用中，通常通过调节溶剂和高分子树脂的比例来调节浆料黏度，为保证印刷性能，通常还会在浆料中加入流平剂、触变剂、增塑剂等添加剂。

（3）烘干烧结

在工艺过程中银膜的烧结是电极制造过程中的重要工序之一。这个工序的作用是使浆料中的无机组分在高温下连接成为一体，形成良好的导电膜层。电极烧结过程的反应是固态颗粒混合物之间发生的反应，属于固相反应。但此反应通常是在液相或者气相参与、促进下完成的，所以不属于无液相或者气相参与的纯固相反应的反应过程。

烧结温度对银膜性能有一定影响。通常是在玻璃的熔化和浸润条件下进行烧结，通过固体颗粒之间的物质交换来实现的。烧结温度对于玻璃相的表面张力和黏度都有很大影响。因而，对于形成性能优异的烧结膜层的重要工艺参数条件是选择合适的烧结温度。在烧结过程中，最高的烧结温度对电极性能的影响最大。在烧结过程中，既要保证反应充分，又不能对银膜产生有负作用，只为得到性能优良的电极。烧结温度过低或者过高，都会造成玻璃粉不熔或者过于流动，然后导致电极膜层会出现过烧或者生烧现象，这就导致电极性能不佳。烧结温度主要对烧结膜的致密性、导电性、附着力等影响较大，所以工艺过程中需要研究烧结温度对于电极性能的影响。

银浆烧结后与基板之间主要是依靠分子间的作用力形成了黏结力。要想获得理想的附着力，浆料在烧渗前对基材首先要保证良好的润湿条件。烧结过程中，熔融的无机黏结相玻璃粉也需要对基板产生良好的润湿，良好的润湿效果可以保证液体与基板表面形成良好的接触，获得较强的附着力。故对烧结温度的要求是：在液相烧结的过程中，要使电极与基板之间形成良好接触并能保证生成液相。

具体来说，首先，去除了正银浆料中的有机成分；其次，使银膜在硅片上固化成形；最后，使电极充分完成物理和化学反应，具备所需要的功能。形成优质前电极的温度一般在 Ag-Si 共晶点（835℃）以下，经过高温区时间要短。铝背场的烧结温度要求在 Al-Si 的共晶点（577℃）以上，高温时间长。工业上为节省成本，前电极和背场通常通过一次烧结形成，最高温区温度设置在 700～900℃ 之间。最高温区温度决定前电极形成欧姆接触的好坏。升温阶段的升温速率对于形成的铝背场均匀性有很大影响。在生产中常采用多温区加热，各区间用气流隔开，减少热量散失的同时满足升温工艺要求。烧结工艺根据具体情况做相应调整。

最后将制备的银粉配成太阳电池正极浆料，印刷在硅基片上，经过干燥烧结后使用四探针测试仪测出干燥烧结膜方阻。

银浆形成示意图如图 8.8 所示。

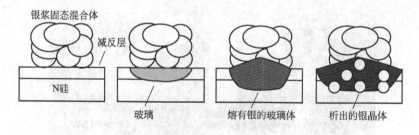

银浆固态混合体　减反层　N硅　玻璃　熔有银的玻璃体　析出的银晶体

图 8.8　银浆形成示意图

8.8.2　生产太阳电池正银设备

对了太阳电池正银的研发，必须拥有太阳电池生产线，针对本项目必须有太阳电池烧结炉、太阳电池干燥炉和太阳电池浆料丝网印刷机；必须有制造浆料的基本化工设备，包括三辊研磨机、行星搅拌机和黏度测试仪；必须具有成品的测试，包括光电测试仪；必须具有万级洁净间装备，并保持恒温恒湿；必须有太阳单晶电池制绒扩散镀膜半成品；必须有高精度的电子天平和水浴混合设备，主要设备见图 8.9～图 8.14。

图 8.9　太阳电池用烧结炉　　　　　图 8.10　太阳电池用干燥炉

图 8.11　太阳电池丝网印刷机

图 8.12　高精度三辊研磨机

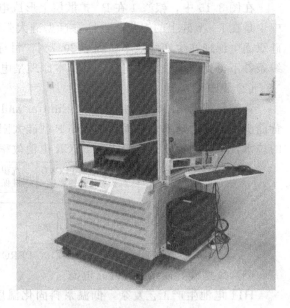

图 8.13 旋转式黏度测试仪   图 8.14 太阳电池光电测试仪

8.8.3 新型太阳电池浆料及结构

太阳能电子浆料是太阳电池工业中关键的原材料，对太阳电池的效率起着关键作用，所以太阳电子浆料的研究和工程化一直是太阳电池产业研究的难点和重点。尤其重要的是，浆料必须和太阳电池工艺紧密配合，表现在太阳电池工艺提出浆料的技术指标方面，以适应太阳电池制造工艺。目前世界上大部分晶体硅太阳电池的生产厂家采用的是硼掺杂的 P 型硅片。下面主要介绍几种主要的新型电池结构，从而探讨浆料的发展趋势。

（1）N 型双面高效电池

N 型电池相对于 P 型具有两个显著的优点：P 型硅电池的光致衰减较大，而 N 型硅电池几乎没有光致衰减；N 型硅片对金属污杂的容忍度要高于 P 型硅片，N 型硅少数载流子寿命比 P 型硅高得多，因此效率要高于 P 型硅。以上两个特点使得现在高效电池基本上都需要 N 型电池。N 型双面高效电池的结构如图 8.15 所示。

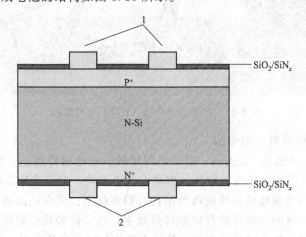

图 8.15 N 型双面高效电池的结构

在图 8.15 中，银浆 1 在 P$^+$ 扩散层上形成电接触；银浆 2 在 N$^+$ 扩散层上形成电接触。其中 1 是在 P$^+$ 型硅上的银浆，是目前 N 型硅太阳电池产业中的核心关键技术。这种结构的 N 型硅双面电池现在生产线效率达到了 20.7%，目标效率将大于 21%；这种结构仅仅是目前生产线条件下得到效率较高的电池，其基本原理是电池除了正面发电之外，背面也可发电。

（2）PERC 电池

背钝化技术 PERC（Passivated Emitter and Rear Cell）的原理是利用钝化技术极大降低了背面少子的复合速率，从而能够提高 P 型硅太阳电池的效率。PERC 技术是基于目前 P 型产线的技术，背钝化铝浆技术是提升 PECR 电池效率的关键。PERC 电池生产过程如图 8.16 所示。

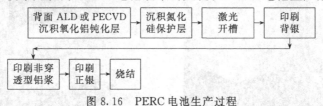

图 8.16 PERC 电池生产过程

（3）N 型硅异质结（HIT）电池

HIT 电池生产工艺复杂，低温浆料固化温度为 240℃，效率可达 24%，但是工艺复杂使得其成本较高。HIT 电池也是有希望的高效电池方案之一，其结构如图 8.17 所示。

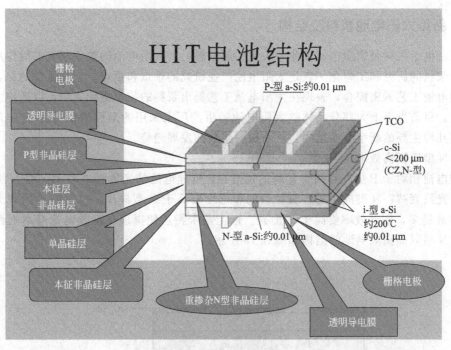

图 8.17 N 型硅异质结（HIT）电池结构

（4）全背电极 IBC 晶硅太阳电池

IBC（Interdigitated Back Contact，指叉型背接触）电池的特点是正面无栅状电极，正负极交叉排列在背后。由于其生产成本较高，市场占有率不高，但是这种结构是高效电池比较理想的方案。这种把正面金属栅极去掉的电池结构有很多优点：减少正面电极遮光损失，相当于增加有效半导体面积，从而大幅度提升电池转换效率，这个优势是很明显的；组件装配成本降低，这也是由电极布线的拓扑结构决定的；IBC 电池组件的可靠性优越，这也同样是由电极布线的拓扑结构决定的；随着进一步发展，若电极栅线的线宽足够小，IBC 电池可作为双面电池使用，可进一步提高整体电池组件的效率。

全背电极 IBC 晶硅太阳电池结构如图 8.18 所示，其中 1 是背面电极栅线，由金属浆料印刷而成。这种结构 P-N 结在电池背面分区制造，通过指叉式拓扑将电流引出；正面无电极。

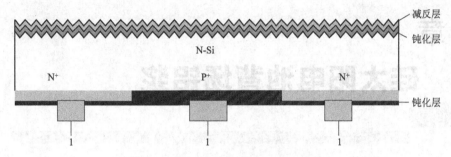

图 8.18 全背电极 IBC 晶硅太阳电池结构

这种电池的主要特点有：真空中将 N 型硅晶体生长在透明基片上，晶体厚度约为 $40\mu m$；电极全背面布局并用铝浆来制造背面电极；由于晶体厚度约为 $40\mu m$，所以成品是可以弯曲的；对于高效电池，其生产线上效率达到 22.3% 以上。全背电极 IBC 晶硅太阳电池实物图如图 8.19 所示。

上述电池的综合成本大幅下降，同时效率提高，完全可以实现平价上网；与目前生产线产品相比，省去硅冶炼、硅切割等环节，特别是目前硅切割造成的硅料损失，从而在硅本体环节达到节能目的；硅片能弯曲，可以有效地应用在汽车顶棚等非平面地方；高效电池具有 IBC 电池共有的优点；应用铝浆可进一步降低成本。但是该种电池设备制造复杂，大规模推广仍有很远距离。

IBC 全背面电池的优势明显。但是，IBC 全背面电池关键是要求背面 P-N 结分别制造，背面 P-N 结的分区制造使得浆料必须同时可与 N 型、P 型硅形成欧姆接触，这对浆料提出了更高要

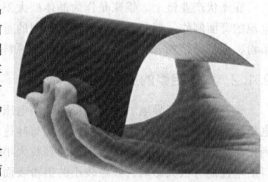

图 8.19 全背电极 IBC 晶硅太阳电池实物图

求。由于 P 型硅和 N 型硅本身有很大不同，使得浆料的研究提出了很高要求，这也是这种电池的关键环节所在。

习　题

一、名词解释。

太阳电池浆料　欧姆接触　肖特基接触　隧道效应

二、问答题。

说明太阳电池欧姆接触的基本原理。

第9章
硅太阳电池背场铝浆

9.1 硅太阳电池背场铝浆介绍

9.1.1 背场铝浆的含义

在光伏产业链上，铝浆是作为晶体硅太阳电池的背电场（也称背场）存在的，就是在太阳电池的背面制作一层与基区导电类型相同的重掺杂区。硅太阳电池背电场铝浆主要由金属导电铝粉、无机黏结相、有机载体和添加剂等原料按一定比例组成。

9.1.2 背场铝浆的原理

铝背场主要起导电、吸杂和提高开路电压的作用。与普通电子封装用浆料不同，太阳电池电极用浆料除了要求导电良好外，还要与硅这种半导体材料形成良好的欧姆接触，这样才能起到提高光电转换效率的作用。铝粉的颗粒大小、粉粒形态和浆料里铝粉所占比例这些因素对浆料的电性能有很大影响。颗粒较小的铝粉表面积较大，经烧结后形成的电极表面致密、光洁。另外，对铝粉表面改性或是掺入部分其他金属粉料，能对电池性能的改进起到积极作用。

在太阳电池中杂质主要有 Fe、Co、Ni、Cu、Au 等，碱金属杂质主要有 Na、Li、K。一般的太阳电池生产工艺，是通过制作铝背场来形成吸杂中心，产生吸杂作用。其原理是利用铝原子与硅原子结构上的差异，将其扩散到硅片背面引起失配位错，因而形成应力吸杂中心。铝吸杂的过程主要是：在烧结工艺中，当温度高于 $577^{\circ}C$ 的时候，铝硅合金就会溶解，许多金属如铁、铜、金等在很大温度范围内，不论是在液态还是固态的铝中溶解度都是 $1\% \sim 10\%$（原子分数），同时在硅中的溶解度很低。例如，在 $750 \sim 950^{\circ}C$ 温度区间内，铁在铝、硅中的分凝系数为 $10^5 \sim 10^6$。

太阳电池中存在两种载流子，分别是电子和空穴。在 N 型半导体之中，空穴属于少数载流子，电子属于多数载流子；在 P 型半导体中则恰恰相反，空穴属于多数载流子，电子属于少数载流子。如果太阳电池被阳光照射，在 P-N 结之中，无论是本征吸收还是非本征吸收都可以生成光生载流子。但是，只有少量少数载流子被利用发电，因为少数载流子在发生扩散的过程中，很容易发生复合，减短少子的寿命，这就严重影响少数载流子的收集率。而铝背场的作用就是当少数载流子在背表面扩散时，能够有效减少扩散过程中的复合，这样就提高了少数载流子的收集率，从而增大开路电压。

9.2 硅太阳电池背场铝浆的组成

9.2.1 铝粉

首先是金属铝。铝浆中的金属粉粒在烧结过程中被熔化的玻璃粉料包裹,遏制金属粒子的氧化,然后随着电池片通过烧结峰值温度,玻璃体逐渐收缩,金属颗粒更加紧密地连接在一起,形成致密的导电连接网络,从而形成电极。另外,由于硅铝合金共熔的产生,硅太阳电池背阳面才会形成 P 型掺杂过度区域。可见,太阳电池用铝浆的电性能与制作浆料的主要成分铝导电粉有十分密切的联系,导电粉质量的好坏直接决定浆料电性能的好坏。

通常所选用的铝粉要求平均粉粒度小,氧化率低,松装密度小,粉粒形态合理,这些是电性能达到要求的基本前提。铝粉颗粒有球状、片状、针状、树状等多种形态,片状金属粉比球状金属粉有更低的电阻率,而树状金属粉又比片状金属粉有更低的电阻率。单独使用某种形态粉粒的效果是不太理想的,在铝浆调制中常常视条件合理搭配。另外,大小粒子配合使用时,大粒子起到链的作用,小粒子填充大粒子的空隙,导电性会有明显改善。

9.2.2 玻璃粉

无机黏结相是一种超细玻璃粉,它是由可形成玻璃的各种氧化物经高温熔合,然后水淬细化得到的。无机黏结相在整个浆料里所占比例一般小于 10%,但却起到非常重要的作用。玻璃粉的作用类似正银浆料中的玻璃粉。但在背铝中加入超细玻璃粉以后,可以明显降低烧结峰值温度,使金属铝粉在经峰值温度后形成铝膜,且形成的铝膜表面光滑、不起灰,同时膜与硅片有较强的附着力。目前硅太阳电池的正银电极,背铝、银铝电极的形成会采用一次共烧结技术,玻璃粉作为调节烧结温度和成膜形态的关键成分,在浆料组成中起着非常重要的作用。

9.2.3 有机载体

有机载体主要是起润湿、分散、流平、消泡等作用的表面活性剂。对固体颗粒分散在液体中起到三种作用:其一是润湿固体颗粒,在有机载体润湿固体粉末的过程中,固液界面取代固气界面,所有吸附在表面的气体分子被液体取代;其二是使粉末聚集体分散。表面活性剂可以使有机载体渗透到固体颗粒内部聚集体之间的通道和空隙之中,并且依靠这种渗透压力产生一种“劈楔作用”,使粉末中基本单元颗粒的聚集体破裂;其三是阻止已分散的固体颗粒重新聚结。表面活性剂可以减小颗粒的表面自由能,从而降低颗粒相互聚结的趋势。另外,在轧制浆料的过程中,固体粉末可能继续被轧细从而产生新的表面。表面活性剂可以阻止新形成的表面恢复键合,从而达到防止颗粒聚结的目的,增加厚膜电子浆料的稳定性。有机载体具体分为如下几种。

(1)润湿分散剂

浆料生产出来以后经常出现发花、团聚、沉淀、结块等现象,影响浆料的后续使用,主要原因是分散性能不好。分散剂的选用很大程度上解决了这一问题。分散剂吸附在粉体表面,以此来提高粉体之间的电位差或者在粉体间形成空间位阻,增加粉体间的排斥力,从而使粉体分散。对于油性体系来说,空间位阻效应起主导作用。空间位阻分散剂是物理吸附型分散剂,即分散剂一端吸附于固体颗粒上,另一端充分伸展于溶剂中形成溶剂化层,产生一个厚的空间层,彼此之间产生空间位阻斥力,形成空间位阻稳定体系,从而防止浆料发生团聚、沉淀、结块的现象。

浆料分散均匀后，装罐静止一段时间以后，表层一种或几种填料分离出来，浮于表面的现象称为静态浮色。原因在于构成浆料的不同成分有差异，造成表面张力不平衡。浮现在表层的物质表面张力低于底层物质。对浆料体系来说表面张力不平衡来源于高分子树脂、有机溶剂、填料以及其他助剂。润湿分散剂可调整表面张力，能有效地解决浆料浮色发花的问题。

（2）流平剂

浆料的流平性是指沉积于基片表面上的浆料，在短时间内消除丝网的痕迹，形成一个连续的膜层的能力。流平性好，丝网印刷后致密无气孔，电性能则会比较稳定；反之，若浆料的流平性不佳，膜层表面就会形成明显的丝网痕迹，烧结后有孔洞、裂缝等多种缺陷，从而造成膜层的电性能不佳。

浆料的表面张力是由于浆料表面的分子和内部的分子受力不同而形成的。在浆料的内部，分子处于均匀的环境中，受平衡力场作用；而浆料表面的分子同时受到内部分子和空气的引力，由于浆料内部分子的引力大于气相的引力，因此表面具有较高的自由能。表面张力的方向垂直于物体表面的切线，指向物体内部，这是浆料流平的推动力。成膜过程中湿膜产生的表面张力梯度和湿膜表层的表面张力均匀化能力也是影响流平性的因素。改善浆料的流平性需要考虑调整配方或加入合适的助剂（流平剂），使浆料具有合适的表面张力和降低表面张力梯度的能力。

（3）消泡剂

浆料在生产、搅拌、使用过程中会产生一些气泡。这些气泡在印刷过中会产生空洞，造成印刷质量下降影响电池性能，因此会适量加入一定消泡剂避免这一现象。消泡剂必须是易于在溶液表面铺展的液体，表面张力较低易于吸附于溶液表面，使溶液表面局部表面张力降低，产生不均衡现象。消泡剂在溶液表面铺展时会带走临近表面的一层溶液，使得气泡液膜变薄，最终导致气泡破裂。这就是消泡剂的动力学原因所在。因此，消泡剂消泡原因一方面在于易于铺展，吸附的消泡剂分子取代起泡剂分子，形成强度差的膜；同时，在铺展过程中带走临近表层的溶液，使气泡变薄，降低其稳定性使之易于被破坏。

（4）触变剂

在浆料体系中加入一些不溶性添加剂，在氢键等弱键作用下，这些添加剂在整个浆料体系内形成一个连续网络，从而阻止分子等微观粒子的布朗运动。浆料在剪切速率不变的情况下，剪切应力随时间减小的性能称为触变性。表现为浆料振动或搅拌时，黏度会降低，流动性增加，静止后能逐渐恢复原状。浆料使用时在高剪切速率或长时间搅拌下破坏了氢键等弱键作用力，使体系有较低黏度，有助于浆料的印刷使用；撤掉剪切应力或停止搅拌后分子运动降低，氢键等重新形成，空间体系连续网络重新建立，浆料恢复较高黏度，可防止沉降和流挂。浆料中呈针式和板状的粒子比球状粒子的触变性要大一些；固含量大的，其触变性也大，这是由于金属粒子分子相互吸引而絮凝的缘故；金属粉粒与有机载体润湿性差的，触变性也大；树脂分子密度大的，浆料触变性也大。由于铝浆中铝粉都是球形颗粒，而且粒径较小、表面积大易团聚，高分子树脂分子量也有差异，从而造成触变性变化，需要添加一些触变剂来改善浆料触变性。

9.2.4 添加剂

添加剂有很多，其目的都是改善铝浆的性能。如铝浆中添加适量的三价离子 B、In、Ga 等，可能提高 P^+ 区域掺杂量，可以提高电池片的转换效率。硅太阳电池用铝浆最突出的作用就是在电池原本 P-N 结的 P 区域增加一个深掺杂的 P^+ 区域，也就是铝背场。$P-P^+$ 结的界面处没有高阻区。同时，$P-P^+$ 结阻止光生少子向 P^+ 区扩散，提高少数载流子的收集效率，降低暗电流。

通过适当掺入有机添加剂，改变浆料的印刷性能以及减少铝膜的印刷厚度可以有效防止裂纹的产生。浆料经丝网印刷在硅片表面，通过烧结形成铝膜。由于在冷却过程中硅片的伸缩系数和铝膜的伸缩系数不同，铝膜表面会产生裂纹，这样会提高铝膜的表面电阻，严重影响电池的性能。对于玻璃粉料的使用，其目的就是增强浆料对硅片的浸润性，使烧结后的浆料在硅片表面铺展开来。但通常这是不够的，因为硅材料在加热冷却过程中的形变很小，而具有挥发性能的浆料在烧结过程中的形变是很大的，二者的不匹配必定导致铝膜开裂。另外，一些有机添加剂可以对玻璃粉料表面进行改性，从而提高铝膜的伸缩性，减少裂纹产生。平整、致密、光滑、氧化率低的铝膜可以通过多种添加剂来调节，添加剂的用量不多，但对电池性能的改进明显。

9.3 硅太阳电池背场铝浆的制备

9.3.1 背场铝浆的形成

铝浆的制备过程大致就是把铝粉、玻璃粉、有机载体外加少量添加剂按照固定比例混合搅拌均匀，如图9.1所示。

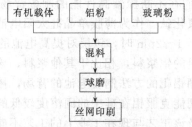

图 9.1 铝浆的制备过程

铝背场的形成通常采用合金法来制作，它的形成过程如下：首先，将铝浆印刷在硅的表面；然后，将沉积好的硅片放进峰值温度超过577℃（铝硅合金共熔温度）的链式烧结炉里进行烧结。当温度低于577℃时，铝硅不发生作用，当温度升到共晶温度577℃时，在交界面处，铝原子和硅原子相互扩散，随着时间增加和温度升高，硅铝熔化速度加快，最后整个界面变成铝硅熔体。

在太阳电池生产工艺中，背电场制作是非常重要的工序。背电场金属铝浆经由丝网印刷并经隧道炉快速热处理后，实现良好的欧姆接触，可以在太阳电池硅片的背阳面形成铝背场，提高开路电压，从而提高太阳电池的转换效率。

背电场制作工艺如图9.2所示。

图 9.2 背电场制作工艺

9.3.2 背场铝浆对太阳电池的主要影响及技术要求

背场铝浆对太阳电池的主要影响有：①提高短路电流和开路电压；②减小电池厚度；③提高填充因子；④提高光电转换效率。

在实际生产中铝浆存在以下主要问题：在电性能方面，存在开路电压低、短路电流小、串联电阻大，从而使转换效率低的问题。在工艺性方面，存在成膜不致密、开裂、灰化、铝珠、翘曲等问题，特别是翘曲已经成为一个铝浆生产的难题。

铝浆中铝粉的选择是极为苛刻的。因为铝浆的接触电阻小、黏着力强和老化系数低等都受铝粉性能直接影响，另外工艺性能的灰化、铝珠等现象也与粒径大小直接相关。铝粉尺寸分布区间大，则大小颗粒交错排列，易于填充空间，使得导电相的排列紧密；并且铝粉整体平均尺寸大，其体积相对较大。大体积铝粉颗粒其表面氧化膜较薄，更易消除，形成导电网络。因此，铝浆中应该选择平均粒度大、含氧量低、尺寸分布区间大、粉体呈亚球形的铝粉。

太阳电池对背场铝浆的技术要求有：①具备良好的印刷性能；适宜规模化生产的工艺性；②光电转换效率高，特别是开路电压高；③附着力好，且与硅片能形成良好的热膨胀匹配；④翘曲低，变形量小；⑤铝膜表面光滑平整，无铝珠、铝苞、铝刺、不起灰；⑥性价比高。

9.4　铝背场的技术

目前，对太阳电池铝背场的研究，主要集中在以下三个方面。

9.4.1　制备背场的材料

针对P型或N型电池，人们在不断探索高性能的制备背场的材料。比如用一种商业化的白色涂料，它的主要成分为二氧化钛，作为薄膜单晶硅太阳电池的背反射层。它是一种彩色的漫反射层，特别是当电池厚度是1～2pm时，该层对提高电池的短路电流，比其他背反射器的效果都要好。也有用一种不含铅的铝浆料，相比于其他浆料，该种浆料使烧结后电池芯片的弯曲程度更小。也有人用溅射掺硼铝靶的方法制备电池的背场，掺硼铝背场比不掺硼所获得的铝背场的效果要好，这主要是掺硼能克服铝在硅中的固溶度较低的缺点，但此时需要更高的烧结温度才能获得较好的背电场以及该工艺与现在工业上的工艺不兼容。

9.4.2　制备方法以及热处理方法

现在制备背场的方法主要有蒸镀法、喷涂法、溅射法以及丝网印刷的方法。这几种方法又有各自优势。在铝背场结构刚出现时，蒸镀和喷涂的方法是一种比较常用的方法。蒸镀的方法在镀膜烧结时需要高达1100℃的温度，而高温会降低电池少子的有效体寿命，从而使制备出来的背电场达不到理想效果。但是，该方法制备的铝背场对红外光的响应较好。丝网印刷是现在工业上常用的制备方法，且生产效率高。相对于蒸镀这种制备方法，用丝网印刷制备出来的背反射层对红外光的响应要差，由于铝膜较厚经过高温烧结后电池芯片弯曲程度也较大。利用溅射法在硅和铝之间加一层特殊物质，这种方法所制备的铝背场不仅对红外光的响应较好，而且烧结温度也低。缺陷是该工艺不能与现在工业上成熟的工艺兼容。

热处理的方式现在主要有两种：一种是商业化晶体硅电池制造工序上常用的，即在链式热处理炉中进行阶梯式降温；另外一种是快热退火方法。相比于阶梯式降温的方法，快速退火方法有利于形成均匀的背场，降低电池衬底背表面对电池性能的影响。但是，在电池衬底越来越薄的情况下，快速热处理使硅片产生弯曲的程度越来越大，因而不能与丝网印刷工艺兼容。

9.4.3　铝背场的吸杂作用和钝化作用

（1）硅片厚度对电池的影响

首先说体复合和表面复合。少数载流子的复合，根据复合位置的不同，可以分为体复合和表面复合。针对太阳电池生产用硅片的生产工艺特点（铸锭和线切割工艺），太阳电池生产用硅片的体复合主要由铸锭工艺决定，一般处于很低水平，以满足太阳电池生产对少子寿命的要求；而表面复合主要是机械切割过程造成的硅片表面存在一定厚度的损伤层，因而表面复合速率非常高，即太阳电池生产用硅片的表面可以被视为一个巨大的复合中心。为了提高太阳电池收集少子的效率，进一步提高其光电转换效率，采取某些必要工艺，大幅度降低表面复合速率是非常重要的，这样的工艺在太阳电池生产中称为表面钝化，而铝背场就是背表面钝化的核心工艺。

表面复合对硅片少子寿命的影响取决于两个主要因素：一是表面复合速率；二是硅片厚度。其中，厚度因素影响少子寿命的机理是：硅片越薄，在硅片体内产生的少数载流子通过热运动达到硅片表面的概率就越高。而表面复合只有在少数载流子运动到表面后才会发生。所以，硅片越薄，表面复合对少数载流子寿命的影响越大，当然厚度越薄电池生产时对表面钝化工艺的要求就越高。

当硅片厚度减薄时，意味着光（特别是长波光）在硅片中运动的距离缩短。如果我们定义光在硅片中的运动距离为光程，即硅片厚度降低意味着光程缩短，相应地有更多的光子未能被硅片吸收转化为"光生电子-空穴对"，而是从硅片中逸出。然而，在现代晶体硅太阳电池工艺中，各种陷光结构得到了广泛应用，陷光结构的作用是通过多次折射或反射令光束在硅片体内经过尽可能长的距离，提高"有效光程"。因此，如何在硅片厚度减薄的同时，不损失或者尽可能少损失"有效光程"，对陷光结构及工艺提出了更高要求。

（2）吸杂作用

提高有效少子寿命的另一种方法就是吸杂。吸杂可分为外吸杂和内吸杂。内吸杂是利用硅中氧沉积所产生的缺陷作为"陷阱"，以此捕获硅体内的杂质，从而在表面形成一层"洁净"区域。外吸杂是采用外部吸收的方式，使金属杂质从活跃区域移动到不产生负面效果的区域，一般是采用磷、铝的单独吸杂或两者的共同吸杂。磷吸杂比铝吸杂快，但铝吸杂的吸杂能力和稳定性高于磷吸杂。太阳电池作为体器件，其吸杂只能使用外吸杂。

（3）表面钝化作用

表面钝化就是降低半导体的表面活性，使表面的复合速率降低，其主要的方式是饱和半导体表面处的悬挂键，降低表面活性，增加表面的清洁程度，避免由于杂质在表面层的引入而形成复合中心，以此来降低少数载流子的表面复合速率。

适用于太阳电池表面钝化的措施一般有以下四个方面：①表面悬挂键饱和钝化，表面悬挂键饱和钝化的机理是采用氧化、氢化等方法饱和硅表面的悬挂键，减少表面少子复合中心，从而实现表面钝化；②发射结钝化，发射结钝化的机理是在硅片表面进行高浓度掺杂，在很薄的表面层内，因杂质浓度梯度形成指向硅片内部的漂移电场，使少数载流子很难到达表面，从而达到钝化表面的效果，高掺杂一般采用扩散的方法或离子注入的方法；③发射结氧化钝化，该钝化方法是在重掺杂表面再生长一层钝化膜，使到达表面的少数载流子的复合进一步减小；④场钝化，场钝化是在表面形成高低结，使少数载流子很难到达表面，阻止少子在表面复合。铝背场就属于场钝化。

（4）影响铝背场钝化质量的因素

铝背场可以将背表面复合速率转换为背表面有效复合速率，起到表面钝化的效果。铝背场钝化效果可以根据以下三个因素进行评定：①铝背场的结深；②铝背场的掺杂浓度；③铝背场的均匀性。其中，铝背场的结深由沉积在硅片上的铝的量来决定；铝背场的掺杂浓度由最高烧结温度决定；铝背场的均匀性由升温速率来决定。

增加铝的印刷质量可以提高铝背场的结深，但是铝质量的增加会加大硅片的翘曲。另外，电池的电学性能并不随着铝质量的增加而一直增加，它有一个先增加后降低的趋势。烧结的峰值温度也不是越高越好，提高温度反而会降低电池的电学特性，主要反映在开路电压上，因为高温易引入杂质，形成复合中心，降低少子寿命。铝背场的不均匀性有多种表现方式，如铝背场结深不同、表面不平整、形成尖峰，甚至是没有形成铝背场。当升温速率慢时，铝不能够完全浸润硅的表面，铝硅合金只在一些特定区域形成；当升温速率快时，样品到达共晶温度以及最高烧结温度的时间很短，铝完全熔化并能够浸润整个硅片表面，易形成均匀的铝背场。

铝吸杂作用以及铝背场对电池表面的钝化作用也是需要研究的问题。在一系列硅材料中进行磷铝共扩散，再经过不同热处理方式后，发现少数载流子的扩散长度明显有所提升，但受碳和氧两种元素的影响较大。

另外，随着电池厚度的减薄，低温烧结使电池芯片弯曲程度降低，也不容易脆片。为克服全铝背场的缺点，局域铝背场这时就适时出现，只是一直没有找到适合工业化大生产的制备方法。另外，用低成本的丝网印刷技术以及一种特殊的浆料制备电池局域铝背场时，该背场是通过背表面钝化层自组装形成的。这种结构不仅可获得一个很低的背表面复合速率，而且在电池背表面具有很高的内反射率，因此，显著地提高电池的开路电压，但是该工艺的生产成本过高。

9.5 几个光伏铝浆技术问题

铝浆作为电池背场印烧在电池背面，常见问题有产生铝珠、铝包，附着力弱以及弯曲度大等。

9.5.1 铝珠产生问题

铝珠是在晶体硅太阳电池烧结过程中产生的，附着于铝层上，球形，有较强的金属光泽。有的电池片上铝珠数量多而小，可以轻易用手抹去，电池片上不留痕迹。有的电池片上铝珠数量少，体积大。这种铝珠通常与电池片有轻微的粘接，也可抹去，但抹去后电池片上会留下粘接痕迹。

铝珠产生的根本原因是过烧。铝的熔点是 660℃，当铝受热超过这一温度时，铝粉颗粒熔化形成了铝珠。通常烧结炉的设置温度都远高于这一温度，这里所说的 660℃ 是指电池片表面实际感受的温度，设置的温度虽高，由于烧结炉带速很快，铝层实际感受到的温度是远低于设置温度的。

解决这一问题的办法是降低烧结区温度，或是加快烧结炉的带速，减少热量的给予。此法效果非常明显，铝珠可得到有效控制。另外，过分降温会损失电池片的电性能数据，因此降温到电池片背面手感略微粗糙即可。

9.5.2 铝包产生问题

铝包是指电池片背面的凸起，呈小丘状的包。大的铝包直径可达 1.5～2mm，没有金属光泽，色泽同烧结后的铝层一样（见图 9.3）。产生铝包的电池片在电性能上没有异常。铝包相对于铝珠较难去除，须用锉刀锉除，费时费工，也容易产生碎片。

铝包是实心的，里面有内容物，成分主要是铝硅合金，合金中的硅含量明显高于平整界面的硅含量。通过显微组织照片可以看到起铝包处界面粗糙、不规则、不均匀，呈锯齿状。

铝包的产生原因很复杂，去除效果不如铝珠明显。从前处理的角度讲，与清洗、磷硅玻璃的去除、绒面质量有关。从铝浆的应用角度讲可以总结为以下几个方面。

图9.3 铝包

① 与湿重有关。增加印刷湿重可以减轻铝包症状，但是由于铝和硅的膨胀系数相差很大，湿重增加会增大烧结后电池片的翘曲度，而且目前随着电池片向薄型化发展，不仅不能增加印刷湿重，还要减少印刷湿重。

② 使用前搅拌不充分。铝浆的主要组成部分是铝粉、无机黏合剂和有机黏合剂。铝粉是导电相；有机黏合剂负责烧结前的粘接，烧结前全部挥发；无机黏合剂负责烧结后的粘接。在浆料中，有机黏合剂是溶剂或称为载体，固体粉末均匀分散其中。铝浆放置时间较长，重力作用下，固体悬浮物会有一定程度的沉淀，因此会导致浆料的轻微不均匀。在使用铝浆前，需要充分搅拌铝浆，使其达到均匀一致，各组分充分分散，使用效果才好；否则印刷时固液相在硅片背面的分布不均匀，背面各处固含量有差别，烧结后易造成鼓起。

③ 铝浆在印刷后烘干温度低，或是烘干时间不够。此时，有机溶剂未充分挥发，排胶区负担较大，排胶不充分，遇烧结段高温会快速挥发。铝粉颗粒在热作用下流动，难以达到平衡，局部聚集形成铝包。可以尝试适当提高烘干温度或延长烘干时间，烘干温度设定最好呈梯度，同时加大排胶区气体流量，使有机溶剂缓慢逐步挥发。

④ 烧结温度较高。在烧结温度较高的情况下，铝硅界面受热较多，铝硅合金化温度超出最低共熔点。合金中硅含量增加，即进入到铝中的硅增加，造成凸起。这种情况需要适当降低烧结区温度，加大烧结区的气流量。

⑤ 铝浆本身的原因。铝浆中铝颗粒选择不当时，有机相悬浮能力不够，沉降速度过快；铝粉在有机相中分散不充分等。

9.5.3 附着力问题

附着力主要是由铝浆本身的配方和选材决定的。无机黏合剂的选择决定烧结后铝浆附着能力的强弱。无机黏合剂必须与金属颗粒之间的界面张力高，能够润湿金属；热膨胀系数接近硅；烧成温度与浆料烧成温度接近。在硅铝界面，铝硅形成合金本身就是一种附着黏合作用，除此之外，无机黏合剂在界面层一边拉住铝，一边拉住硅，将铝和硅粘在一起。在铝膜外层附着力将铝和铝粘在一起。

铝膜的附着力也受使用工艺的影响。①烘干方式影响铝膜的附着力。在温度相同的条件下，烘干时间太长，载体挥发完全，黏结相尚未发挥作用，附着力下降。②烧结方式影响铝膜的附着力。在温度相同的条件下，烧结时间过长，附着力下降；烧结时间相同时，提高峰值温度，可以减少气孔率，提高铝粉颗粒致密程度，增强附着强度。③铝膜印刷厚度影响附着力。铝膜太厚致使铝浆中的黏合相未能得到足够的热量软化从而未能发挥良好的粘接作用。

9.5.4 弯曲度问题

由于铝浆中占主体的铝的热膨胀系数 $\alpha_{Al} = 24 \times 10^{-6} ℃^{-1}$，而硅的热膨胀系数 $\alpha_{Si} = 2.3 \times$

$10^{-6}℃^{-1}$，铝的热膨胀系数比硅大 10 倍左右，烧结后的电池片在冷却时，铝膜就具有更大的收缩趋势，从而表现出一定程度的弯曲。

烧结后电池片的弯曲度主要受以下因素的影响。①硅片厚度：硅片越薄；弯曲越大。②印刷重量：减少印刷重量，则烧结后铝层厚度降低，有利于降低弯曲度；但是随着湿重的减少，不利于形成均匀的背场，背表面复合速率随之上升，会降低电池的转换效率。③烧结条件：峰值温度越高，烧结温度与室温温差越大，弯曲越大；④浆料配方：浆料配方对翘曲度大小有很大影响。通过改变浆料中无机黏合剂的用量与种类，铝粉的形态与粒度分布，减小铝层收缩时产生的应力。另外，在铝浆中加入某些添加剂，降低铝浆体系的热膨胀系数对于减小电池片的弯曲度也有比较明显的作用。

铝背场是晶体硅太阳电池普遍采用的，典型的背表面钝化结构，经过多年发展，铝背场的生产工艺已经趋向成熟、稳定，对铝背场的各项研究也日益深化，这些都决定在今后相当一段时间内铝背场仍将被广泛用于晶体硅太阳电池生产。然而，随着工艺的不断发展，更薄的太阳电池即将出现，这对铝背场钝化提出了更高要求，光伏铝浆所面临的技术问题依旧存在；进一步研究铝背场是高效太阳电池研究和生产中一个不可忽视的重要环节。

习　题

一、名词解释。

背电场铝浆　铝珠　铝包

二、问答题。

请说明制备太阳电池背场的方法。

第 10 章

新型太阳电池技术及材料

太阳电池的发展可以分为第一代太阳电池、第二代太阳电池和第三代太阳电池三个阶段。第一代是以单晶硅和多晶硅等材料为代表的晶体硅太阳电池。这种晶硅太阳电池具有较高的光电转换效率，但是成本也较高，且其光电转换效率已经十分接近理论值，未来可发展空间不大。为了降低电池的成本，发展了第二代太阳电池，即薄膜太阳电池。这些薄膜电池需要的材料少，可以大规模、低成本地生产，但与第一代太阳电池相比，其光电转换效率较低。为了研究出同时满足高效率和低成本的电池，科学家们假想可以在单晶硅中故意掺入一些杂质，使晶体内部形成某种缺陷，通过这些缺陷可以产生额外的光电势能，国外学术界将其命名为第三代太阳电池。它主要包括热载流子电池、热光伏太阳电池、量子点太阳电池、上转换电池和下转换电池、中间带和多能带光伏转换电池以及纵向结构的纳米太阳电池等。第三代太阳电池目前仅处于实验室的研究阶段，距离大规模的商业化生产还有一段路要走。在第三代太阳电池中，目前研究较多的是上下转换材料、钙钛矿太阳电池以及量子点太阳电池，而太阳电池材料是太阳电池技术发展的基础。

10.1 上转换材料

10.1.1 上转换材料的发展历史

上转换材料（也称上转换发光材料）经历了三个阶段的发展过程，对上转换材料发光现象和上转换材料发光原理的研究过程是上转换发光材料经历的第一个阶段。此阶段建立了基态吸收、激发态吸收、交叉弛豫和光子雪崩机制等。第二个阶段是通过对上转换材料的合成和性能进行系统研究，发现了多种具备良好性能的发光材料，这也是上转换发光材料快速发展的阶段。第三个阶段是对上转换材料进行掺杂改性使其性能优化的阶段，各国的研究者都专注于对上转换材料进行稀土元素和过渡金属离子掺杂，从而实现对上转换材料的特效进行调控，以及对其机理进行研究。

对于上转换材料的研究，最早可以追溯到 20 世纪 40 年代，人们发现采用低能量的红外光来激发一种磷光类的材料时，能够发射出可见光，但这并不是真正意义上的上转换发光。在 1959 年，采用 960nm 的红外激光对多晶的硫化锌进行激发，在 525nm 处获得了绿光。此后，科学家通过再次采用 960nm 的红外光激发其他硒化物时，也观察到有绿光发出，此现象使这种上转换发光得到了证实。1966 年，Auzel 在研究钨酸镱钠玻璃基质时，通过对比有无稀土元

素 Yb^{3+} 掺杂，对 Er^{3+}、Ho^{3+} 和 Tm^{3+} 掺杂的发光强度的差异，首次提出"上转换发光"和"能量传递"的观点，由此拉开对上转换发光材料正式研究的帷幕。

10.1.2 上转换材料的应用

上转换材料的应用较广，比如可应用到上转换激光器、电子俘获光存储器、三维彩色立体显示、生物传感器、太阳电池等方面。

（1）红外防伪

通过将上转换发光材料做成油墨或涂料，应用在金钱、发票、各类食品的外包装等方面。目前上转换发光材料的防伪作用已经广泛应用在人们的日常生活中，且它所具有的不容易被仿制并且仿制成本高、仿制所需的时间长、保密性高等优点，使其成为较受欢迎的防伪材料。在实际应用时，可将红外上转换发光材料做成加密的二维条码，或者是将其放在隐藏信息的图案中，这样可以在很大程度上提高其防伪作用。

（2）生物传感器和生物芯片

在医疗检测领域，被上转换发光材料标记的新型光学免疫生物可看成是一种生物传感器。该传感器所利用的原理是红外光激发上转换发光材料，从而发射出可见光。通过对生物样本中上转换发光材料的含量进行检测可知，被测的上转换发光材料是与生物反应而结合的那部分，这样就能计算出被测样本中待定生物分子的浓度。上转换材料的敏感性较高，对红外光的敏感度更强，上转换材料的这种性质可以减少外来光源对检测材料结果的影响且上转换发光材料都是惰性合成材料，在实际应用中，对检测者、被检测样品和环境都没有危害，可以放心使用。

（3）太阳电池

上转换（Up-Conversion，UC）光致发光材料可以吸收长波段的多个光子，从而激发材料原子外层较为活泼的电子跃迁到较高的能级，后又由于高能级的不稳定性，电子又跃迁回低能级基态轨道并发出能量较高波长较短的光子，从而实现将多个低能量的光子转化成高能量光子的过程。这种能量转换的过程正好为实现第三代太阳电池全光谱吸收的概念提供可能性。把上转换发光材料与太阳电池相结合，以此来增加电池的光谱吸收范围，提高电池的光电转换效率。上转换材料与太阳电池相结合的示意图如图10.1所示。

太阳电池与上转换材料的结合经历了以下发展历程。

① 1983年，Saxena 等人首次提出将 Er^{3+} 掺杂的氟化镧和 Tm^{3+} 掺杂的钨酸钙应用于太阳电池中，但是当时的实际应用结果并没报道。

② 1995年，Gibart 等人把上转换发光材料与 GaAs 太阳电池相结合，发现电池性能有一定改善。

③ 2005年，A.Shalav 等科学家首次实现将发光材料应用在双面硅太阳电池上。

10.1.3 上转换材料的研究现状

10.1.3.1 稀土上转换发光材料的分析

稀土元素被用来作为基质、掺杂剂或者是激活剂、敏化剂等制成的发光材料而被称为稀土发光材料。由于稀土元素中拥有未充满的 4f 能级，当稀土元素是三价离子时，会先后失去 6s、5d 和 4f 能级上的电子，这样稀土离子元素就会具有丰富的多重态能级，更有利于电子在这些能级上跳跃时发射可见光。故稀土元素可用在荧光、激光方面，也可以作为彩色玻璃和陶瓷的釉料来使用。稀土发光材料的优点是发光谱带窄、色纯度高、色彩明亮鲜艳、吸收激发能量的能力较强、发射光谱（从紫外线到红外线）宽。用稀土元素制作的材料，其物理和化学性质都较稳定，能承受大功率电子束和强紫外线的辐射等。

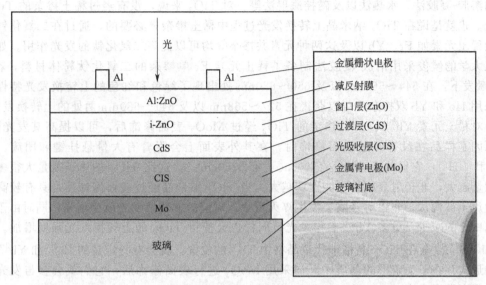

图 10.1 硅基薄膜太阳电池与上转换发光材料的结合示意图

（1）稀土上转换发光材料的激活剂

镧系离子拥有的多个能级带符合上转换发光条件。从理论上来看，大部分镧系离子都能完成上转换发光的过程，因为除了 La^{3+}、Ce^{3+}、Yb^{3+}、Lu^{3+} 之外的镧系离子最起码也有 2 个 4f 的能级。实际上，当离子的基态能级和激发态能级比较靠近时，可以增强上转换发光光子的有效吸收和能量传递，也只有这时候的上转换发光才是能被利用的。由于 Er^{3+}、Tm^{3+} 和 Ho^{3+} 具有比较特殊的阶梯状能级分布，所以是目前最为常用的激活离子。由于 Er^{3+} 和 Tm^{3+} 的各能级之间的能级差较大，故这些稀土离子发生上转换的概率较小，Er^{3+} 和 Tm^{3+} 是目前认为具有较高上转换效率的稀土激活离子。激活离子的掺入量一般来说比较少，有的是基质的万分之一，有的是百分之几。实验证明，激活剂有一个最佳浓度，超过最佳浓度的时候发光程度反而减弱，这种现象称为浓度淬灭。当基质固定，激活剂就对发光的光谱特性和发光效率起到决定性作用。

（2）稀土上转换发光材料的敏化剂

敏化剂影响上转换发光效率的因素有两个：一个是激活离子的吸收截面；另外一个是相邻的两个激活离子之间的距离。相邻的激活离子之间的距离一般通过掺杂量来实现，当掺杂量过高时，相邻的激活离子之间就会发生交叉弛豫，这种交叉弛豫会引发浓度淬灭效应。而激活离子的吸收截面就是要通过掺杂敏化剂的方法来提高上转换的发光强度。一般情况下，在红外区敏化剂有较大的吸收截面，当激活离子与敏化剂共掺后，可以通过发生能量传递过程来增强上转换发光。Yb^{3+} 只有一个位于激发态的 $^2F_{7/2}$ 能级，它的吸收带在 980nm 附近。与其他镧系离子相比，Yb^{3+} 的 $^2F_{7/2}$ 与 $^2F_{5/2}$ 之间的能级跃迁具有比较大的吸收截面（10^{-4} cm^{-1}）。此外，Yb^{3+} 的能级跃迁能与一些常见的激活离子（如 Er^{3+}、Tm^{3+}、Ho^{3+}）的 f→f 跃迁能量相互匹配，这使得 Yb^{3+} 比较适合作为上转换发光材料的敏化剂。

（3）氧化物为基质的上转换发光材料

上转换发光材料的基质材料除了常用的氟化物材料外，二氧化钛（TiO_2）也是一种可供选择的基质材料。二氧化钛作为一种稳定、无毒、防腐蚀的宽带隙半导体材料，在制作上转换荧光粉体方面具有潜在的用途。因为二氧化钛材料的热传导和热膨胀系数高，并且具有较低的声子能量，所以也可以用于作为上转换发光材料的基质。此外，二氧化钛材料的制备方法比较多，如溶胶-凝胶法、水热法以及磁控溅射法等。对 TiO_2 来说，没有经过稀土掺杂的 TiO_2 不会发光。也就是说在 TiO_2 纳米晶上转换发光过程中稀土掺杂是必要的。通过在二氧化钛材料中掺杂稀土元素如 Er、Yb 以及这两种元素共掺杂等均可以提高二氧化钛的发光作用。如哈尔滨理工大学的候俊采用溶胶-凝胶法制备了稀土元素 Er 单掺杂的二氧化钛粉体材料，在 980nm 的激发下，在 544～567nm 以及 650～680nm 处出现了绿色和红色的上转换发光特性。此外，采用 Ho 和 Yb 双掺杂也可以获得在 527～568nm 以及 641～680nm 两处的上转换发光峰。此外，对稀土元素 Yb^{3+}、Er^{3+} 掺杂的 TiO_2 经过 MoO_3 表面修饰后，可以提高其发光强度。主要原因是样品在没有经过表面修饰时，在其外表面上会附着有大量悬挂键和团簇，比如 CO_3^{2-} 和 OH^-，它们的振动能是 $1500cm^{-1}$ 和 $3350cm^{-1}$，这比 TiO_2 的声子能量大很多；声子的能量越大，非辐射衰减的可能性就越大。当 TiO_2 纳米晶经过表面修饰后，具有较高能量的振动声子被淘汰，非辐射衰减会发生淬灭现象，对应的上转换发光就会增强。同时由于非辐射衰减中心的减少，更多 Yb^{3+} 参与发光，同样也会使得 TiO_2 的上转换发光强度增加。由于 Er^{3+} 和 Yb^{3+} 掺杂在 TiO_2 晶格中代替晶格中 Ti^{4+} 的位置，就会有一定量的 Er^{3+} 和 Yb^{3+} 以氧化物的形式存在于无定形的基质中。当采用 MoO_3 进行表面修饰后，它们就会参与发光，所以可以提高发光强度。

六方晶系纤锌矿 ZnO 也是一种很好的上转换基质材料，它具有较宽的带隙，制备工艺简单，便于操作，并且 ZnO 本身环保无毒、原料价格低廉，而且 ZnO 的声子能量非常低，这一点对上转换材料的性能会有很大影响。浙江师范大学韩聪采用溶胶-凝胶法制备出 Er^{3+}、Yb^{3+} 共掺杂的 ZnO 上转换发光材料，在 980nm 激光器的激发下，用肉眼可以观察到明显的红色的上转换发光。当纳米材料的粒径比较小时，在纳米颗粒的表面会存在一些悬空键，在采用湿法化学制备 Er^{3+}、Yb^{3+} 共掺杂的 ZnO 上转换发光材料的过程中，纳米晶可能会从周围环境，如水介质或大气中吸收一些官能团。为了消除纳米结构材料中通常存在的表面效应，可以采用籽晶沉积法并采用 Gd_2O_3 进行表面修饰，经过 Gd_2O_3 表面修饰后，处于纳米晶表面的悬挂键的非辐射复合大大减小，从而使得样品的上转换发光强度随着修饰时间的增加而明显增加。

(4) 氟化物为基质的上转换材料

对采用氟化物为基质的上转换发光材料，目前主要采用的如六角相的 $NaYF_4$ 为基体，同时掺杂摩尔比为 20% 的 Yb^{3+} 和摩尔比为 1% 的 Er^{3+} 共掺杂。材料的上转换发光效率与材料的结晶度、形貌和尺寸有关。

10.1.3.2 上转换材料的制备方法

上转换材料的制备方法可以分为高温固相法、水热合成法、溶胶-凝胶法、共沉淀法和微乳液法等。

(1) 高温固相法

高温固相法是把高纯的原材料按照一定的比例进行充分混合后，装入坩埚中，在一定温度、气氛以及反应时间下进行高温煅烧，从而得到所需要的材料。固相反应是通过颗粒之间的界面传质进行的，传质速率与反应物的颗粒度、比表面积、晶体结构和缺陷有很大关系。一般温度和压力以及添加剂等都会影响固相反应的进行。通常固相中的各类缺陷结构越多，响应的传质能力就越强，则其固相反应速率就越快。因此，发生固相反应的充分必要条件就是所有的反应物充分均匀接触，这就要求反应前要将各种反应物充分研磨成小颗粒并使得其混合均匀。

这种固相反应法仍是目前合成上转换材料的主要方法之一。目前，许多研究者采用高温固相法合成了不同的稀土离子掺杂的锑酸盐玻璃、ZBLAN 玻璃、铋酸盐玻璃、硼酸盐玻璃和氧氯铋锗酸盐玻璃等多种上转换发光材料。高温固相法是固体化学的主要合成方法，用固相法制备的稀土掺杂发光材料具有良好的发光性能，是制备商业发光粉体工艺最成熟的一种方法。但是，这种方法由于采用的是高温反应，所获得发光粉体的颗粒尺寸较大难以控制、粒度分布范围宽、形貌不均匀，不利于从晶体微观结构上研究其发光性质，但是当对产物的纯度和粒度要求不高时可以采用固相法进行生产和应用。

（2）水热合成法

水热合成法属于液相反应，就是在水热条件下，反应物以各种配合物的形式进行溶解，水分子本身参与反应过程，在一定压力和温度下生成所需要的材料。这种水热法最突出的优点就是反应所需要的温度较低（一般在 200℃ 以下），并且材料的反应过程容易控制等。此外，水热法合成的材料还具有晶相好、成分均匀以及产物的产率高等优点。目前以氟化物为基质的以及以 TiO_2 为基质的上转换发光材料均可以采用这种水热法进行合成制备。

水热反应温度低、产物缺陷少、结晶度高、物相均匀。在水热反应过程中，通过改变反应温度、压力、水热时间、pH 值、前驱体浓度以及表面活性剂种类等因素来控制反应和晶体生长，从而对产物的粒径和形貌进行有效调控。水热反应产物一般不用烧结，可以直接获得晶型完整的晶体材料。这种方法的缺点是对产物形貌和粒径的影响因素比较多，由于无法直接观察水热过程，较难有效控制和分析各种反应参数和条件。

（3）溶胶-凝胶法

溶胶-凝胶法是一种湿法化学合成方法。一般是将金属醇盐或无机盐作为前驱体，在溶液中经过水解直接形成溶胶或经过反应形成溶胶，然后使溶质聚合凝胶化，再将凝胶干燥、煅烧去除有机成分，最终得到所需要的无机材料。大部分发光材料都可以采用这种简单易行的溶胶-凝胶法合成。

采用溶胶-凝胶法制备样品要经历溶胶和凝胶两个步骤，这就涉及溶胶和凝胶两个概念：溶胶是指分散在液相中的固态粒子足够小，以致可以通过布朗运动保持无限期悬浮；凝胶是指一种包含液相组分且具有内部网络结构的固体，此时固体与液体都呈现一种高度分散的状态。与传统的高温固相合成方法相比，这种技术有以下四个方面的特点：①通过各种反应物溶液的混合，很容易获得均相多组分体系；②对材料制备所需温度可大幅度降低，从而能在较温和条件下合成出陶瓷、玻璃、纳米复合材料等功能材料；③由于溶胶的前驱体可以提纯而且溶胶-凝胶过程能在低温下可控制地进行，因而可制备高纯或超高纯物质，而且可避免在高温下对反应容器的污染等问题的发生；④溶胶或凝胶的流变性质有利于通过某种技术如喷射、旋涂、浸拉、浸渍等制备各种膜、纤维或沉积材料。溶胶-凝胶合成方法除具有上述特点外，由于这条合成路线的中心化学问题是反应物分子（或离子）在水（醇）溶液中进行水解（醇解）和聚合，即由分子态→聚合体→溶胶→凝胶→晶态或非晶态，因此可以对反应过程进行有效控制，从而得到所需要的特定结构。其缺点是成本较高，处理周期较长。

传统的溶胶-凝胶法可以分为水溶液溶胶-凝胶法和醇盐溶胶-凝胶法两种，其中后者更为广泛和普遍。相对于醇盐法来说，无机盐法是采用以无机盐为原料在水溶液中制备出金属氧化物的颗粒溶胶或者配合物的网络溶胶，再通过加热、搅拌得到均匀、透明的凝胶。溶胶-凝胶法的主要优点是：可以在较低温度下合成，所需的设备比较简单，在制备过程中产品的性能与结构容易控制，所获得的产物成分均匀并且重复性好。采用溶胶-凝胶法不仅可以制备无定形材料，也可以制备结晶态材料。但是，溶胶-凝胶法制备纳米材料时所需时间比较长，通常为几天或几周，凝胶中存在大量微孔，干燥或热处理过程中产物的收缩较大。

（4）共沉淀法

共沉淀法又称为化学沉积法，它以水溶性物质为原材料，通过液相化学反应，生成难溶物质前驱化合物从水溶液中沉淀出来，经过洗涤、过滤、煅烧热分解而获得超细的粉体材料。与传统的高温固相法相比较而言，共沉淀法的优点是：操作简单、流程短，可以精确控制反应物的粒度、分散性好等；缺点是：反应受到溶液的组成、浓度、反应温度、时间等多种因素影响。

（5）微乳液法

微乳液是由油、水、乳化剂和助乳化剂组成的热力学稳定、各向同性的透明或半透明胶体分散体系。根据体系中油水比例及其微观结构，微乳液可分为三种：正相微乳液（水包油，O/W）、反相微乳液（油包水，W/O）和中间态的双连续相微乳液。由于制备镧系掺杂发光纳米微粒时所采用的原料往往都是水溶性的，因此这类纳米微粒的制备通常都在反相微乳液体系中进行。微乳液法制备纳米微粒的特点在于实验装置简单，操作方便，与其他方法相比粒径易于控制，适用面广。此外，在制备过程中粒子表面将包覆一层表面活性剂，这些表面活性剂分子不仅能控制微粒的大小，还可对粒子表面进行修饰，因此粒子分散性好、界面稳定性高。不过微乳液体系中液滴的大小分布存在涨落，因此产物的单分散度较差。另外，采用该方法制备纳米微粒时的相对产量也比较低，比较适合于实验室研究，难以应用于大规模生产。

10.1.3.3　上转换发光机制

上转换材料能够吸收两个或多个较低能量的光子，将多光子能量叠加，从而发射出能量较高的光子，这种发光称为上转换发光，也称为反斯托克斯效应发光。其机制在于材料中的离子存在一个或多个亚稳态能级，通过直接吸收光子，或由其他离子吸收光子后弛豫传输能量，该离子可以连续地跃迁到较高的能级，然后再通过辐射跃迁回到基态，发射出较高能量的光子。对上转换材料的基质材料进行稀土元素掺杂提高其发光效率，主要在于某些电子壳层上的跃迁（镧系的 4f，锕系的 5f，过渡金属元素的 3d、4d、5d）。这种跃迁本来是宇称选择定则所禁戒的，但是当离子存在于晶体或配合物中时，受到周围场的扰动，使得该电子层组态与相反宇称的组态发生混合而成为两种宇称的混态；使离子偏离晶格对称中心。从而，宇称选择定则被部分解除，电偶极跃迁成为可能。所以，一般需要把具有上转换特性的元素，如上述的镧系、锕系以及过渡族金属等掺杂到基质材料中，从而实现上转换发光。掺杂到基质材料中的离子，可能自身被多个光子激发跃迁到较高能级后，作为发光中心，通过辐射跃迁回到基态，发射出更高能量的光子；有些离子首先被激发，然后将能量传递给其他离子，使后者激发后再释放出光子。在荧光领域中，一般把首先被激发的离子称为敏化剂，而将接收传输能量并释放出光子的离子称为活化剂。

上转换发光的机理总的来说可以归结为三种：激发态吸收，能量传递和光子雪崩。

（1）激发态吸收

1959 年 Bloembergen 等人提出激发态吸收的上转换发光机理。激发态吸收的上转换发光机理是同一个离子从基态能级连续吸收多个光子到达具有较高能量的激发态的一个过程。具体过程如图 10.2 所示。

首先，在泵浦光的作用下，发生基态吸收即位于基态的 E_0 能级上的发光中心离子吸收一个频率为 ω_1 的光子，跃迁至中间的亚稳态的 E_1 能级，在此时如果频率为 ω_2 的光子的振动能量恰好与 E_1 能级和能量更高的 E_2 能级之间的能量差互相匹配，那么处于 E_1 能级上的离子可以吸收 ω_2 的光子能量，然后跃迁到 E_2 能级，这个过程是双光子吸收过程。当光子从 E_2 能级跃迁返回基态能级 E_0 时，辐射出一个可见光光子，其频率为 ω。该光子的能量就大于吸收过程中单个光子的能量，从而发射波长小于激发波长，从而形成上转换发光。

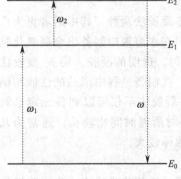

图 10.2　激发态吸收具体过程

（2）能量传递

根据能量传递的方式的不同又可以分连续能量传递、交叉弛豫和合作上转换。连续能量传递过程一般发生在不同类型的离子之间，位于激发态的敏化中心离子与位于基态的激活中心离子之间的能量差相同或者两者之间的距离足够近时，两者之间可以发生共振能量传递。在这个过程中位于激发态的敏化中心离子把能量传递给位于激活中的离子，使其得到足够高的能量从基态跃迁到激发态 E_1，或者跃迁到更高的能级 E_2，而敏化中心的离子则可以通过无辐射弛豫的方式回到基态。这种能量传递方式就是连续能量传递。

交叉弛豫过程多发生在相同类型的离子或者不同类型的离子之间。具体过程为：同时位于激发态 E_2 能级上的两种离子，其中一个离子将能量传递给另外一个离子而使其跃迁到更高的 E_3 能级，给予能量的离子本身通过无辐射弛豫返回到低能级。

合作上转换就是两个或多个离子参与敏化和发光的过程。具体过程为：两个或多个离子将能量传递给一个离子，使得其从具有低能量的基态跃迁到具有高能量的激发态，而给予能量的离子则以无辐射弛豫的方式回到基态，最后发射出的光子的能量都高于每一个吸收的光子的能量。

（3）光子雪崩

光子雪崩的过程一般发生在具有特殊的电子能级结构的体系中，在泵浦波的激发下，处于 E_1 能级的电子通过共振吸收跃迁到 E_2 能级，这就是一般的光子雪崩过程。处于基态 E_0 能级不能发生共振吸收的电子，也有一部分被激发到 E_1 能级上，处于 E_2 能级上的一个离子和处于 E_0 能级上的另外一个离子之间发生交叉弛豫作用，结果致使这两个离子都处于 E_1 能级上，然后再通过光子雪崩过程，进入 E_2 能级。这样重复进行交叉弛豫和激发态吸收，就使得处于激发态的离子数目减少，而存储于 E_1 能级和发光能级 E_2 的离子数目不断增加，从而发生雪崩效应。

10.1.4　影响稀土上转换材料发光性能的因素

上转换发光材料的发光性质不仅取决于基质的晶格、所选择的掺杂离子以及掺杂的浓度，而且与材料的制备方法和原材料的纯度都有关。

10.1.4.1　基质材料的晶格对上转换发光的影响

对于 $NaYF_4$ 为基质的上转换发光材料来说，可以分为低温下的六方相和高温下的立方相，相转换的温度为 691℃。六方相的 $NaYF_4$ 结构类似于 $\beta\text{-}Na_3ThF_6$，而 $\beta\text{-}Na_3ThF_6$ 是 CaF_2 的异构体。结构不同，对材料的发光性能有很大影响。立方相的 $NaYF_4$ 的发光效率要比六方相 $NaYF_4$ 的发光效率高很多。

掺杂 Yb^{3+}、Er^{3+} 的上转换发光材料在各种基质中的发光效率，从大到小依次为：稀土氟化物和复合氟化物，稀土卤化物，稀土氧化物和复合氧化物。以稀土氟化物和复合氟化物为基质时，主要发射的为绿光，而稀土氧化物和复合氧化物作为基质时主要发射的为红光。其本质在于稀土离子与氟离子之间有较强的离子键结合，而稀土离子和阳离子之间结合的是较弱的离子键。

10.1.4.2　稀土元素掺杂对上转换发光材料的影响

如果掺杂到基质晶格中的 Yb^{3+} 浓度增加，则传递给 Er^{3+} 的红外量子数量增加，从而引起发射的绿色发光强度增加。在一定浓度下，发光强度达到最大。随着浓度继续增加，发光强度逐渐下降。这主要是由于 Er^{3+} 又把大部分能量交给 Yb^{3+}，导致发光强度下降，这种相互作用随着邻近的 Er^{3+} 和 Yb^{3+} 浓度的增加而加强，结果是使得绿色发射光的强度迅速下降。

若 Er^{3+} 掺杂浓度从零逐渐增加，则发光中心的数量也在逐步增加，很自然地发光强度也随着增加。但是，在 Er^{3+} 浓度不是很大的时候（2%～4%），发光强度达到极值。随着 Er^{3+} 掺杂浓度的进一步增加，由于相邻 Er^{3+} 之间的相互作用，导致发光强度减小。这种相互作用的强度随着离子之间距离的缩小而明显加强。当 Er^{3+} 浓度提高时，衰减时间可以显著减少。对于 Yb^{3+}、Er^{3+} 的红色发光来说，使得发光强度降低的相互作用就弱很多。因此，在较高的 Yb^{3+}、Er^{3+} 浓度下，红色和绿色发光强度比显著增加。

10.1.4.3 原材料纯度对上转换发光的影响

合成上转换发光材料时，一般原材料的纯度要求达到 5 到 6 个 9 时才能获得较高的发光效率。有研究者研究了稀土杂质对"$BaYF_5$：Yb，Er"发光强度的影响。研究结果表明：在"$BaYF_5$：Yb，Er"中掺入 La 或 Gd 对产物发光的影响不显著；Tm 和 Ho 掺杂的质量分数在 0.01% 时影响不明显，而 Pr、Nd、Sm、Eu 和 Tb 的掺入，使得产物的发光效率明显下降，尤其是 Sm 最为严重。这种影响与这些离子的能级结构有关。La 和 Gd 的最低激发态位于很高的能量处，Pr、Nd、Sm、Eu 和 Tb 在基态到 $5000cm^{-1}$ 的间隔至少有 2 个或更多的能级，密集的能级为无辐射弛豫提供通道；Ho 和 Tm 的最低激发态位于 $5000cm^{-1}$ 处以上，能级之间的间隔也较大，所以其影响不显著。

以上主要对上转换材料的研究现状和影响其发光的因素进行详细分析，我们了解到基质材料的晶格、稀土元素的掺杂以及原材料的纯度都会影响上转换材料的发光效率。通过综合考虑这些因素，可以生产出成本较低、发光效率较高的上转换发光材料，这也是未来努力的方向，上转换发光材料拥有的性质使其具备广阔的发展前景。

10.2　钙钛矿太阳电池

10.2.1　钙钛矿太阳电池介绍

这种电池是在染料敏化太阳电池基础上发展起来的，它把染料敏化电池中的液体电解质替换为具有钙钛矿结构的固态电解质材料，也就是说采用有机金属卤化物（$CH_3NH_3PbX_3$，X＝Br，I，Cl）代替了传统染料，所以称其为钙钛矿太阳电池。

由于原材料来源丰富，生产工艺简单，并且制备过程不需要高能耗、高真空等特点，这种电池满足光伏行业对廉价太阳电池的需求，预示着有更为广阔的应用前景。高效率、低成本、制备工艺相对简单、污染低的优点，使得钙钛矿太阳电池得到了快速的发展，具有非常大的应用价值。

10.2.2　钙钛矿太阳电池结构及工作原理

（1）钙钛矿太阳电池的结构

钙钛矿太阳电池的结构主要包括两大类：其中一种是由染料敏化电池演化而来，称为"敏化"结构，主要包括光阳极、电子传输层、钙钛矿吸收层、空穴传输层（Hole Transport Materials，HTM）和对电极组成，如图 10.3 所示。中科院大连物化所张文华等根据电池结构的差异把电池分成三种类型：介观敏化太阳能电池（Mesoscopic Sensitized Solar Cells），无空穴传输层的介观 P-N 结型太阳电池（HTM-Free Mesoscopic P-N Solar Cells）和 P-I-N 型太阳电池（P-I-N Solar Cell）。对介观钙钛矿太阳电池平面异质结型钙钛矿电池来说，载流子的输运速率相同，但是在介观材料中载流子的复合速率更高，从而导致介观结构的钙钛矿电池效率要低于平面异质结构的电池。

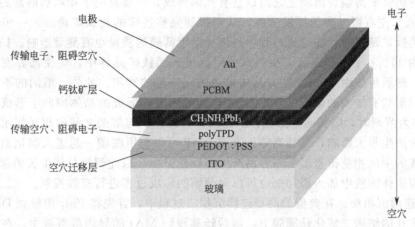

图 10.3　钙钛矿太阳电池结构示意图

一般来说，太阳电池的工作原理都可以分为光吸收、电荷分离、电荷输运、电荷收集。当有太阳光激发时，能量大于光吸收层禁带宽度的光子将钙钛矿吸收层中价带电子激发到导带，产生光生载流子或者称为光激子，载流子在电子传输层与钙钛矿材料的界面和空穴传输层与钙钛矿材料的界面处发生分离，电子通过电子传输层到顶光阳极；空穴通过空穴传输层到达对电极，通过外电路连接，光阳极电子和对电极空穴在对电极处复合，构成一个回路。

（2）钙钛矿太阳电池制备流程

钙钛矿太阳电池的器件结构类似于典型的 P-I-N 或 N-I-P 结的太阳电池。光吸收层、N 型和 P 型载流子收集层以及输运层以不同形式，存在于钙钛矿太阳电池器件中。该电池具有叠层状结构，其中，二氧化钛致密层、二氧化钛介孔层、钙钛矿光吸收层、空穴传输层以及金属背面电极依次按照顺序沉积在 FTO 玻璃基底上。对于二氧化钛为基础的钙钛矿太阳电池，通常采用常规的旋涂法将钙钛矿沉积在介孔结构的二氧化钛层上，形成光吸收层。具体的制备流程：第一步，将阻挡层沉积在经过刻蚀的 FTO 或 ITO 衬底上；第二步，将介孔的二氧化钛薄膜沉积在阻挡层上，并在 500℃ 左右进行退火；第三步，采用旋涂法涂覆钙钛矿前驱体溶液，对涂覆后的钙钛矿溶液进行热处理，形成光吸收层；第四步，把空穴传输层涂覆于光吸收层上；第五步，将金属电极金或银涂覆于顶部。

（3）钙钛矿材料的制备方法

有机金属卤化物钙钛矿太阳电池的光吸收层具有优异的光电特性。光吸收层的结晶度和形貌对光电流的产生效率具有很大影响。在钙钛矿太阳电池中，结晶度高、均匀性好的钙钛矿光吸收层更有利于光电荷的产生和分离。为了制备高质量的钙钛矿光吸收层，其制备方法的多样化同样也引人注目，先后出现了四种具有代表性的制备方法，分别是一步前驱体溶液沉积法、两步连续沉积法、双源气相沉积法和气相辅助液相沉积法。

① 一步前驱体溶液沉积法。一步前驱体溶液沉积法制备钙钛矿薄膜由于简单、可操作等特点，成为了最为流行的钙钛矿太阳电池吸收层的制备方法。通常，钙钛矿前驱体溶液是由 RAX（R 为甲基或甲脒，X 为 I 或 Br）粉末和 PbX_2（X 为卤族元素 I，Br，Cl）以 1∶1 或者 3∶1 的摩尔比溶于高沸点的极性疏质子溶剂中（DMF，DMAc，DMSO，GBL 等），在高温下溶解几个小时获得的澄清溶液。然后通过旋涂或者滴涂于 N 型的致密层上，原位形成有机金属卤化物钙钛矿。一般需要退火加热才能使得前驱体溶液转化为钙钛矿晶体。

这种方法制备的有机-无机杂化钙钛矿薄膜对制备条件十分敏感，比如退火温度、溶液浓度、前驱体溶液组成以及溶剂的选择等。通过对退火条件的精确调控，在平面基板上获得了接近完全覆盖的钙钛矿薄膜。薄膜上之所以会有孔洞形成，主要是由于物料和溶剂的挥发，降低退火温度到90℃左右可以降低挥发速度，从而得到完整连续的钙钛矿薄膜。一步前驱体溶液沉积法合成钙钛矿薄膜时，在退火过程中环境的湿度薄膜的质量也有显著影响。杨阳等发现在适当湿度（约30%）下进行退火，少量水分可以进入钙钛矿晶界中，促使晶界发生移动，使得晶体融合，然后形成由500nm左右晶体组成的无缺陷的薄膜。此外，溶剂的不同对所形成的钙钛矿薄膜形貌有较大的影响。采用GBL作为溶剂时，形成的晶体倾向于形成团簇状，而采用DMF作为溶剂时，则倾向于形成针状的晶体。钙钛矿与溶剂之间的相互作用可以对晶体的成核和生长产生很大影响，邹德春等人发现DMF可以与甲胺碘一起进入碘化铅层状的晶体结构中，形成的中间相使得室温下不容易产生钙钛矿沉淀，以此调控晶体生长的速度和成核的均匀性。在前驱体溶液中加入添加剂也可以对薄膜的形成过程进行有效控制。

② 两步连续沉积法。在典型的两步连续沉积法过程中，首先将PbI$_2$溶解到DMF溶剂中，然后旋涂在多孔的纳米二氧化钛薄膜上，随后转移浸到MAI的异丙醇溶液中。在两种成分接触的瞬间，钙钛矿快速形成，随后进行退火处理。由于可以很好地控制PbI$_2$浸入网状二氧化钛纳米孔中，与一步法相比，两步法能够更好地控制钙钛矿的形貌。使用两步法制备介观固态太阳电池，大大提高电池性能的重复性，而且制备的无空穴传输层的钙钛矿太阳电池也可以获得较高的光电转换效率。

需要注意的是，采用溶液法制备的钙钛矿层由于沉积速率快，会导致生成的薄膜表面覆盖不均匀，这会导致电池中电子传输层与空穴传输层直接接触，从而产生漏电流，使电池的开路电压降低，填充因子减少，光电转换效率下降。

③ 双源气相沉积法。双源气相沉积法制备钙钛矿薄膜，是将PbI$_2$粉末和CH$_3$NH$_3$I粉末同时加热蒸发，并通过控制PbI$_2$和CH$_3$NH$_3$I的蒸发速率，使其沉积在介孔TiO$_2$薄膜表面，得到钙钛矿薄膜。与传统的溶液法制备钙钛矿薄膜相比，采用双源气相沉积法制备的样品，薄膜厚度均匀、表面无孔洞裂纹、覆盖率高，避免空穴传输层与电子传输层的直接接触，降低载流子的复合概率。

最早开始采用气相沉积法制备钙钛矿薄膜是在真空下进行的，后来人们对沉积条件进行了改进，使用双源气相沉积技术制备混合卤化物钙钛矿，作为光吸收层组装成平板异质结型太阳电池。研究表明，气相沉积制备的钙钛矿薄膜由纳米级的晶体小片组成，表面非常均匀。而液相过程制备的薄膜是由微米级的晶体片组成的，所以会有一些孔洞，不能完全覆盖致密层表面。气相沉积技术优势就是能更好地调控钙钛矿薄膜的质量、厚度和形态。因为有机和无机两种蒸发源的速度很难协调，而且有机盐可能在高温蒸发时不稳定，所以这种方法有些缺点，尽管如此，气相沉积薄膜在大面积制备叠层薄膜方面还是比液相沉积有明显的优势。

④ 气相辅助液相沉积法。气相辅助液相沉积法可以理解为连续液相沉积法和双源气相沉积法的组合。首先利用旋涂法将PbI$_2$沉积到覆盖TiO$_2$致密层的导电玻璃上，然后在氮气气氛中，在MAI蒸气中150℃退火处理2h，形成钙钛矿薄膜。这种膜完全覆盖致密层表面，具有均匀的微米级颗粒结构，而且前驱体100%完全转化。通过对钙钛矿转化膜形成的研究可知，表面晶界能的减少可以使PbI$_2$薄膜在MAI进入时发生调整。气相辅助液相沉积法为实现高质量的钙钛矿薄膜和高性能的光伏设备提供了一种简单、可控、通用的方法。与传统溶液法相比，该方法制备的钙钛矿薄膜粗糙度小，平均晶粒尺寸较大。

虽然双源气相沉积法和气相辅助液相沉积法可以获得高质量的钙钛矿薄膜，但是生产效率较低，材料的利用率不高，不利于钙钛矿太阳电池的规模化应用。此外，由于这两种方法对设备的真空环境要求高，溶液法在电池的制备过程中更为广泛。

10.2.3 钙钛矿太阳电池各层研究进展

（1）钙钛矿光吸收层

钙钛矿最早是由俄罗斯矿物学家 A. von. Perovski 在乌拉尔山的变质岩中发现的，并以他的名字 Perovski 命名，早期特指 $CaTiO_3$。典型的钙钛矿化合物的化学式为 ABX_3，其中 A 和 B 代表阳离子，X 代表阴离子，如图 10.4 所示为典型钙钛矿晶胞结构示意图。在钙钛矿太阳能电池中有机-无机杂化钙钛矿材料是指有机金属卤化物 $CH_3NH_3MX_3$（M= Pb, Sn; X=Cl, Br, I）。钙钛矿卤化物具有相对较高的介电常数，钙钛矿太阳电池可以达到较高的开路电压。在温度

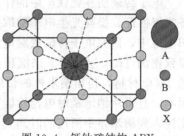

图 10.4 钙钛矿结构 ABX_3 晶胞结构示意图

发生变化时，钙钛矿材料的结构可以在 57.3℃时从四方晶系转变为立方晶系；在 56℃冷却时发生从立方晶系向四方晶系的转变；并且在低温 100K 时，呈现出稳定的正交晶系。在室温下，钙钛矿材料为四方晶系，其禁带宽度为 1.51eV，在太阳电池领域表现出优异的发展前景。

碘化铅甲胺（$CH_3NH_3PbI_3$），是直接带隙材料，其禁带宽度为 1.5eV 左右，消光系数高，几百纳米厚度的薄膜就可以充分吸收 800nm 以下的太阳光。选择钙钛矿材料作为电池的吸收层，首先是其具有高的载流子迁移率，其次是从可见光到近红外区域有较大的吸收系数。

钙钛矿太阳电池的研究始于 2009 年。T. Miyasaka 等首次采用卤铅铵钙钛矿（$CH_3NH_3PbI_3$ 和 $CH_3NH_3PbB_3$）材料作为敏化剂用于敏化结构纳米 TiO_2 多孔薄膜，组装成液态电解质染料敏化太阳电池，获得光电转换效率分别为 3.81% 和 3.13%。2011 年，J. H. Im 等人把 $CH_3NH_3PbI_3$ 这种材料作为量子点制备在介观 TiO_2 薄膜上，仍采用液态电解质，这时光电转换效率提高到 6.5%。钙钛矿材料在液态电解质中不稳定会发生分解，导致电池效率迅速衰减。2012 年，H. S. Kim 等人采用 spiro-MeOTAD 作为固态空穴传输材料（HT-Ms）替代液态的电解质，制备 $CH_3NH_3PbI_3$ 敏化的钙钛矿太阳电池，这不仅大大提高电池的稳定性，而且转换效率达到了 9.7%。钙钛矿太阳电池效率从 2012 年之后呈现快速发展的趋势。

$CH_3NH_3PbI_3$ 薄膜的制备方法有多种。Snaith 课题组率先采用双源气相法进行沉积，获得较高的电池效率，奠定该研究组在该领域的世界领先地位。也有研究者采用两步液相-气相辅助法以及液相法等成膜。其中液相法又分为一步法和两步法。一步法是将 PbI_2 和 CH_3NH_3I 分别溶于 DMF 或者 GBL 和 DMSO 中，然后进行旋涂、干燥和退火；两步法是首先在衬底上制备 PbI_2 薄膜，然后通过旋涂 CH_3NH_3I 溶液或者蒸发 CH_3NH_3I 粉末，使之与 PbI_2 发生反应生成 $CH_3NH_3PbI_3$。在旋涂过程中，如旋转速度、时间、温度、溶液的润湿性以及黏稠度等参数的调整和优化对为获得优质的钙钛矿薄膜有重要影响。有研究者对比一步法和两步法制备钙钛矿薄膜电池的差异，证实当钙钛矿薄膜的表面形貌和界面性能较好时，电池的性能更优异，也就是说控制钙钛矿薄膜的表面形貌是获得高的光电效率的一个重要手段。两步法获得的薄膜其均匀性要优于一步法。采用两步旋涂法制备的钙钛矿材料呈现的是类立方体晶粒，晶粒的尺寸主要受第二步中 CH_3NH_3I 溶液浓度的影响。当 CH_3NH_3I 浓度从 0.063mol/L 下降到 0.038mol/L 时，$CH_3NH_3PbI_3$ 的晶粒平均尺寸从 90nm 增加到 700nm；而采用一步法制备的则为没有规则的形状。钙钛矿的表面形貌和微观结构对电池性能起着非常关键的作用。采用溶液法制备电池的光吸收层时表面覆盖情况较差，并且会有缺陷和杂质。但是，采用升华法制备时钙钛矿材料的表面平整、杂质少、纯净度高。

用于钙钛矿电池吸收层的不仅只有 $CH_3NH_3PbI_3$ 和 $CH_3NH_3PbBr_3$，少量氯元素掺杂的 $CH_3NH_3PbI_{3-x}Cl_x$ 材料可以提高电子的迁移率，能呈现更加优异的光电性能。

（2）电子传输层

电子传输层在钙钛矿中的作用主要是与钙钛矿光吸收层形成电子选择性接触，这就要求具备能级匹配，提高光生电子抽取效率，同时对空穴起到有效阻挡作用。在敏化结构的钙钛矿太阳电池中，研究电子传输层对电池影响的报道较多。电子传输层首先是在 FTO 衬底上沉积一层致密的 TiO_2 层，接下来沉积介孔层。张文华等人在 FTO 上分别制备了纳米棒和纳米锥状的 TiO_2 材料，得出纳米棒的长短对电池性能影响较大；而纳米锥的长度对电池性能没有明显影响，且采用纳米锥时电池性能更优异，主要是因为激发电子从 $CH_3NH_3PbI_3$ 注入到纳米锥比注入到纳米棒中所用的时间更短。Kim 等采用锐钛矿的微米氧化钛阵列，制备出了光电转换效率为 9.4% 的钙钛矿太阳电池。在敏化结构电池中，介孔的 TiO_2 不仅起到传输电子的作用，还起到支撑钙钛矿光吸收层的骨架作用。Kim 等人采用介孔结构的 TiO_2 薄膜在其上面沉积 $CH_3NH_3PbI_3$ 获得的光电转换效率达到了 9.7%。Zhang 等在介孔氧化钛薄膜中引入具有核壳结构的纳米粒子来增强钙钛矿的光吸收性能，制备光电效率为 11.4% 的钙钛矿电池。

Snaith 等人采用具有敏化结构的钙钛矿电池，把介孔 TiO_2 电子传输层替换为介孔结构的 Al_2O_3 薄膜层，获得了 10.9% 的光电转换效率；仍然采用介孔结构的 Al_2O_3 薄膜层，通过改善工艺把电池的效率提高到了 12.3%。对比 TiO_2 和 Al_2O_3 这两种骨架材料的电池，采用绝缘的介孔层材料反而提高电池的开路电压，而电池的短路电流并没有明显变化。研究发现，钙钛矿吸收层具有双性行为，既可以作为电子传输层也可以作为空穴传输层，并且指出电子在钙钛矿材料中的传输速度要大于在 N 型 TiO_2 层中的传输速度。采用绝缘的 Al_2O_3 和 ZrO_2 作为介孔材料时，电池相当于没有电子传输层，电子直接在钙钛矿材料中进行输运，直接到达致密层 TiO_2 的导带被电极收集。主要原因是钙钛矿太阳电池的光吸收层 $CH_3NH_3PbI_3$ 的导带底所处的位置为 3.93eV，而 TiO_2 的导带底所处的位置为 4.0eV，可利用电子从光吸收层向致密 TiO_2 层传输。由于介孔材料主要起支撑钙钛矿光吸收层的作用，则如果把介孔材料去除后，对电池的工作性能不产生影响，即形成平面异质结型钙钛矿太阳电池。

（3）空穴传输层

在钙钛矿太阳电池中，有机空穴传输材料是极为昂贵的，这使得钙钛矿太阳电池的制备成本很高。为了降低成本，可以制备无空穴传输层的类 P-N 结结构的钙钛矿太阳电池。Etgar 等人提出并首次制备了无空穴传输层的 $CH_3NH_3PbI_3/TiO_2$ 结构的钙钛矿太阳电池，获得 5.5% 的光电转换效率。韩宏伟课题组采用双介孔层的 TiO_2/ZrO_2 作为支架层，制备了无空穴传输层的钙钛矿太阳电池，同时采用 C 作为对电极，获得了 12.8% 的效率并且光稳定性超过 1000h。但是，具有空穴传输层的钙钛矿电池比无空穴传输层的电池效率要高，因为空穴传输层可以起到对电子的有效阻挡作用，从而提高电池的填充因子和开路电压。因此，空穴传输层在制备高效的钙钛矿太阳电池中是非常必要的。

空穴传输材料 HTM 可以分为有机空穴传输材料和无机空穴传输材料。在钙钛矿太阳电池中，有机空穴传输材料由于其价格昂贵，各方研究者开始研究和制备价格低廉，并且具有较强电学性能的空穴传输材料。为了降低成本，开发了各种材料。无机空穴传输材料主要有 CuI、NiO 以及 CuSCN 等。Wang 采用 NiO 作为空穴传输层，用 NiO 取代 TiO_2 的位置得到一种反转结构，获得了 9.51% 的光电转换效率。Qin 等采用 CuSCN 作为空穴传输材料获得 12.4% 的光电转换效率，主要是因为其有较高的空穴传输速率。

（4）对电极

传统的对电极采用贵金属金、银等，并且电极的制备需要高真空热蒸镀，原材料价格高，制备工艺复杂。为了降低成本，华中科技大学韩宏伟课题组等人采用碳电极材料来替换贵金属，制备了具有全印刷技术的基于碳电极无空穴传输材料的钙钛矿电池，并且取得较高的光电转换效率。无空穴传输层的钙钛矿太阳电池在背接触时一般采用具有高的功函数的物质，如 Au（-5.1eV）和 C（-5.0eV）。采用 C 作为背接触时最好的效率为 12.8%。无空穴传输层的电池其稳定性会提高，因为空穴传输层是引起电池衰退的一个重要原因。但是，为什么空穴传输层能引起电池衰退的原因还不清楚。

10.2.4 电池性能的测量评估及 *J*-*U* 滞回效应

太阳电池的能量转换效率是评价电池性能的最重要的指标。测量电池效率的一般方法是将电池放置于标准光源下（$AM_{1.5}G$，100mW/cm^2），通过测量光照下电池的电流电压特性曲线来获得。研究发现，太阳电池的电流密度-电压特征曲线容易受到测量方式的影响。比如当外加电压正向（从短路向开路）变化时，测量得到的电池效率要比电压反向（从开路向短路）变化时测量得到的效率低，这样就产生测量误差，而且误差的大小还与电压的变化速率相关。这一问题受到了各方研究者的广泛关注，为了得到可靠准确的钙钛矿太阳电池评估结果，对其性能的测量方法需要严格规定。

（1）*J*-*U* 滞回现象

钙钛矿太阳电池的工作机理不同于传统的染料敏化太阳电池。光电转换效率是衡量太阳电池性能的重要指标。目前对钙钛矿太阳电池的测试技术，仍基于传统太阳电池的测试方法，但是钙钛矿太阳电池的电流密度-电压扫描（*J*-*U* scan）曲线因测试条件的不同而发生明显的变化，从而产生了测量误差，而误差的大小与电压正向、反向变化条件以及电压变化速率相关，这种误差称为 *J*-*U* 滞回效应。如图 10.5 所示，在正向和反向测量时得到的电池的 *J*-*U* 曲线不能有效重合。这种误差的存在会造成对电池的实际光电转换效率的高估或低估。

目前关于钙钛矿太阳电池的这种 *J*-*U* 滞回效应的起源还没有被完全理解。钙钛矿太阳电池的这种 *J*-*U* 滞回现象最初是由 Henry Snaith 指出的，并假设了可能导致这种现象出现的原因：①在接近钙钛矿光吸收层表面或者在其内部的缺陷；②由于钙钛矿材料本身的铁电性而导致的缓慢极化；③在电池工作时的间隙离子促进对载流子的收集。目前对电池产生这种 *J*-*U* 滞回现象的分析讨论，都是在基于这三种假设的基础上进行分析的。

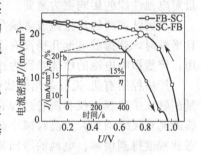

图 10.5 钙钛矿太阳能电池中的 *J*-*U* 滞回曲线

（2）引起电池 *J*-*U* 滞回效应的各种因素

尽管钙钛矿太阳电池具有较高的光电转换效率，但是其 *J*-*U* 滞回特性是需要研究者关注的一个问题。从目前的实验结果来看，很难把引起电池 *J*-*U* 滞回的原因归结于某一个因素。目前，引起电池这种 *J*-*U* 滞回的因素一般都认为是离子迁移、动态电荷的捕获以及界面处载流子的收集等。而测试条件、电池结构的差异、电子传输层以及界面等因素也会对电池的 *J*-*U* 滞回造成一定程度的影响。

① 测试条件对电池 *J*-*U* 滞回的影响。钙钛矿太阳电池的 *J*-*U* 滞回效应和扫描方向、扫描速度、电压范围、对电池的预处理以及电池的结构都有关系。在对电池进行 *J*-*U* 曲线测量过程中，扫描速度对电池的 *J*-*U* 滞回程度有很大影响。对电池进行扫描时，采用不同的初始偏压对电池的光电性能也有影响。正向扫描时采用一个较高的负向偏压则会导致电池的效率恶化；但是当反向扫描时采用一个较高的正向偏压时，则可以提高电池的光电转换效率。随着扫描速率的增加，正向和反向扫描得到的电池的 *J*-*U* 曲线的不重合程度增加；若采用足够慢的

扫描速率，电池的这种 J-U 滞回或许可以消除。在对电池性能进行测试之前，采用光照并施加较大的正向偏压对电池进行预处理，则可以明显提高电池填充因子、短路电流密度以及光电转换效率；若在光照时施加较大的负偏压，则电池的光电转换效率在一定程度上被抑制。对平面异质结型钙钛矿太阳电池来说，外加偏压对电池性能影响较大。

② 电池结构对 J-U 滞回的影响。影响钙钛矿太阳电池的电流密度-电压滞回效应的因素除了上文表述的扫描速度、扫描方向、延迟时间、模拟光源情况外，还与电池结构的差异有关。钙钛矿太阳电池的结构可以分为介观结构和异质结结构。不论是介观结构还是平面异质结型的钙钛矿太阳电池在测试过程中均有 J-U 滞回效应出现，并且后者的 J-U 滞回程度更加剧烈。

对于正向结构（玻璃/FTO/致密电子传输层/钙钛矿光吸收层/空穴传输层/背电极）的钙钛矿太阳电池来说，若采用非常快或非常慢的扫描速度，则可以得到几乎没有滞回的 J-U 曲线。而对于没有空穴传输层或没有 TiO_2 致密层的钙钛矿太阳电池来说，其 J-U 滞回程度比常规结构的电池更为严重。对反转结构的钙钛矿太阳电池来说，其 J-U 滞回现象不是特别明显，若在高速扫描时也会出现 J-U 滞回效应。对含有 TiO_2 介孔层的钙钛矿电池来说，在相同的测试条件下呈现出较小的 J-U 滞回效应，认为这是由于作为支架的介孔层起到了限制钙钛矿晶粒尺寸的作用，并且可以提供有效的电子传输通道。

在实验方面虽有大量证据表明，采用介孔结构时可以有效减缓钙钛矿太阳电池的 J-U 滞回效应，但具体原因以及相关物理机制仍需大量实验和理论相互验证。

③ 钙钛矿薄膜的质量对 J-U 滞回的影响。除了电池结构以及外加偏压这些影响因素外，钙钛矿薄膜的厚度、质量以及缺陷态也是影响滞回特性的重要因素。在平面异质结型钙钛矿太阳电池中电池的 J-U 滞回程度随着光吸收层厚度的增加而加剧。当光吸收层厚度较大时（400～600nm）电池的 J-U 滞回程度严重，当光吸收层厚度较小（100～200nm）时电池的 J-U 滞回程度较小或者没有。钙钛矿薄膜厚度的大小主要影响对光的吸收程度，而光吸收层的质量对电池性能的影响更为重要。

当钙钛矿薄膜质量差或者缺陷较多的时候，导致电池产生 J-U 滞回效应。当薄膜致密并且平整时，获得的电池几乎没有 J-U 滞回现象。钙钛矿晶体结构中的缺陷起到了掺杂剂的作用，严重影响电池的性能，因为这些缺陷起到载流子复合中心的作用。

严格控制有机-无机杂化钙钛矿薄膜的制备工艺，可以获得高质量的钙钛矿薄膜。而高质量的钙钛矿薄膜不仅和制备过程有关，还和晶体生长时的环境有关。相对湿度较高的时候，薄膜的晶粒尺寸增加，大晶粒减小晶粒边界从而降低晶粒边界缺陷态数量，最终使得电池的 J-U 滞回程度得到缓解。电池的滞回特性还与钙钛矿薄膜的晶粒尺寸大小有关。

④ 电子传输层材料对电池 J-U 滞回的影响。致密层的厚度和形貌对电池的 J-U 滞回效应有重要影响。Nagaoka 等人证实采用 Zr 掺杂的 TiO_2，同时对表面采用吡啶分子进行钝化，可以减小 TiO_2 表面的缺陷态密度，从而降低电池的滞回程度，提高电池的光电转换效率。当采用 PW_{12}-TiO_2 作为平面异质结型钙钛矿太阳电池的致密层时，电池常规的滞回效应下降，同时电池的开路电压增加到 1.1V。在平面异质结型钙钛矿太阳电池中采用 PW_{12}-TiO_2 这种复合材料作为电子传输层时，导带的极小值会有个合适的移动，从而增强电子从钙钛矿层向 PW_{12}-TiO_2 这种复合材料的抽取能力。

对 MAPI 钙钛矿太阳电池来说，采用常规的接触层材料如 PEDOT：PSS、PCBM、LiF时，在正常的情况下进行测量并没有滞回效应出现。采用 Li 对介孔 TiO_2 电极进行处理，电池的 J-U 滞回效应得到明显改善，因此，可认为 Li 处理改善载流子在介孔层中的传输以及提高载流子从钙钛矿光吸收层到介孔层中的分离和注入能力，获得光电转换效率大于 17%，并且没有明显 J-U 滞回效应的介孔结构的 $CH_3NH_3PbI_3$ 钙钛矿太阳电池。这种电池采用 Li 处

理后的介孔 TiO_2 作为电极。

⑤ 界面对电池 J-U 滞回的影响。尽管 J-U 滞回和钙钛矿 $MAPbI_3$ 材料的本身有关，但是控制选择性接触层的界面可以抑制电池的滞回。Kim 等人认为电池的 J-U 滞回的是由界面处电极的极化造成的。在常规的平面异质结构的钙钛矿太阳电池中致密 TiO_2 层的电极极化，是造成电池 J-U 滞回的主要原因。

目前平面异质结构的钙钛矿太阳电池的界面是关键问题，这些界面有可能是引起电池滞回的潜在因素。Jena 等人提出在 FTO 衬底和 TiO_2 致密层之间的界面对电池的 J-U 滞回有一定贡献。由于界面导致滞回的原因可以归结为以下几个方面：①在界面处的大的缺陷能够在器件中产生电容组分；②在不同扫描速度下对电池进行正向和反向扫描时使得 TiO_2 致密层中的陷阱态被填充和耗尽；③随着扫描变化时界面处的能带调整发生改变。在扫描电压电场的作用下 TiO_2 电极中氧空位的迁移，也促进钙钛矿太阳电池的 J-U 滞回效应。在电极和钙钛矿层之间的界面处空位的积累降低载流子的抽取，同时加速在界面处的载流子的复合速度。

造成钙钛矿太阳电池的 J-U 滞回效应是多种因素的综合，不能简单地认为是由某一种引起的。此外，J-U 滞回现象在其他薄膜太阳电池（如 CIGS、CdTe 以及非晶硅薄膜太阳电池等）中也有出现。目前对钙钛矿太阳电池中关于 J-U 滞回效应引起的电池问题并没有达成共识。对 J-U 滞回现象的各种解释基本上是基于 Henry Snaith 教授提出的三点假设进行分析的。由于 J-U 滞回效应的存在，仅仅通过 J-U 特性曲线获得的光伏性能并不足以准确反映钙钛矿太阳电池在稳态工作下的真实状况。

10.2.5 钙钛矿太阳电池稳定性研究

钙钛矿太阳电池有两大重要的技术指标，包括电池的光电转换效率和电池的稳定性。关于钙钛矿太阳电池最高光电转换效率的研究报道不断呈现，但是关于电池稳定性的研究相对滞后，钙钛矿太阳电池的稳定性问题已经成为制约电池发展的瓶颈。不解决钙钛矿太阳电池的稳定性问题就无法实现高效率钙钛矿太阳电池器件的可重复性制备；不解决钙钛矿太阳电池的稳定性问题，就无法实现钙钛矿太阳电池器件的长寿命；没有钙钛矿太阳电池器件的可重复性和长寿命，也就无法从根本上实现低成本高效率钙钛矿太阳电池的产业化以及应用。

钙钛矿太阳电池的稳定性根据不同的分类方法有不同的类别。钙钛矿太阳电池的稳定性是指在一定的环境条件下钙钛矿太阳电池薄膜材料发生化学变化导致的稳定性问题。钙钛矿太阳电池的化学稳定性是指材料自身因素和环境因素相互作用的结果。不同的环境条件导致不同的化学稳定性问题。影响钙钛矿太阳电池化学稳定性的几个敏感条件包括水、氧等气氛条件，加热或温度变化条件，溶液加工条件，紫外线照射条件等。

钙钛矿对紫外线、水、氧以及温度等十分敏感。已有结果表明，$CH_3NH_3PbI_3$ 单晶以及多晶材料的热导率很低，使得光辐照产生的热量很难被迅速导出，严重损害器件的稳定性和寿命。

在钙钛矿太阳电池的制备或负载过程中，所处的水、氧等环境条件将直接影响钙钛矿薄膜材料中组分的稳定性。由于碘化铅甲胺（$CH_3NH_3PbI_3$）对水是极为敏感的材料，遇到水后极容易分解。

有研究发现，$CH_3NH_3PbI_3$ 相对于 $CH_3NH_3PbBr_3$ 来说，对水分更为敏感，但是后者对光的吸收要比前者差些。受热或温度变化以及水、氧等气氛条件都是影响钙钛矿太阳电池化学稳定性的重要因素。钙钛矿的晶体结构会随着自身组成和环境的变化而变化，从而对电池的稳定性造成影响。$CH_3NH_3PbI_3$ 的导热性能也对其稳定性有影响。此外，空穴传输层材料的热稳定性也是影响电池化学稳定性的一个重要因素。

在钙钛矿太阳电池器件结构中，目前大多数采用氧化钛为致密层，这种结构导致钙钛矿太阳电池的化学稳定性对紫外线的照射更为敏感。在到达地面的太阳光中，有 5％的紫外线，而半导体材料 TiO_2 是一种典型的光催化材料。TiO_2 吸收紫外线后，其价带上的电子受到激发跃迁到导带，同时在价带上产生相应的空穴。光生空穴具有很强的得到电子的能力，具有很强的氧化性，可以夺取半导体颗粒表面被吸附物质中的电子，进而导致钙钛矿材料的分解，最终降低钙钛矿太阳电池的稳定性。

可以通过在钙钛矿太阳电池的 TiO_2 之前增加一层紫外滤光材料，提高电池在紫外线照射下的稳定性。钙钛矿作为电池的光吸收层，其光响应范围不够宽，并且对水、一些溶剂材料敏感。另外，材料中还含有铅等重金属元素。进一步研究无铅的钙钛矿材料是需要进一步努力的方向。钙钛矿太阳电池的长期稳定性是需要研究的一个重要问题。主要是因为其衰退机制仍不明确。因此，寻找化学稳定性好、对环境友好的钙钛矿材料是非常有意义的。

10.3　量子点太阳电池

量子点太阳电池，也是目前较为新颖和尖端的太阳电池之一。一个量子点的直径从几纳米到几十纳米不等，通过把量子点镶嵌在太阳电池板的半导体薄膜中，能够大幅度提高能量转换效率，具有很大的发展前景。

量子点太阳电池采用具有量子限制效应和分立光谱特性的量子点作为有源区设计和制作的量子点太阳电池，可以使得其能量转换效率大幅提高。根据理论计算，中间带太阳电池的理论效率可以达到 75％以上。目前量子点太阳电池还没有制作出超高转换效率的实用太阳电池，但是理论计算和大量的实验研究已经证实，基于 P-N 结的量子点太阳电池将会在未来显示出巨大的发展前景。如 O. E. Semonin 等人指出，基于 PbSe 的量子点太阳电池，在特定频率的外量子效率增加 114％；并指出，光电流的增加是由多激子产生的。A. Pandey 等人提供一种减缓热载流子冷却的方法，降低胶体量子点的带间弛豫。R. B. Laghumavarapu 等人在 InAs/GaAs 量子点太阳电池中引入 GaP 补偿层，根据实验结果显示出更加优越的性能。Kitt Peinhardt 等人引入内建电荷使得量子点太阳电池增加了子带间电子的转移。在国内关于量子点太阳电池的研究，也取得丰硕的研究成果。如北京大学通过阳极氧化合成 TiO_2 纳米管阵列，并且通过有序的化学水浴法把 CdS 量子点沉积到纳米管阵列上，最终使得电池的短路电流从 $0.22mA/cm^2$ 增加到 $7.82mA/cm^2$；清华大学通过水热法把二氧化钛纳米薄膜生长在透明导电玻璃上，并采用水浴法在垂直对齐的二氧化钛光阳极上形成 CdS 量子点，结果显示其光电流是未生长二氧化钛样品的 28.6 倍。

10.3.1　量子点的定义及其基本性质

量子点（Quantum Dots），又称为人造原子。它的尺寸接近或小于体相材料的激子玻尔半径，一般来说粒径范围为 1～10nm，是表现出量子行为的准零维半导体材料。量子点从三个维度对其尺寸进行约束，当达到一定的临界尺寸后，即纳米量子，其载流子的运动在三个空间维度上均受到限制，此时，材料表现出量子效应。

量子特性是一种与常规体系截然不同的低维物性，进而展现出与宏观块体材料截然不同的物理化学性质。量子点的尺度介于宏观固体与微观原子、分子之间。量子点的典型尺寸为 1～10nm，包含几个到几十个原子，由于载流子的运动在量子点中受到三维方向的限制，能量发生量子化。量子点具有许多特性，如具有巨电导、可变化的带隙以及可变化的光谱吸收特性等，这些特性使得量子点太阳电池可以大大提高其光电转换效率。

量子点的特殊几何尺寸使其具备了独特的量子效应。量子效应有以下几个比较重要的特征。

（1）表面效应

表面效应是指随着纳米量级的量子点尺寸的减小，量子点的比表面积增加，体内原子数目减少，而表面原子数量急剧增加。这就导致表面成键原子配位失衡，表面出现悬挂键和不饱和键。表面效应使得量子点具有了较高的表面能和表面活性。表面活性会使表面原子输运和构型发生变化，同时也将引起表面电子自旋现象和电子能谱的变化。表面效应会使量子点材料产生表面缺陷，表面缺陷能够捕获电子和空穴，引起非线性光学效应，进而影响量子点的光电性质。比如，纳米金属银由于表面效应使得其光反射系数显著下降，因此，表现为黑色，并且粒径越小，光吸收能力越强，颜色越深。

（2）限域效应

当量子点的尺寸可以同电子的激子玻尔半径相接近时，电子将被限制在十分狭小的纳米空间内，在此空间内，电子的传输受到限制，平均自由程显著减小，同时局域性和相干性增强，导致量子限域效应。量子限域效应将导致材料中介质势阱壁对电子和空穴的限域作用远远大于电子和空穴的库仑引力作用，电子和空穴的关联作用较弱，而处于支配地位的量子限域效应会使得电子和空穴的波函数发生重叠，容易形成激子，产生激子吸收带。随着粒子尺寸的减小，激子吸收带的吸收系数增加，此时出现强激子吸收，激子的最低能量吸收发生蓝移。

（3）量子尺寸效应

当粒子处于纳米量级时，金属费米能级附近的电子能级由连续能级分布变为离散的分立能级，有效带隙变宽，其对应的光谱特征发生蓝移。粒子尺寸越小，光谱的蓝移现象越显著。量子点的带隙宽度、激子束缚能的大小、激子蓝移等能量态可以通过量子点的尺寸、形状和结构进行调节。尺寸效应引起的材料能级的离散是量子效应最主要的特点。比如，室温下晶体硅的禁带宽度为 $1.12eV$，当硅的直径为 $3nm$ 和 $2nm$ 的时候，它们的禁带宽度分别为 $2.0eV$ 和 $2.5eV$。

（4）宏观量子隧道效应

当运动的电子处于纳米空间尺度内时，其物理线度与电子自由程相当，会在纳米导电区域之间形成薄薄的量子势垒。当外加电压超过一定的阈值时，被限制在纳米空间内的电子穿越量子势垒形成费米子电子海。这种由电子从一个量子阱穿越量子势垒进入另一量子势垒的现象称为量子隧道效应。

基于量子效应，使得量子点材料具备独特的光、热、磁和电学性能，这种独特性使得量子点在太阳电池、光学器件和生物标记等方面有广阔的应用前景。

10.3.2 量子点中间能带太阳电池的机理及分类

对于传统的半导体来说，在导带和价带中间存在一个禁带。由于存在中间带，当电子参与导电时，会从价带跃迁到导带。当然前提条件是光子能量大于禁带宽度。能量大于禁带宽度的光子能够激发电子参与导电，然而能量低于禁带宽度的电子并没有被有效利用起来。中间能带理论的提出，很好地解决了这个问题。如果形成中间带，电子会从价带跃迁到中间带，再吸收带隙能量的光子跃迁到导带。因此，所有光子都能够被利用起来。所以，中间能带的作用是为电子提供一个台阶，让能量低于禁带宽度的光子也能够参与到导电机制中。

最优的中间能带太阳电池的总的能带宽度是 $1.95eV$。电池被中间能带分为两个子带，分别为 $0.71eV$ 和 $1.24eV$。电子的准费米能级和电化学势通常是靠近能带的边缘。这是因为任何太阳电池的电压都与靠近金属接触的价带的准费米能级和导带准费米能级的差有关，所以中间能带的太阳电池的带宽最大限制在 1.95eV。

量子点敏化太阳电池的结构为光阳极、电解液以及对电极封装成的"三明治"结构。其中，光阳极由透明的导电玻璃、宽带隙氧化物半导体纳米薄膜和量子点光敏剂组成，它是量子点敏化太阳电池的核心部分。

量子点敏化太阳电池的结构和工作原理示意图如图 10.6 所示。

光阳极中的透明导电玻璃（FTO）的作用就是承载宽带隙氧化物半导体薄膜和进行电子收集。宽带隙氧化物半导体薄膜的功能是负载光敏剂和光生电子的输运通道。量子点光敏剂的作用是吸收光子产生电子和空穴。电介质包含氧化还原对，通过发生氧化还原反应，构成了电池的电流回路。对电极的作用是催化还原处于氧化态的电解质。

基于量子点电池的器件共有五种，分别是量子点敏化太阳电池、量子点-聚合物太阳电池、肖特基结太阳电池、P-N 结同质结太阳电池和 P-N 结异质结太阳电池。

10.3.3 量子点敏化太阳电池的优势

在光伏电池领域中，量子点最具有吸引力的特点之一就是可以通过调控粒径的尺寸实现量子点的能带可调节性，进而实现对光谱吸收范围的可调节性。量子点敏化太阳电池通过对粒子调控，实现从可见光到近红外光区的光谱吸收。由于太阳光谱中一半以上是在红外区，因此红外光子的捕获对提高太阳电池的光电转换效率具有重要的意义，应利用不同尺寸的量子点的不同光谱响应范围来构建多结的叠层电池或彩虹电池。对每层量子点的光谱吸收范围进行优化是实现叠层电池的全光谱响应，对提高电池的光电转换效率具有重要的意义。如 PbS 量子点因其宽带隙被广泛应用于量子点敏化太阳电池研究。利用 PbS 量子点的量子尺寸效应来构建三结叠层电池，如图 10.7 所示，第一层 2.6nm 的 PbS 量子点的吸收开始于 680nm，第二层 3.6nm 的 PbS 量子点的吸收起始端位于 1070nm，最底层 7.2nm 的 PbS 量子点的吸收开始于 1750nm，由此可以看出光子吸收覆盖可见光并延伸到红外光区。对于单结电池器件，低带隙的光吸收量子点虽然可以产生较大电流，但是开路电压小，相反宽带隙的量子点虽然开路电压较大，但是由于光子捕获的范围较小，具有较小的短路电流。因此，基于对电池光电压和光电流之间的综合考虑，量子点的最优带隙宽度为 1.1～1.4eV，在此范围内可产生较好的光电转换效率。

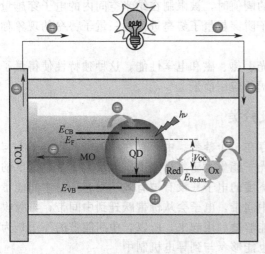

图 10.6　量子点敏化太阳电池的
结构和工作原理示意图

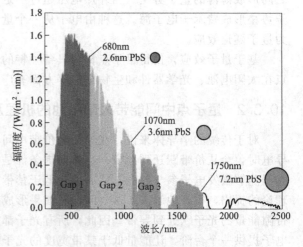

图 10.7　不同粒径量子点的
太阳电池吸收不同光谱

10.3.4　量子点敏化太阳电池当前存在的问题

量子点敏化太阳电池被认为是最有发展前景的第三代太阳电池，由于具有低廉的成本和独特的光电性能，如较高的吸光系数、光捕获范围较宽（能带随粒径可调）和多激子生成效应。在近几十年中，量子点敏化太阳电池在器件理论和技术上都取得飞速进步，但是目前报道的液体结量子点敏化太阳电池的最高光电转换效率并不高。高量子点电池的光电转换效率和其他性能仍然是目前的核心工作。量子点敏化太阳电池当前主要面临的问题如下。

① 为满足量子点敏化的光阳极能够吸收足够多的光子的要求，需要构建具有高负载量、敏化材料均匀分布、载流子复合较少的敏化光阳极。

② 开发具有宽太阳光谱吸收的敏化光阳极，该敏化光阳极能在太阳电池中同其他部分协同工作，取得较高的光电转换效率和稳定性能。

③ 由于传统配体大多数对载流子的传输起到阻碍作用，需要开发新型配体，提供电子传导通道，同时可以增加载流子的迁移率，提高量子点敏化太阳电池的光电性能，特别是提高短路电流。

④ 当前，量子点敏化太阳电池中空穴的转移速度要比电子的传输速度慢很多，这将导致量子点敏化太阳电池中电子和空穴的复合，损害电池的性能。因此，需要开发一种理想的对电极快速地释放电子，有效地催化电解液的还原反应。因此，在高质量的量子点敏化光阳极基础上，开发高效的对电极和电解液来提高电池的光电转换效率和电池的稳定性仍是努力的方向。

总之，太阳电池技术进展迅速，新材料、新技术将不断涌现。综合国内外的太阳电池器件及材料现状，高效太阳电池是必然的发展趋势。针对高效电池，需要材料技术和电池工艺技术密切配合。需要提及的是，中国是电池生产大国，怎样有效利用目前已有的生产线来研究工艺的改造和材料的创新，将是未来我国光伏产业的现实方向。可以设想，太阳电池材料和电池工艺紧密配合，互相促进，将共同推动太阳电池行业快速发展。

习　题

一、名词解释。

J-U 滞回效应　量子点

二、问答题。

请说明上转换发光的机制。

第 11 章
太阳电池应用

11.1 独立型太阳电池系统

按运行方式的不同，太阳电池系统分为独立型、并网型和混合型。按其规模可以分为大、中、小三类，其中大型是指独立光伏电站；中型是指应用系统；小型是指比户用系统规模还要小的类型，如太阳能路灯，小型的一般都是独立系统。

11.1.1 独立太阳电池系统的特点

独立型就是不和电力公司公共电网并网的系统。太阳电池的光电转换效率，受到电池本身的温度、太阳光强和蓄电池电压浮动的影响，而这三者在一天内都会发生变化，太阳照在地面辐射光的光谱、光强受到大气层厚度（即大气质量）、地理位置、所在地的气候和气象、地形地物等的影响，其能量在一天、一个月和一年内都有很大变化，甚至各年之间的每年总辐射量也有较大差别。地球上各地区受太阳光照射及辐射能变化的周期为一天 24h，处在某一地区的太阳电池的发电量也有 24h 的周期性的变化，其规律与太阳照在该地区辐射的变化规律相同。另外，天气的变化将影响太阳电池组件的发电量，如果有几天为连续阴雨天，太阳电池组件就几乎不能发电，所以太阳电池的发电量是变量。

蓄电池组也是工作在浮充电状态下的，其电压随方阵发电量和负载用电量的变化而变化。蓄电池提供的能量还受环境温度的影响。太阳电池充放电控制器由电子元器件制造而成，它本身也需要耗能，而使用元器件的性能、质量等也关系到耗能大小，从而影响充电的效率等。负载的用电情况也视用途而定，有固定的设备耗电量如通信中继站、无人气象站等；而有些设备如灯塔、航标灯、民用照明及生活用电等设备，用电量是经常有变化的。

对独立光伏系统来说，光伏发电是唯一电力来源的电源系统。在这种情况下，从全天使用时间上来区分，大致可分为白天、晚上和白天连晚上三种负载。对于仅在白天使用的负载，多数可以由光伏系统直接供电，减少了蓄电池充放电等引起的损耗，所配备的光伏系统容量可以适当减小。全部晚上使用的负载其光伏系统所配备的容量就要相应增加。昼夜使用的负载所需要的容量则在两者之间。此外，从全年使用时间上来区分，大致又可分为均衡性负载、季节性负载和随机性负载。影响光伏系统运行的因素很多，关系十分复杂，在实际情况下，要根据现场条件和运行情况而进行处理。

太阳电池路灯如图 11.1 所示。

图 11.1　太阳电池路灯（摄于云南大理）

11.1.2　独立太阳电池系统的基本组成

图 11.2 为一种常用的太阳能独立光伏发电系统结构示意图，该系统由太阳电池阵列、DC/DC 变换器、蓄电池组、DC/AC 逆变器和交直流负载构成。如果负载为直流则可不用 DC/AC 逆变器。DC/DC 变换器将太阳电池阵列转化的电能传送给蓄电池组存储起来供日照不足时使用。蓄电池组的能量直接给直流负载供电或经 DC/AC 逆变器给交流负载供电。

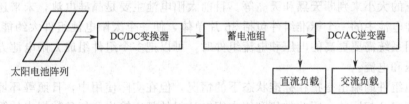

图 11.2　一种常用的太阳能独立光伏发电系统

独立太阳能发电系统主要组成有太阳电池组件及支架，免维护铅酸蓄电池，充放电控制器，逆变器（使用交流负载时使用），各种专用交、直流灯具，配电柜及线缆等。控制箱箱体应材质良好，美观耐用；控制箱内放置免维护铅酸蓄电池和充放电控制器。阀控密封式铅酸蓄电池，由于其维护很少，故又被称为"免维护电池"，使用它有利于系统维护费用的降低；充放电控制器在设计上具备光控、时控、过充保护、过放保护和反接保护等功能。比如，对一个独立太阳能路灯系统，其工作原理是：太阳电池板白天接收太阳辐射能并转化为电能，经过充放电控制器储存在蓄电池中，夜晚当外界照度逐渐降低到一定数值、太阳电池板开路电压到对应数值时，充放电控制器侦测到这一电压值后动作，蓄电池对灯具供电。蓄电池放电到设定时间后，充放电控制器动作，蓄电池放电结束。充放电控制器的主要作用是保护蓄电池。充放电的情况和路灯发光时间可以根据用户需要通过控制器设定。根据用户用电需要分为直流和交流两种。蓄电池放电为直流电，如果需要交流用电，需要加上把直流电变成交流电的逆变器。

11.1.3 太阳电池用蓄电池

蓄电池是用来将太阳电池组件产生的电能（直流）存储起来供后级负载使用的部件，在独立光伏系统中，一般都需要控制器来控制其充电状态和放电深度，以保护蓄电池延长其使用寿命。深度循环电池是用较大电极板制成的，可承受标定的充放电次数。所谓深循环是指放电深度为 60%～70%，甚至更高。循环次数取决于放电深度、放电速度、充电速率等。其主要特点是采用较厚的极板以及较高密度的活性物质，极板较厚，可以存储更多容量；而且放电时，容量的释放速度较慢。而活性物质的高密度则可以保证它们在电池的极板/板栅中附着更长时间，从而可以降低其衰减的程度。深循环状态下蓄电池拥有较长的使用寿命；深循环后的恢复能力好。浅循环电池使用较轻的电极板。浅循环电池不能像深度循环电池一样多次地循环使用。太阳电池的电压要超过蓄电池的工作电压 20%～30%，才能保证向蓄电池正常供电。蓄电池容量应比负载日耗量高 6 倍以上。

目前蓄电池主要有铅酸蓄电池、镍-金属氢化物蓄电池、锂离子蓄电池、燃料电池等。其中，铅酸蓄电池价格低廉，其价格为其余类型电池价格的 1/4～1/6，一次投资比较低，大多数用户能够承受，技术和制造工艺成熟；其缺点是质量大、体积大、能量质量比低，对充放电要求严格。镍镉蓄电池在有些国家得到使用，它们通常比铅酸蓄电池贵，但镍镉蓄电池寿命长，维修率低，耐用，可承受极热极冷的温度；而且可以完全放电。由于可以完全放电，在某些系统中控制器就可以省下来不用了。一般提供的控制器是为铅酸蓄电池设计的，并不能通用。

11.1.4 太阳电池组件的容量设计

太阳电池组件是太阳能发电系统中的核心部分，也是太阳能发电系统中价值最高的部分。它可以将太阳的辐射能转换为电能，或送往蓄电池中存储起来，或推动负载工作。另外，太阳电池作为系统的光控元件，从太阳电池两端电压的大小，即可检测户外的光亮程度，也就是从太阳电池电压的大小来判断天黑和天亮等。目前太阳电池主要是晶硅电池，未来还包括薄膜太阳电池。晶硅电池中的一个标准组件包括 36 片单体，使一个太阳电池组件大约能产生 17V 的电压。当应用系统需要更高的电压和电流组件时，可以把多个组件组成太阳电池方阵，以获得所需要的电压和电流。

太阳电池组件的输出是指在标准状态下的情况，但在实际使用中，日照等环境条件是不可能和标准状态完全相同的，因此如何利用太阳电池组件额定输出和气象数据来估算实际情况下太阳电池组件的日输出是一个问题。通常可以使用峰值小时数的方法估算太阳电池组件的输出。我们可以将实际的倾斜面上的太阳辐射转换成等同的标准太阳辐射，$1000W/m^2$ 就是用来标定太阳电池组件功率的标准辐射量，那么某地方平均辐射为 $6.0kW·h/m^2$ 就基本等同于太阳电池组件在标准辐射下照射 6h。例如，某个地区倾角为 $40°$ 的斜面上按月平均每天的辐射量为 $6.0kW·h/m^2$，可以将其写成 $6.0h×1000W/m^2$。

上述是使用峰值小时的计算方法，此方法存在一定偏差，原因如下。

① 太阳组件电池输出的温度效应在该方法中被忽略。温度效应对于由较少的电池片串联的太阳电池组件输出的影响就比对由较多电池片串联的太阳电池组件输出的影响要大。对于 36 片串联的太阳电池组件比较准确，但对于 33 片串联的太阳电池组件则较差，特别是在高温环境下。对于所有的太阳电池组件，在寒冷气候下的预计会更加准确。

② 在峰值小时方法中，利用气象数据中测量的总的太阳辐射。实际上，在每天的清晨和黄昏，有一段时间因为辐射很低，太阳电池组件产生的电压太小而无法供给负载使用或者给蓄电池充电，这就将会导致估算偏大。不过，一般情况下，上述误差不影响正常使用。

以上给出的只是容量的基本估算方法，在实际情况中还有很多性能参数会对容量（的设计）产生很大影响。在进行光伏系统设计时，可以通过专业软件来辅助设计。如果使用得当，能大大减少计算量，节约时间，提高效率和准确度。

11.1.5 控制器

太阳能灯具系统中重要的一环是控制器，其性能直接影响到系统寿命，特别是蓄电池的寿命。系统通过控制器实现系统工作状态的管理、蓄电池剩余容量的管理、蓄电池的 MPPT（最大光伏功率跟踪）充电控制、主电源及备用电源的切换控制以及蓄电池的温度补偿等主要功能。控制器用工业级（微控制器）MCU 作为主控制器，通过对环境温度的测量，对蓄电池和太阳电池组件电压、电流等参数的检测进行判断，控制 MOSFET 器件（金属氧化物半导体效应管）的开通和关断，达到各种控制和保护功能，并对蓄电池起到过充电保护、过放电保护的作用。在温差较大的地方，合格的控制器还应具备温度补偿的功能。其他附加功能如光控开关、时控开关都应当是控制器的辅助功能。控制器是整个路灯系统中充当管理者的关键部件，它的最大功能是对蓄电池进行全面管理，好的控制器应当根据蓄电池的特性，设定各个关键参数点，比如蓄电池的过充点、过放点、恢复连接点等。在选择路灯控制器时，特别需要注意控制器的恢复连接点参数。由于蓄电池有电压自恢复特性，当蓄电池处于过放电状态时，控制器切断负载，随后蓄电池电压恢复，如果此时控制器各参数点设置不当，则可能出现灯具闪烁不定的现象，缩短蓄电池和光源的寿命。

11.2 并网型发电系统

并网型可分为逆潮流系统和非逆潮流系统。逆潮流系统就是电力公司购买剩余电力的制度，非逆潮流系统就是系统内电力需求比太阳电池提供的电力大，不需要电力公司购买剩余电力的制度。与公共电网相连接的太阳能光伏发电系统称为并网光伏发电系统。

并网光伏发电系统将太阳电池阵列输出的直流电转化为与电网电压同幅、同频、同相的交流电，并实现与电网连接，向电网输送电能。图 11.3 为一种常用的并网光伏发电系统结构示意图，该系统包括太阳电池阵列、DC/DC 变换器、DC/AC 逆变器、交流负载、变压器及在DC/DC 变换器输出端并联的蓄电池组。蓄电池组可以提高系统供电的可靠性。在日照较强时，光伏发电系统首先满足交流负载用电，然后将多余电能送入电网；当日照不足时，太阳电池阵列不能为负载提供足够电能时，可从电网或蓄电池组索取为负载供电。当然，如果考虑到成本，也可以不连接蓄电池，当光照不足时直接向电网索取，为负载供电。

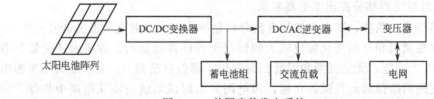

图 11.3 并网光伏发电系统

并网型交流发电系统与独立系统相比省去了储能设备。

11.2.1 并网系统电路组成及总体设计

以下以 30kWp 并网运行的太阳能发电系统进行说明。图 11.4 为该并网系统的电路设计图，由太阳能组件、逆变装置和交直流防雷配电柜组成。光伏组件在光伏效应下将太阳能转换成直流电能，直流电汇流后经防雷配电柜流入并网逆变器，该逆变器将其逆变成符合电网电能质量要求的交流电，接入 380V/150Hz 三相交流站用电系统并网发电。在白天由光伏发电站给用电负荷供电，并将多余电量馈入电网；在晚上或阴雨天发电量不足时，由市电站给用电负荷供电。该光伏并网发电系统配置有一套以太网通信接口的本地监控装置，并通过接口将系统的工作状态和运行数据提供给无人值班站的综合自动化系统，实现远程集控站监测。

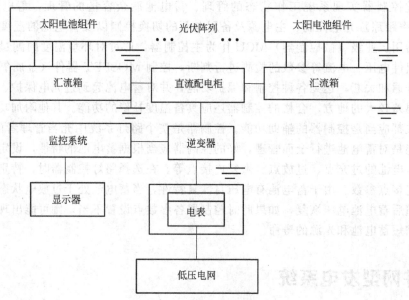

图 11.4 系统电路设计图

11.2.2 光伏组件

系统可以采用大功率单晶硅太阳电池组件，每块组件功率为 180Wp，工作电压为 35.4V，共配置 168 块，实际总功率为 30.24kWp。整个发电系统采用 8 块组件串联为一单元。总共 21 支路并联，输入 4 个汇流箱，其中 3 个汇流箱每个接 5 路输入，另一个汇流箱接 6 路输入。汇流后电缆经过电缆沟进入主控室交直流配电柜，通过交直流配电柜直流单元接入并网逆变器，最后由并网逆变器逆变输出，经交直流配电柜交流单元接至 380V 三相低压电网。

11.2.3 光伏并网逆变器

并网系统对逆变器部分提出了更高要求。

① 逆变输出为正弦波，高次谐波和直流分量足够小，不会对电网形成谐波污染。

② 逆变器在负载和日照变化幅度较大的情况下均能高效运行，即要求逆变器具有最大功率跟踪（MPPT）功能，无论日照和温度如何变化，都能自动调节，实现最大功率输出。

③ 具有先进的防孤岛运行保护功能，即电网失电时该系统自动从电网中切除，防止单独供电对运行检修维护人员造成危害。

④ 具有自动并网及解列功能，当早晨太阳升起日照达到发电输出功率要求时，自动投入电网发电运行，当日落输出功率不足时，自动从电网中解列。

⑤ 具有输出电压自动调节功能，并网逆潮流上送时，随并网点电压的变化随时调整电压和上送功率。

⑥ 具有完备的并网保护功能，当系统侧或逆变器侧发生异常时，迅速切除发电系统，即具备过电压和欠电压保护、过频率和欠频率保护等，满足无人值班远程监测的要求。并网逆变器的主电路结构如图11.5所示，通过三相全桥逆变器将光伏阵列的直流电压变换为高频的三相交流电压，经滤波修正变成正弦波电压，并通过三相变压器隔离升压后并入电网发电。

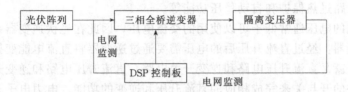

图 11.5 并网逆变器的主电路结构

光伏并网逆变器可以采用 DSP 控制芯片，运用电流控制型 PWM 有源逆变技术，宽直流输入电压范围为 $220 \sim 450V$；系统中的并网逆变器不断检测光伏阵列是否有足够的能量并网发电。当达到并网发电条件，即阵列电压大于 240V 维持 1min 时，逆变电源从待机模式转入并网发电模式，将光伏阵列的直流电变换为交流电并入电网。同时，在该模式下逆变电源一直以 MPPT 方式使光伏阵列输出的能量最大，有效提高系统对太阳能的利用率。当太阳辐射很弱，即阵列电压小于 200V 或到夜晚时，光伏阵列没有足够的能量发电，逆变器自动断开与电网连接。

11.3 混合型光伏发电系统

混合型光伏发电系统介于并网型和独立型两者之间。这种系统通常是控制器和逆变器集成一体化，可以使用电脑芯片控制整个系统，达到最佳工作状态。图11.6 为混合型光伏发电系统，它与以上两个系统的不同之处在于多了一台备用发电机组，当光伏阵列发电不足或蓄电池储量不足时，可以启动备用发电机组，它既可以直接给交流负载供电，又可以经整流器后给蓄电池充电，所以称为混合型光伏发电系统。

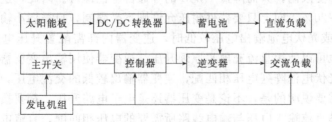

图 11.6 混合型光伏发电系统

混合型光伏发电系统主要用于远离电网并要保证供电连续性的用电场合，比如野战医院、科学考察站等。一旦光照不足或遇到阴雨天气，太阳电池无法工作，且蓄电池存储的电量无法满足需要，发电机组就会代替太阳电池给系统供应电能。

11.4　逆变器

太阳电池光伏发电是直流系统，即太阳电池发出的电能给蓄电池充电，而蓄电池直接给负载供电；当负载为交流电时，就需要将直流电变为交流电，这时就需要使用逆变器。逆变器的的功能是将直流电转换为交流电，为"逆向"的整流过程，因此称为"逆变"。逆变器根据线路逆变原理的不同，有自激振荡型逆变器、阶梯波叠加逆变器和脉宽调制（PWM）逆变器等；根据主回路拓扑结构的不同，可分为半桥结构、全桥结构、推挽结构等。逆变器保护功能应具有输出短路保护、输出过电流保护、输出过电压保护、输出欠电压保护、输出缺相保护、输出接反保护、功率电路过热保护和自动稳压功能等。

由于光伏电池的电压通常低于可以使用的交流电压，因此在光伏逆变器系统中需要一个可以直流升压的变换器，经过直流升压后的电压需要通过逆变器将直流电能变换为交流电能。光伏逆变系统的核心就是直流升压电路和逆变开关电路。直流升压电路和逆变开关电路都是通过电力电子开关器件的开与关来完成相应的直流升压和逆变的功能。电力电子开关器件的通断需要一定的驱动脉冲，这些脉冲可以通过改变一个电压信号来调节，产生和调节脉冲的电路通常称为控制电路。逆变换与正交换正好相反，它使用具有开关特性的全控功率器件，通过一定控制逻辑，由主控制电路周期性地对功率器件发出开关控制信号，再经变压器耦合升（降）压后整形滤波就得到我们需要的交流电。一般中小功率的逆变器采用功率场效应管、绝缘栅晶体管，大功率的逆变器都采用可关断晶闸管器件。

逆变器的工作原理类似开关电源，通过一个振荡芯片，或者特定的电路，控制着振荡信号输出，信号通过放大，推动场效应管不断开关，这样直流电输入之后，经过这个开关动作，就形成一定的交流特性，经过修正，就可以得到类似电网上的那种正弦波交流。对于使用交流负载的独立光伏系统来说，逆变器是必要的。逆变器的选择的一个重要因素就是所设定的直流电压的大小。逆变器的输出可分为直流输出和交流输出两类。对于直流输出，我们称之为变换器，是直流电压到直流电压的转换，这样可以提供不同电压的直流负载工作所需的电压。对于交流输出，我们需要考虑的除了输出功率和电压外，还应考虑其波形和频率。在输入端须注意逆变器所要求的直流电压和所能承受的浪涌电压的变化。

逆变器的控制可以使用逻辑电路或专用的控制芯片，也可以使用通用单片机或 DSP 芯片等，控制功率开关管的门极驱动电路。逆变器输出可以带有一定的稳压能力，以桥式逆变器为例，如果设计逆变器输出的交流母线额定电压峰值比其直流母线额定电压低 $10\% \sim 20\%$，目的是储备一定的稳压能力，则逆变器经 PWM 调制输出其幅值可以有向高 $10\% \sim 20\%$ 调节的裕量，向低调节则不受限制，只需降低 PWM 的开通占空比即可。因此，逆变器输入直流电压波动范围为 $-15\% \sim 20\%$，向上只要器件耐压允许则不受限制，只需调小输出脉宽即可（相当于斩波）。当蓄电池或光伏电池输出电压较低时，逆变器内部需配置升压电路，升压可以使用开关电源方式升压也可以使用直流充电泵原理升压。逆变器使用输出变压器形式升压，即逆变器电压与蓄电池或光伏电池阵列电压相匹配，逆变器输出较低的交流电压，再经工频变压器升压送入输电线路。需要说明的是，不论是变压器还是电子电路升压，都要损失一部分能量。最佳逆变器工作模式是直流输入电压与输电线路所需要的电压相匹配，直流电力只经过一层逆变环节，以降低逆变环节的损耗，一般来说逆变器的效率在 90% 以上。逆变环节损耗的能量转换为功率管、变压器的热形式能量，该热量对逆变器的运行是不利的，威胁装置的安全，要使用散热器、风扇等将此热量排出装置。逆变损耗通常包括两部分：导通损耗和开关损耗。MOSFET 管开关频率较高，导通阻抗较大，由其构成的逆变器多工作在几十到上百千赫兹频率下；而 IGBT 则导通压降相对较小，开关损耗较大，开关频率在几千到几十千赫兹之间，一般选择十千赫兹以下。开关并非理想开关，当其开通过程中电流有一上升过程，管子端电压有一下降过程时，电压与电流交叉过程的损耗就是开通损耗，关断损耗为电压电流相反变化方向的交叉损耗。降低逆变器损耗主要是要降低开关损耗，新型的谐振型开关逆变器，在电压或电流过零点处实施开通或关断，从而可以降低开关损耗。

作为在太阳能光伏发电系统应用中的逆变器，有很多特殊的设计与使用上的要求：对输出功率和瞬时峰值功率的要求；对逆变器输出效率的要求；对逆交器输出波形的要求；对逆变器输入直流电压的要求。

逆变器的选择会影响到光伏系统的性能可靠性和成本。下面介绍一下逆变器特性参数：输出波形，功率转换效率，标称功率，输入电压，电压调整，电压保护，频率，调制性功率因子，无功电流，大小及重量，音频和 RF 噪声，表头和开关；有些逆变器还具有电池充电遥控操作，负载转换开关，并联运行的功能。独立逆变器一般有直流 12V、24V、48V 或 120V 电压输入，产生 120V 或 240V 频率为 50Hz 或 60Hz 的交流电。

逆变器通常根据其输出波形来分类：①方波；②类正弦波；③正弦波。方波逆变器结构相对简单，价格较便宜，高谐波，适用于阻抗型负载和白炽灯。类正弦波逆变器比方波逆变器结构相对复杂，输出波形明显改善，高谐波明显减少，它们可用来带动灯、电子设备和大多数电机等各种负载。然而它们在带动电机时谐波能量损失比正弦波逆变器带动效率低。正弦波逆变器产生的交流波形好，它们在功率范围内可以驱动任何交流负载。通常，逆变器的规格可在计算值的基础上增加 25％，这既可以增加该部件工作的可靠性，也可以满足负载的适量增加。对于小负载需求，所有逆变器的效率都是比较低的；当负载需求超过标称负载的 50％ 以上时，逆变器的效率即可达标称效率（大约 90％）。下面对一些参数做一些解释说明。

① 功率转换效率：其值等于逆变器输出功率除以输入功率。逆变器的效率会因负载的不同而有很大变化。

② 输入电压：由交（直）流负载所需的功率和电压决定。一般负载越大，所需的逆变器的输入电压就越高。

③ 抗浪涌能力：大多数逆变器可超过它的额定功率有限的时间（几秒钟），有些变压器和交流电机需要比正常工作高几倍的启动电流（一般也仅持续几秒钟），对这些特殊负载的浪涌要求应测量出来。

④ 静态电流：这是在逆变器不带负载（无功耗）时，其本身所用的电流。这个参数对于长期带小负载的情况是很重要的。当负载不大时，逆变器的效率是极低的。

⑤ 电压调整：这意味着输出电压的多样性。较多的系统在一个大的负载范围内，均方根输出电压接近常数。

⑥ 电压保护：逆变器在直流电压过高时就会损坏。而逆变器的前级——蓄电池在过充电时逆变器的直流输入电压就会超过标称值，比如一个 12V 的蓄电池在过充电以后可能会达到 16V 或者更高，这时就有可能破坏后级所连的逆变器。所以，用控制器来控制蓄电池的充电状态是十分必要的。在无控制器时逆变器应有检查测试保护电路，当电池电压高于设定值时，保护电路会将逆变器断开。

⑦ 频率：我国的交流负载是在 50Hz 的频率下进行工作的。而高质量的设备需要精确的频率调整，因为频率偏差会引起表和电子计时器性能的下降。

⑧ 调制性：在有些系统中用多个逆变器非常有利，这些逆变器可并联起来带动不同的负载。有时为了防止出现故障，用手动负载开关使一个逆变器可满足电路的特定负载要求。增加此开关可提高系统的可靠性。

⑨ 功率因子：逆变器产生的电流与电压间的相位差的余弦值即为功率因子，对于阻抗型负载，功率因子为 1，但对于感抗型负载（户用系统中常用负载），功率因子会下降，有时可能低于 0.5。功率因子由负载确定而不是由逆变器确定。

需要注意的是：逆变器正负极不能接反，否则会烧毁有关电器；最大输入电压不能超过额定输入电压的上限；因为逆变器有一定的空载电流，所以不使用时应切断输入电源；使用环境温度一般是 $-10\sim40℃$，因此，不能将水洒到逆变器上面，尽量避开阳光直射，不要将其他物品放置于逆变器上面，或覆盖住工作的逆变器；不要在易燃材料附近使用，也不要在易燃气体聚集的地方使用。

11.5 太阳能庭院灯设计安装

太阳能庭院灯是独立太阳光伏系统的一个应用方面，由太阳电池组件、组件支架、光源、电控箱（内装控制器、蓄电池）、灯杆（含灯具）等几部分组成。

11.5.1 系统设计所需的数据

① 太阳能路灯使用地的经度与纬度。通过地理位置可以了解并掌握设备使用地的气象资源，比如月（年）平均太阳能辐照情况、平均气温、风力资源等。根据这些条件可以确定当地的太阳能标准峰值时数（h）和太阳电池组件的倾斜角与方位角。

② 庭院灯所选用光源的功率（W）。光源功率的大小直接影响整个系统的参数。

③ 太阳能庭院灯每天晚上工作的时间（h）。这是决定太阳能庭院灯系统中组件大小的核心参数。通过确定工作时间，可以初步计算负载每天的功耗和与之相应的太阳电池组件的充电电流。

④ 太阳能庭院灯需要保持的连续阴雨天数（d）。这个参数决定蓄电池容量的大小及阴雨天过后恢复电池容量所需要的太阳电池组件功率。

⑤ 确定两个连续阴雨天之间的间隔天数（d）。这是决定系统在一个连续阴雨天过后充满蓄电池所需要的电池组件功率。

11.5.2 系统设计参数的确定

现以某高校药物园的太阳能灯安装为例，假设需要光源功率为 20W，工作电压为 12V 的直流电，要求灯每天工作 10h，保证连续 7 个阴雨天能正常工作，两个连续的阴雨天间间隔时长 20 天。根据资料，当地标准峰值时数约 4h。

（1）负载日耗电量

$$Q=WH/U=20\times10\div12=16.7(A\cdot h)$$

式中，U 为系统蓄电池标称电压。

（2）蓄电池容量的确定

满足连续 7 个阴雨天正常工作的电池容量 C：

$$C=Q(d+1)\div0.75\times1.1=16.7\times8\div0.75\times1.1=196(A\cdot h)(取\ 200A\cdot h)$$

式中，0.75 为蓄电池放电深度；1.1 为蓄电池安全系数。

（3）满足负载日用电的太阳电池组件的充电电流

$$I_1=Q\times1.05\div10h\div0.85\div0.9=2.3(A)$$

式中，1.05 为太阳能充电综合损失系数；0.85 为蓄电池充电效率；0.9 为控制器效率。

（4）连续阴雨天过后需要恢复蓄电池容量的太阳能电池组件充电电流

$$I_2 = C \times 0.75(hD) = 200 \times 0.75 \div 4 \div 20 = 1.9(A)$$

式中，0.75为蓄电池放电深度；4为当地标准峰值时数。

（5）太阳电池组件的功率

$$(I_1 + I_2) \times 18 = (2.3 + 1.9) \times 18 = 76(Wp)$$

式中，18为太阳电池组件工作电压。

可以选取2块峰值功率为40Wp的太阳电池组件。太阳电池组件的电压会随着温度升高而降低，由于高温的影响，电池组件的电压损失约为2V，而充电过程中控制器上的二极管压降为0.7V，所以选择工作电压为18V的组件。由于太阳能灯的特殊性，太阳电池板一般安装在灯杆上，对于路灯杆而言，一般都重心较高，而且大部分太阳电池板都是悬挂式，为增强整套设备的抗风力，一般选择多块太阳电池板组成所需要的组件功率。

11.6 光伏建筑一体化应用

光伏建筑一体化，就是常说的BIPV（Building Integrated Photovoltaic），也称为太阳能光伏建筑一体化、光电建筑一体化。意思是把光伏发电系统安装在现有的建筑物上，或者把光伏发电系统与新的建筑物同时设计、施工、安装，既能满足光伏发电的功能，又与建筑完美结合，甚至提升建筑物的美感，例如屋顶、公共交通的车站棚等。光伏建筑一体化一般分为独立安装型和建材安装型两种类型。

① 独立安装型。是指普通太阳电池板施工时通过特殊的装配件把太阳电池板同周围建筑结构体相连。其优点是普通太阳电池板在普通流水线上大批量生产，成本低，价格便宜，既能安装在建筑结构体上，又能单独安装。缺点是无法直接代替建筑材料使用，光伏组件与建材重叠使用造成浪费，施工成本高。

② 建材安装型。是在建材生产时把太阳电池片直接封装在特殊建材内，如屋面瓦单元、幕墙单元、外墙单元等，外表面设计有防雨结构，施工时按模块方式拼装，集发电功能与建材功能于一体，施工成本低。相比较而言，建材安装型的技术要求相对更高，因为它不仅用来发电，而且承担建材所需要的防水、保温、强度等要求。但是，由于必须适应不同的建筑尺寸，很难在同一条流水线上大规模生产，有时甚至需要投入大量的人力进行手工操作生产。建材安装型又分为屋顶一体化、墙面一体化、建筑构件一体化等。屋顶一体化方式，是指将太阳电池板做成屋面板或瓦的形式覆盖平屋顶或坡屋顶整个屋面，也可以覆盖部分屋面，后者与建筑整体具有更高的灵活性。太阳电池板与屋顶整合一体化，一是可以最大限度地接受太阳光的照射，二是可以兼作屋顶的遮阳板或者做成通风隔热屋面，减少屋顶夏天的热负荷。

考虑到两种方式的特点，对应用普及来说，应优先考虑独立安装型。我们以家庭屋顶安装太阳电池系统为例（图11.7），讲述光伏建筑一体化的应用。

家庭屋顶安装分布式光伏发电特指在用户场地附近建设，运行方式以用户侧自发自用、多余电量上网，且在配电系统平衡调节为特征的光伏发电设施。一般而言，一个分布式光伏发电项目的容量在数千瓦以内。与集中式电站不同，光伏电站的大小对发电效率影响很小，因此对其经济性的影响也很小，小型光伏系统的投资收益率并不比大型的低。分布式光伏发电系统能够在一定程度上缓解局地的用电紧张状况。但是，分布式光伏发电的能量密度相对较低，每平方米分布式光伏发电系统的功率仅约100W，再加上适合安装光伏组件的建筑屋顶面积有限，不能从根本上解决用电紧张问题。大型地面电站发电是升压接入输电网，仅作为发电电站而运行；而分布式光伏发电是接入配电网，发电、用电并存，且要求尽可能地就地消纳。未来家庭屋顶安装分布式光伏发电系统的潜在成长空间巨大。

图 11.7 家庭屋顶安装太阳电池系统

屋顶并网发电全套系统包括：太阳电池组件、支架、逆变器和计量表。计量表用于记录发电量和上网电度。太阳电池屋顶如图 11.8 所示。

图 11.8 太阳电池屋顶

11.6.1 家庭安装太阳电池组件的简单测量工具

利用万用表可以方便地大致确定太阳电池组件的方位。一般在一天当中的 11：30～13：00，通过调节发电板的方位，使太阳电池组件的电压、电流值达到最大化，此时通过位置可以确定太阳电池组件的较佳角度方位。当然，还要参考方位经度、维度的理论值。

下面简单介绍万用表（MF）的使用方法。左手拿上万用表，右手像拿筷子一样拿上两支测笔，黑线为负（－）极，红线为正（＋）极。测直流电压（DCV）的方法：把仪表（DLV）的白点放在"50"的位置上，把红线头插在表面"＋"号上，黑线插在表面"－"号上，然后把红线头测点放在光伏板接线盒右边"＋"极，黑色测点放在光伏板接线盒的左边"－"极，此时的仪表读数为电池板的电压，一般为 12～36V。测量交流电压（ACV）的方法：把仪表上的白点对准"250"挡位，将红黑两支笔"任意"接到高压电被测的两个点上，此时表上的数值为交流电压。测交流时不分"＋""－"极任意插到测点就可以。把表的白点对准（DC-

MA）的"500"挡位，然后把红线从表面拔出插到仪表上"10A"孔内，将红线正极接入光伏电池板的右边正极线段，黑色负极接入左边的负极线端，此时可通过调整光伏板的方位角度使电流值达到最大化。

11.6.2 一般家庭屋顶太阳电池系统控制器的规格、型号识别

个位数表示电压等级的如：X1、XX1、XX2、XX3、XX4 对应 12V、12V、24V、36V、48V。

十位数表示电流等级如：5x、10x、20x、30x 对应 5A、10A、20A、30A。

例如：51 表示电流 5A（安）电压 12V（伏）；101 表示电流 10A（安）电压 12V（伏）；203 表示电流 20A（安）电压 36V（伏）；304 表示电流 30A（安）电压 48V（伏）。

小型独立光伏系统控制器的数字表示它能控制的电压和电流的最大值，控制器内部设有过充、过放、过热等保护数据，设有显示窗口。

11.6.3 一般家庭屋顶太阳电池 DC/AC 逆变器

DC/AC 逆变器的作用是将直流电转换成交流电，DC 表示直流，AC 表示交流。逆变器的功率为 120～10000W。逆变器的供电电压（DC）为 12V、24V、36V、48V、96V，是它所适应电瓶的电压，即电瓶一块均为 12V，两块电瓶串联为 24V，三块电瓶串联为 36V，四块电瓶串联为 48V，八块电瓶串联为 96V。逆变器的输出电压（AC）为 110V、220V，一般为 220V 电压。逆变器的频率（F）为 50Hz。逆变器的波形可分为纯正弦波和方波。

① 纯正弦波的波形为圆弧形，修正直流电的难度大，转换出的电波和国家电网的电波一样。这种逆变器价格较高。可带电磁炉、微波炉等的电器也称为高频逆变器。

② 方波的逆变器输出电波形状为方形，修正直流电的难度较小，转换出的电波和国家电网电波不一样，小于 50Hz 时对家电有损坏，会降低家电使用寿命，价格相对较低，可带电视、洗衣机、电扇等小功率容性负载；但不可以负载电磁炉、微波炉等。

正弦波光伏逆变器分为高频和工频，区别在于：高频的体积小、重量轻、效率高，适合带任何容性负载，如电脑、电视机、打印机、传真机等开机启动没有峰值的电器；工频的体积大、重量大、转换效率相对高频的较低一些，适合带任何感性负载，如空调、冰箱、发电机等大功率启动峰值较大的电器。

各种家用电器启动电流峰值不同。饮水机为 3A，豆浆机为 3.7A，电磁炉为 9A，微波炉为 5A，电视、电脑为 0.3A，全自动洗衣机为 2A，电饭锅为 4.2A，电冰箱为 8A。

11.6.4 一般家庭屋顶太阳电池系统蓄电池

蓄电池在家庭独立型或混合型光伏系统中使用，并网的家庭光伏系统不使用。蓄电池用于储存太阳电池板发出的直流电。在系统配置中光伏板的电压高于蓄电池 1.5 倍为最佳配置，比如光伏板的电压为 17V，充 12V 的一块电瓶最合适，再比如光伏板电压为 36V，充 24V 的两块串联电瓶最合适。配置低于 1.5 倍会因为电压太低充不上电，高于 1.5 倍电压太高会充坏电瓶。

100A·h 的电瓶用 10A 的电流充最合适，120A·h 的电瓶用 12A 的电流充最合适，140A·h 的电瓶用 14A 的电流充最合适。

光伏板串联时电压增加电流不变，并联时电流增加电压不变，电流越大用的导线越粗，电压越高用的导线越细。电瓶串联时电压增加电流不变，正极接负极，负极接正极。电瓶并联时电容量增加电压不变，正极接正极，负极接负极。离网发电系统电压以电瓶电压为准，控制器

控制的系统电流为光伏板功率除以系统电压，如 300W 光伏板除以 24V 电瓶电压为 12.5A，电流控制器要用 20A 控制器。

11.6.5 一般家庭屋顶太阳电池系统的接线方法

一般家庭屋顶太阳电池系统的接线方法如下。

① 光伏板的正负极接到控制器左边第一组的正负极上（光伏板左边为负极，右边为正极）。

② 蓄电池的正负极接到控制器中间一组的正负极上。

③ 逆变器直流端的正负极接到蓄电池的正负极上。

④ 逆变器交流端接到负载上。

⑤ 直流 LED 灯正负极接到控制器最后一组正负极上。

⑥ 调整控制器上的数显窗口，控制灯的用电时间。

在离网发电系统中逆变器的功率决定负载的功率，负载越大用的逆变器也越大。

11.6.6 一般家庭屋顶太阳电池系统的基本参数

$$功率\ P=电压\times 电流$$
$$光伏板的发电量=电压\times 电流\times 日照时间$$

一般中原地区日照每瓦每年发电 1.15kW·h。250W 光伏板每年发电 287kW·h。

逆变器的电量需求为 50A/kW。1000W 的逆变器每小时需 50A 电流，1500W 的逆变器每小时需 1.5kW×50A＝75A 电流，2000W 的逆变器每小时需 2.0kW×50A＝100A 电流。

光伏板的发电量先存入电瓶再经过逆变器变为交流电供家电使用，所以电瓶的放电量要大于逆变器的需求才能正常工作；否则负载不能使用。电瓶的放电量大于逆变器的需求量越多，供电时间越长。

我们以 3kW 离网发电系统配置为例说明系统配置。光伏板 260W，4 块，采取二串二并的形式；电瓶四块串联。单块光伏板电压 34.8V，电流 7.48A，四块电瓶串联电压 48V，则系统功率 260W×4＝1040W，功率 1040W÷电压 48V＝系统电流 21.7A，控制器用 30A/48V 的控制器，1040W 太阳能板/480A·h 电瓶，完全饱和 4～5h。

关于负载工作时间的计算。例如，60A·h 电池一块，负载功率 100W，电池放电系数为 80%，逆变器转换率为 90%，则

$$电池容量(60A·h)\times 电池电压(12V)\times 电池放电系数(0.8)\times$$
$$逆变器转换率(0.9)\div 负载功率(100W)=5.18h$$

该 3kW 逆变器离网发电系统负载单独工作时间：40 寸电视功率 100W，单独使用 30h；电风扇功率 60W，单独使用 50h；照明功率 90W，单独使用 33h。

并网式光伏电站光伏板和逆变器按 1∶1 比例配置最合理。逆变器功率要大于光伏板的配置，光伏板大于逆变器功率会造成发电量的流失。并网逆变器的功率大小和负载没有任何关系，家用电优先用光伏电站的电，负载功率大于逆变器的功率，系统会自动抽取市电补充多余功率；负载功率小于逆变器的功率，发电功率优先用光伏电站发的电，多余部分继续输入国家电网。

关于蓄电池的安装内容如下。电池是必须保护的部件，电池不应直接放在水泥面上，因为这样会增加自放电，若放在表面潮湿的水泥面上则更为严重。如果采用开放式电池则必须提供放气，以免引起爆炸。任何电池均应放在那些非专业人员接触不到的地方，尤其是不要让小孩靠近电池。如果出现结冰，那么电池必须安装在水密性的盒子内并埋于地下霜冻线以下或者是将电池置于能保持温度高于零摄氏度的建筑物中。如果要埋电池，应选择一个排水性良好的地

点，且为电池挖一个排水孔。

控制器和逆变器通常会与开关、保险等安装在控制中心内。控制器必须安装在接线盒中，且能把其他元件如二极管等固定在其上。过热会缩短电池寿命，故接线盒应安置在阴凉通风的地方。控制器不要与电池安装在一起，因为电池产生的腐蚀气体可能引起电子元件失效。逆变器应安装在可控制环境中，因为过高的温度和大量灰尘会减少逆变器的寿命且可能引起故障。逆变器也不应同电池安装在同一盒内，因为腐蚀性气体破坏电子元件而逆变器开关动作时产生的火花可能会引起爆炸。但是为了减少导线的阻抗损失，逆变器应安装在尽可能靠近电池的地方。在逆变为交流电时，因为交流电压通常比直流电压高，所以逆变器输出端的导线尺寸可以缩小一些。逆变器的输入输出回路应有保险或断路器。这些保险器件应安装在醒目的位置上，且其上标注清晰。最后还要强调的是在安装时不要忽视接地工作，它关系到人和设备的安全问题，应认真对待。

11.6.7 目前家庭并网光伏发电站的申办流程

国家鼓励单位个人安装家庭并网光伏发电站，各地政策类似，我们以河南某地为例，说明目前家庭并网光伏发电站的申办流程。

① 业主提出并网申请，到当地的电网公司大厅（电业局）进行备案。

② 电网企业受理并网申请，并制订接入系统方案。

③ 业主确认接入系统方案，并依照实际情况进行调整重复申请。

④ 电网公司出具接网意见函。

⑤ 业主进行项目核准和工程建设。

⑥ 业主建设完毕后提出并网验收和调试申请。

⑦ 电网企业受理并网验收和调试申请，安装电能计量装置（原电表改装成双向电表）。

⑧ 电网企业并网验收及调试，并与业主联合签订购售电合同及并网调度协议。

⑨ 正式并网运行。

地市公司营销部（客户服务中心）或县级公司城市营业厅负责受理并网申请，协助客户填写并网申请表，接受相关支持性文件。支持性文件必须包括以下内容：申请人身份证原件及复印件或法人委托书原件（或法人代表身份证原件及复印件）；企业法人营业执照（或个人户口本）、土地证、房产证等项目合法性支持性文件；政府投资主管部门同意项目开展前期工作的批复（需核准项目）；项目前期工作相关资料。

地市公司营销部（客户服务中心）或县级公司客户服务中心在2个工作日内，负责将并网申请材料传递至地市经研所制订接入系统方案，并抄报地市公司发展策划部、营销部（客户服务中心）。

市经研所在14个工作日内，为分布式光伏发电项目业主提供接入系统方案制订。地市公司在2个工作日内，负责组织相关部门对方案进行审定、出具评审意见。方案通过后地市公司或县级公司客户服务中心在2个工作日内，负责将10（20）kV接入电网意见函或10（20）kV、380V接入系统方案确认单送达项目业主，并接受项目业主咨询。

对于10（20）kV接入项目，地市公司或县级公司客户服务中心在项目业主确认接入系统方案后，由地市公司发展部出具接入电网意见函，抄送至地市公司运检部、营销部、调控中心，并报省级公司发展部备案。省公司5个工作日内向项目业主提供接入电网意见函，项目业主根据接入电网意见函开展项目核准和工程建设等后续工作。

对于380V接入项目，供电公司与项目业主双方盖章确认的接入系统方案等同于接入电网意见函。项目业主确认接入系统方案后，5个工作日内营销部负责将接入系统方案确认单抄送至地市公司发展部、运检部。项目业主根据接入电网意见函开展项目核准和工程建设等后续工作。

分布式光伏发电项目主体工程和接入系统工程竣工后，客户服务中心受理项目业主并网验收及并网调试申请，接受相关材料。

地市公司或县级公司客户服务中心在受理并网验收及并网调试申请后，2个工作日内协助项目业主填写并网验收及调试申请表，接受验收及调试相关材料。相关材料同步并报地市公司营销部、发展部、运检部、调控中心。受理并网验收及并网调试申请后，8个工作日内地市公司或县级公司客户服务中心负责现场安装关口电能计量装置。3个工作日内地市公司或县级公司客户服务中心负责与业主（或电力客户）签订购售电合同。若项目业主（或电力客户）选择全部发电量上网的项目，地市公司发展策划部3个工作日内负责将相关资料报送至省级公司发展策划部，由省级公司发展策划部组织签订购售电合同。合同和协议内容执行国家电力监管委员会和国家工商行政管理总局相关规定。10（20）kV接入的分布式光伏发电项目，5个工作日内由项目所在地的地市或县级公司调控中心负责与项目业主（或电力用户）签订并网调度协议。

购售电合同、调度并网协议签订完成，且关口电能计量装置安装完成后，10个工作日内地市公司或县级公司客户服务中心组织并网验收及并网调试，向项目业主出具并网验收意见，安排并网运行。验收标准按国家有关规定执行。若验收不合格，地市公司或县级公司客户服务中心向项目业主提出解决方案。

11.7 家庭分布式光伏发电设计与安装

11.7.1 分布式光伏发电系统设计

应该根据用户需求设计电池板功率。

安装分布式发电系统前，要根据用户的需求设计电池板的功率。首先要考虑用户每日的用电量，太阳能光伏发电首先要满足用户的家庭用电，这样的设计才能够有多余电量上传给国家电网。目前的城镇每户的每月平均用电量为150kW·h，即每日的用电量为5kW·h，按照2kW的电池板系统，每日的平均光照为6h，这样每小时的发电量为1.5kW·h，每天的发电量即为9kW·h。这样不仅可以满足自己的用电，而且可以将剩余电力上传至国家电网。

家用太阳能光伏发电系统配置的简便计算方法：由于地球表面太阳常数约等于$1kW/m^2$，这一辐射强度是太阳能光伏发电系统中电池组件测试的标准光强。对于交流系统设计来说，与直流系统方法原则上一样，只是在系统效率取值时，加入逆变器的效率以及在选择主回路导线线径上有所区别。关于逆变器在系统中的效率不能仅仅与其他效率相乘得到系统总效率，还应对这样计算出的系统总效率进行修正。

可以根据房屋面积来设计电池板功率。

在申请并网发电的同时，需要上交用户的房产证明，并且还要统计房屋的屋顶面积，还要考虑到相应的太阳电池板是否能够安装在用户的屋顶上。因为相应功率的发电系统需要配置相应的电池板数目，还要考虑到房屋整天的光照条件，这样就必须计算房屋面积来确保太阳能发电系统的正常安装。

从理论上来说，所有的居民都可以申请分布式光伏发电，但事实上分布式光伏发电对屋顶面积的要求还是相当高的。建议先考虑一下光伏组件的安装位置和安装面积。通常来说，南屋面或者东西朝向的屋面都比较适合安装，另外有院子或者阳台的家庭也可以考虑安装阳光棚、车棚或者遮阳棚。一般而言，1kW装机容量需要屋顶面积$10m^2$。目前来说，别墅、联排、边远地区和农村等独门独户的房屋比较适合分布式光伏发电项目。如果是居民小区，则手续可能比较烦琐，需要整个单元或者楼栋内有利害关系的业主签字同意才能安装。

考虑并网条件和当地电网情况。

对于利用建筑屋顶及附属场地新建的分布式光伏发电项目，发电量可以"全部自用""自发自用剩余电量上网"或"全额上网"，可由用户自行选择上网模式。

根据电池板功率选择配套的逆变系统。

太阳能逆变器的主要功能是将直流电逆变成交流电。通过全桥电路，采用处理器经过调制、滤波、升压等，得到与照明负载频率、额定电压等相匹配的正弦交流电供系统终端用户使用。有了逆变器，就可使用电池板的直流电源提供交流电。

所以就要根据电池板的发电功率来确定逆变器的规格，目前的分布式发电系统的逆变器都是 1~10kW 的规格，电压一般为 12V、24V 和 48V。只有电压和功率符合逆变器，这样的系统才能正常运转，才能延长这个发电系统的寿命。

这里简单介绍电池板的功率计算方法。

太阳能电池板：

$$所发总电量＝光伏板数量×发电时间×实际发电效率$$
$$光伏板数量＝所需电量÷发电时间÷逆变器实际效率$$
$$所需逆变功率＝所有用电器同时使用的功率之和÷逆变器实际效率$$

逆变器是最需要慎重选择的部分。我们计算的是家用电器同时使用的额定功率，并考虑电器都错开使用的情况。而当同时使用时，往往电器在开始启动时，所需要的功率是峰值功率，远远大于额定功率。所以，逆变功率要加大，比如 1600W 的总功率建议使用 3000W 以上的逆变器。峰值功率的问题，在发电部分、储能部分都有影响，需要适当地加大。而逆变器实际承载功率也是一个大问题，往往要选择优质的逆变器，差的逆变器很多都是标称功率远小于实际承载的功率。

逆变器不只具有直交流变换功用，还具有最大限度地发扬太阳电池功能的功用和系统故障维护功用。归结起来有主动运转和停机功用、最大功率跟踪节制功用、防独自运转功用、主动电压调整功用、直流检测功用、直流接地检测功用。

同时也要考虑逆变器的效率问题。我们对这些逆变器中采用的功率电路进行考察，并推荐针对开关和整流器件的最佳选择。太阳光照射在通过串联方式连接的太阳能模块上，每一个模块都包含了一组串联的太阳电池单元。太阳能模块产生的直流（DC）电压为几百伏的数量级，具体数值根据模块阵列的光照条件、电池的温度及串联模块的数量而定。

11.7.2　硬件系统的设计

11.7.2.1　支架材料的选择

（1）铸铁

铸铁是由铁、碳和硅组成的合金的总称。在这些合金中，含碳量超过在共晶温度时能保留在奥氏体固溶体中的量。碳素铸钢件由于铸态塑性和韧性低，不宜直接使用；而且在使用的过程中容易生锈，所以这里就不提倡使用铸铁。

（2）角铁

角钢俗称角铁，是两边互相垂直成直角的长条钢材。角铁含碳量高，塑性差，组织不均匀，焊接性很差，在焊接时一般容易产生白口，组焊后易出现裂纹，焊后易产生气孔的问题；而且考虑到长期使用的问题，在使用过程中也会生锈，所以这个也不予采用。

（3）镀锌角钢

镀锌角钢分为热镀锌角钢和冷镀锌角钢。热镀锌角钢也叫热浸镀锌角钢或热浸锌角钢。冷镀锌涂料主要通过电化学原理保证锌粉与钢材的充分接触，产生电极电位差来进行防腐。处理费用：热浸镀锌防锈的费用要比其他漆料涂层的费用低。持久耐用：热镀锌角钢具有表面光泽、锌层均匀、无漏镀、无滴溜、附着力强、抗腐蚀能力强的特性，在郊区环境下，标准的热镀锌防锈厚度可保持50年以上而不必修补；在市区或近海区域，标准的热镀锌防锈层则可保持20年而不必修补。可靠性好：镀锌层与钢材间是冶金结合，成为钢表面的一部分，因此镀层的持久性较为可靠。

（4）铝合金

铝合金是工业中应用最广泛的一类有色金属结构材料，在航空、航天、汽车、机械制造、船舶及化学工业中已得到大量应用。随着工业经济的飞速发展，对铝合金焊接结构件的需求日益增多，铝合金的焊接性研究也随之深入。铝合金密度低，但强度比较高，接近或超过优质钢，塑性好，可加工成各种型材，具有优良的导电性、导热性和抗蚀性，工业上广泛使用，其使用量仅次于钢。一些铝合金可以采用热处理获得良好的力学性能、物理性能和抗腐蚀性能。

11.7.2.2　常见屋顶的光伏支架连接方式

常见屋顶的光伏支架连接方式如图11.9～图11.16所示。

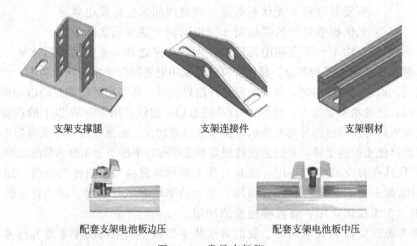

支架支撑腿　　　　　　　支架连接件　　　　　　　支架钢材

配套支架电池板边压　　　　　配套支架电池板中压

图11.9　常见支架脚

图11.10　手动式焊接支架

图 11.11　太阳电池板间的连接

图 11.12　非焊接式支架与水泥墩间的连接

图 11.13　非焊接式滑动式支架（上）

图 11.14　非焊接式滑动式支架（下）

图 11.15　非焊接式滑动式支架（中）

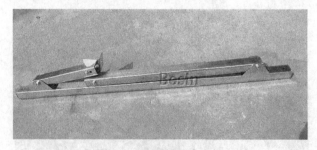

图 11.16　可折叠式支架

11.7.2.3　支架与固定物间的连接

支架与固定物间的连接如图 11.17～图 11.21 所示。

11.7.2.4　支架的总体结构设计

支架的总体结构设计内容如下。

① 在水泥屋顶浇筑水泥墩（图 11.22），这是最常见的安装方式。

图 11.17 支架与水泥墩（青石墩）连接

图 11.18 支架也可以直接用螺钉固定于地面上

优点：稳固，不破坏屋顶防水。

缺点：需要大量人工、耗时，水泥墩需要 1 周以上的固化养护时间，在水泥墩完全固化后，才可安装支架，需要大量的预制模具。

② 预制水泥配重。

优点：与制作水泥墩相比省时，可提前定制配重水泥砖，节省水泥地埋件。

缺点：运输不方便，增加运输成本。

③ 钢构连接。在支架的立柱底端做法兰盘，利用镀锌型钢将若干支架阵列连接在一起，500kW 甚至 1MW 以上为一个单位，利用支架阵列自重增加抗风性，只需在屋顶承重点做少数水泥墩，固定大型支架阵列。太阳电池支架钢构连接如图 11.23 所示。

优点：安装快捷简便，方便拆卸。

缺点：造价高，支架成本不少于每瓦 1 元。

④ 彩钢瓦屋顶支架选用。彩钢瓦厂房安装简便，但是国产彩钢瓦寿命为 10～15 年，安装光伏电站后检修困难，隐患过多。彩钢瓦常见的有三种：直立锁边型，角弛型，梯型。对于直立锁边型与角弛型彩钢瓦，多利用彩钢瓦的波峰，使用专用铝合金夹具固定支架导轨。太阳电池支架彩钢瓦屋顶支架选用如图 11.24 所示。

图 11.19　非焊接式电站地面连接　　　　　　图 11.20　支架与一种顶棚的连接

筋胶

图 11.21　支架与顶棚连接常用到的筋胶

彩钢瓦寿命为 10～15 年,承重为每平方米 15～30kg,多采用平铺安装。

11.7.2.5　硬件结构的具体安装

① 准备工作。经供电部门批准后,根据业主提供的场地面积或就地测量,太阳电池板串并联,设计出合理的施工电路图,以及选择太阳电池板、逆变器等规格参数等。根据场地的不同类型,设计太阳电池板组阵的排列方式,一般选取 N 形、长方形等排列方式。一般家庭式分布光伏发电系统采用系统全串联方式。通过市场购买正规的光伏设备。

图 11.22 太阳电池支架水泥墩

图 11.23 太阳电池支架钢构连接

图 11.24 太阳电池支架彩钢瓦屋顶支架选用

② 连接支架。焊接支架或用滑动螺钉连接支架，以钢性材料为主，一般结构为两个三角形和一个长方形构成的直角三棱柱状。支架用于放置太阳电池板，使太阳电池板倾斜一定角度来获得比较大的光电转换效率，以河南洛阳地区为例，以 30°～40°为适合

角度。

③ 地面固定。将焊接好的支架与被切割好的青石墩（此处以青石墩为例）连接，青石墩固定于支架的四角，使太阳电池板和支架稳定坐落于场地上。在支架脚的对角线上安装两颗膨胀螺钉与青石墩连接（支架角各边与正方体青石墩各边平行），根据支架脚的多少，依次类推，将支架与青石墩固定。

④ 放置、连接太阳电池板。将太阳电池板放置于被固定好的支架上面，用普通螺钉将支架与太阳电池板边缘连接，每块太阳电池板用 4 个普通螺钉固定。螺钉用于将支架与青石墩连接，以及将太阳电池板与支架连接。将每块太阳电池板串联，通过汇流箱（一般用于大型分布式光伏发电站，小型家庭分布式光伏发电系统不用汇流箱）后，接入 DC/AC 逆变器，将太阳电池板发出的直流电转换成交流电，供给负载用电。同时，逆变器与供电部门提供的双向表头相接，将余电上网（一般黑线接负极，红线接正极）。双向电表是在分布式光伏发电系统建成并经供电部门验收合格后，免费赠送的电能表，它可以详细记录太阳电池板发的总电量以及上网电量。

⑤ 检查。由整体到部分或由部分到整体，检查各线头的连接，如有必要，可以加塑料管等密封装置保护光伏电缆，检查各光伏装置之间的连接。

11.7.2.6　家庭分布式光伏发电站案例

现以 5kW 家庭分布式光伏发电站为例，系统设计图如图 11.25 所示。需要材料：太阳电池板、支架、正方体青石墩、膨胀螺钉、普通螺钉、逆变控制器一体机。

安装步骤如下。

步骤一：准备工作为先测量房顶面积，设计太阳电池板分布图。

步骤二：焊接支架或买已经焊接好的、适合的支架。支架示例如图 11.26 所示。

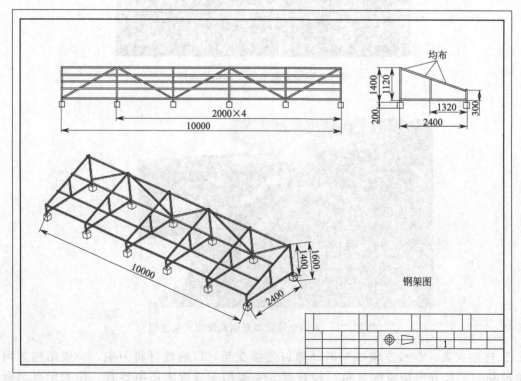

(a)

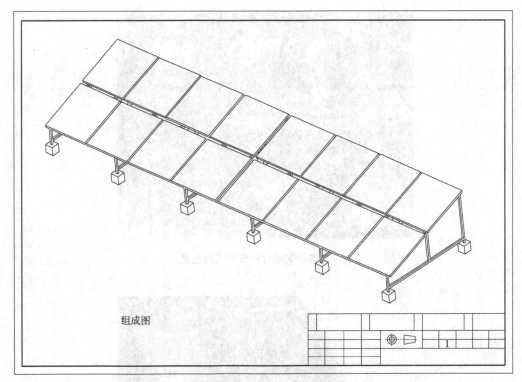

组成图

| | | ⊕ ▷◁ | | 1 | |

(b)

图 11.25 系统设计图

图 11.26 支架示例

步骤三：将焊接好的支架与被切割好的青石墩连接，在支架脚的对角线上安装两颗膨胀螺钉与青石墩连接（支架角各边与正方体青石墩各边平行），依次将支架与青石墩固定。支架与青石墩间的连接如图 11.27 所示。

步骤四：将太阳电池板放置于被固定好的支架上面，用普通螺钉将支架与太阳电池板边缘连接，每块太阳电池板用 4 个普通螺钉固定。支架与太阳电池板的连接如图 11.28 所示。

步骤五：将每块太阳电池板串联，接入逆变器，用万用表或者其他设备测量电池板是否正常工作。先测量每块电池板的电压是否正确，再看看串联的电池板电压是否正常。太阳电池板串联如图 11.29 所示。DC/AC 逆变器与电能表如图 11.30 所示。DC/AC 逆变器读数如图 11.31 所示。

图 11.27　支架与青石墩间的连接

图 11.28　支架与太阳电池板的连接

图 11.29　太阳电池板串联

图 11.30　DC/AC 逆变器与电能表

图 11.31　DC/AC 逆变器读数

　　步骤六：检查光伏电缆之间的连接，以及各光伏装置之间的连接。部分地方加圆形塑料管密封装置保护光伏电缆。塑料管保护电缆如图 11.32 所示。

图 11.32　塑料管保护电缆

　　施工结束后，屋顶应做防水处理，并应符合国家现行标准《屋面工程质量验收规范》GB 50207 的要求。预制基座应放置平稳、整齐，不得破坏屋面的防水层。钢基座及混凝土基座顶面的预埋件，在支架安装前应涂防腐涂料，并进行妥善保护。连接件与基座之间的空隙，应采用细石混凝土填捣密实。屋顶光伏电站示意如图 11.33 所示。

图 11.33　屋顶光伏电站示意

　　步骤七：将电力并入国家电网。将电力接入逆变器，并由国家电网人员检查合格后接入国家电网，并网成功后检查逆变系统无误后便可以正常发电。

习　　题

一、填空题。

1. 光伏建筑一体化一般分为 ＿＿＿＿＿＿＿＿ 和 ＿＿＿＿＿＿＿＿ 两种类型。

2. 分布式光伏发电的能量密度相对较低，每平方米分布式光伏发电系统的功率仅约 ＿＿＿＿＿＿＿＿。

3. 屋顶并网发电全套系统包括：＿＿＿＿＿＿＿＿、＿＿＿＿＿＿＿＿、＿＿＿＿＿＿＿＿ 和 ＿＿＿＿＿＿＿＿。

二、名词解释。

光伏建筑一体化

三、问答题。

1. 光伏建筑一体化的优势是什么？

2. 独立太阳能发电系统的主要组成是什么？

参 考 文 献

[1] 秦桂红，严彪，唐人剑. 多晶硅薄膜太阳能电池的研制及发展趋势. 上海有色金属，2004，25（1）：38-42.

[2] 赵玉文. 太阳电池新进展. 物理，2004，33（2）：99-105.

[3] 潘玉良，施浙立. 光伏发电系统最大输出功率探索. 微电子与基础产品，2001，27（9）：50-53.

[4] 刘恩科，等. 光电池及其应用. 北京：科学出版社，1989：73.

[5] Lodhi M A K. Energy Converse Mgmt，1997，38（18）：1881.

[6] Arnulf Jager Waldau PVNET European Road map for PV R & D. Italy：European Communities，2004.

[7] Linder J，Allison J. The violet cell：an improved silicon solar cell. COMSAT Technical review，1973，3：1-22.

[8] Mandelkon J，Lomneck J H. A new electric field effect in silicon solar cell. Applied Physics，1973，44：4781-4787.

[9] Verlinden P J，Swanson R M，et al. High-efficiency，point-contact silicon solar cells for Fresnel lens concentrator modules//Proceedings of the 23rd IEEE Photovolatic Specialists Conference. Louisville，1993：58-64.

[10] Mason N B，Bruton T M，Balbuena M A. Laser grooved buried grid silicon solar cells—from pilot line to 50 MWp in 10 years//Conference Record of PV in Europe，Rome，Italy，2002：227-229.

[11] Blaker A W，Green M A. Oxidation condition dependence of surface passivation in high efficiency silicon solar cell. Applied Physics Letters，1985，47（8）：818-820.

[12] Blaker A W，Green M A. 20% efficiency silicon solar cells. Applied Physics Letters，1986，48（3）：215-217.

[13] Blaker A W，Wang A，Milne A M，et al. 22.8% efficient silicon solar cells. Applied Physics Letters，1989，55（13）：1363-1365.

[14] Blaker A W，Zhao J，Green M A. 24% efficient silicon solar cell. Applied Physics Letters，1990，57（6）：603-604.

[15] Schmidt W，Woesten B，Kalejs J P. Manufacturing technology for ribbon silicon（EFG）wafers and solar cells. Prog Photovoltaics，2002，10：129-140.

[16] Seidensticker R G. Dendritic web silicon for solar cell application. J Cryst Growth，1977，39：17-22.

[17] Martin A. Green Crystalline and thin-film silicon solar cells：state of the art and future potential. Solar energy，2003（74）：181-192.

[18] Siemer K，Klaer J，Luck I，et al. Efficient $CuInS_2$ solar cells from a rapid thermal process（RTP）. Solar Energy Materials and Solar Cells，2001，67（1-40）：159-166.

[19] Hedstrom J，Ohlsen H. ZnO/CdS/Cu（In，Ga）Se_2 thin-film solar cells with improved performance//Proceedings of the 23rd IEEE Photovoltaic Spcialists Conference，1993：364-371.

[20] Shafarman WN，Klenk R，McCandless B E. Device and material characterization of Cu（InGa）Se_2 solar cells with increasing band gap. Journal of Applied Physics，1996，79：7324-7328.

[21] Paulson P D，Haimbodi M W，Marsillac S，et al. $CuIn_{1-x}Al_xSe_2$ thin-films and solar cells. Journal of Applied Physics，2002，91：10153-10156.

[22] Engelmann M，McCandless B E，Birkmire R W. Formation and analysis of graded CuIn$(Se_{1-y}S_y)_2$ films. Thin Solid Films，2001，387（1-2）：14-17.

[23] Chopra K L，Paulson P D，Dutta V. Thin Film Solar Cells：An Overview Prog. Photovolt：Res Appl，2004，12：69-92.

[24] De Vos A，Parrot JE，Baruch P，et al. Bandgap effects in thin-film heterojunction solar cells//Proceedings of the 12th European Photovoltaic Solar Energy Conference，1994：1315-1318.

[25] Petritsch K. Organic Solar Cell Architecture Thesis submitted to Technisch-Naturwissenschaftliche Fakultat. der Technischen Universitat Graz，Austria，2002.

[26] Shaheen S E，Brabec Cjmsariciftci N S，et al. 2.5% efficient organic plastic Solar cells. Applied Physics Letters，2001，78：841-843.

[27] Shah A V，Schade H，Vanecek M，et al. Thin-film Silicon Solar Cell Technology Prog，Photovollt：Res Appl，2004.

[28] 段启亮. ZAO 导电膜的制备及特性研究. 郑州：郑州大学，2005.

[29] Lechner P，Schade H. Photovoltaic thin-film technology based on hydrogenated amorphous silicon. Prog Photovoltiacs，2002，10：85-98.

[30] Ayra R R，Carlson D E. Amorphous silicon PV module manufacturing at BP Solar. Prog Photovoltaics，2002，10：67-68.

[31] Schmela M. We decide where the market is. Photon Int，2003，1：22-24.

[32] Mokoto Konagai. Thin film solar cells program in Japan, Technical Digest of the International PVSEC-14. Bangkok, Thailand, 2004：657-660.

[33] 卢景霄. 硅太阳电池稳步走向薄膜化. 太阳能学报, 2006, 27 (5)：444-450.

[34] Wenham S R, Willison M R, Narayanan S, et al. Efficiency improvement in screen printed polycrystalline silicon solar cells by plasma treatment//Conf Record, 18th IEEE Photovoltaic Specialists Conf. Las-Vegas, 1985, USA：1008-1013.

[35] 王长贵, 王斯成. 太阳能光伏发电实用技术. 北京：化学工业出版社, 2009：33-35.

[36] 沈辉, 曾祖勤. 太阳能光伏发电技术. 第5版. 北京：化学工业出版社, 2005：27-28.

[37] 耿新华. 非晶硅太阳能电池//雷永泉, 等. 新能源材料. 天津：天津大学出版社, 2000：272-303.

[38] 靳瑞敏. 中温置备多晶硅薄膜及相关理论问题的研究. 郑州：郑州大学, 2006.

[39] Wolf S, Szlufcik J, Delannoy Y, et al. Solar cells from upgraded metallurigical grade (UMG) and plasma-purified UMG multicrystalline silicon substrates. Solar energy materials and solar cell, 2002, 72：49-58.

[40] 杨德仁. 太阳电池材料. 北京：化学工业出版社, 2007.

[41] [美] 沃尔夫. 硅半导体工艺数据手册. 北京：国防工业出版社, 1975.

[42] 刘恩科, 朱秉升, 罗晋升. 半导体物理学. 北京：电子工业出版社, 2011.

[43] 韩至城, 朱兴发, 刘林, 等. 太阳能级硅提纯技术与装备. 北京：冶金工业出版社, 2011.

[44] 王琮. 多线切割机的现状及发展趋势. 电子工业专用设备, 2008, 11.

[45] 梁永. 多线切割技术及其张力控制的研究. 上海：上海大学, 2006.

[46] 陈治明, 王建农. 半导体器件的材料物理学基础. 北京：科学出版社. 1999.

[47] 张厥宗. 硅单晶抛光片的加工技术. 北京：化学工业出版社, 2005.

[48] 张海燕. 超声波清洗技术. 近代物理知识, 2002, 6.

[49] 江瑞生. 集成电路多层结构中的化学机械抛光技术. 半导体技术, 1998, 23 (1)：6-9.

[50] 徐涛. 超声波发生器电源技术的发展 (上). 清洗技术, 2003 (6)：10-15.

[51] 靳瑞敏. 太阳能电池原理与应用. 北京：北京大学出版社, 2011：50-55.

[52] 周兆忠, 吴喆, 冯凯萍. 多晶硅表面制线技术研究现状. 材料导报, 2015, 09：55-61, 67.

[53] 刘金虎. 叠层钝化及一种高效太阳能电池的研究. 北京：北京交通大学, 2011：72.

[54] 丁骁. 硅太阳电池正银浆料配方和性能研究. 武汉：华中科技大学, 2011.

[55] 杨德仁. 太阳电池材料. 北京：化学工业出版社, 2009.

[56] 王季陶, 等. 半导体材料. 北京：高等教育出版社, 1990.

[57] 刘文明. 半导体物理. 长春：吉林科学技术出版社, 1982.

[58] 张海珠, 胡满成, 牛净平, 等. 硅基光伏电池铝浆性能的研究. 陕西师范大学学报 (自然科学版), 2010, 38 (16)：14-16.

[59] 夏清, 陈常贵. 化工原理. 天津：天津大学出版社, 2005.

[60] 张世强, 李万何, 徐品烈. 硅太阳能电池的丝网印刷技术. 电子工业专用设备, 2007, 36 (5)：55, 60.

[61] 田晨. 铝背场钝化工艺的研究. 上海：上海交通大学, 2008：2, 45.

[62] 赵彦钊, 殷海荣. 玻璃工艺学. 北京：化学工业出版社, 2006：316-334.

[63] 陈正树. 浮法玻璃. 武汉：武汉理工大学出版社, 2004.

[64] 何捍卫, 周科朝. 红外可见光的上转换发光材料研究进展. 中国稀土学报, 2003, 21 (2)：123-124.

[65] Wang G F, Peng Q, Li Y D. Lanthanide-doped nanocrystals: Synthesis, optical-magnetic properties, and applications. A Chem Res, 2011, 44 (5)：322-332.

[66] Kaushal K, Rai S B, Rai D K. Up-conversion studies in Er^{3+} doped TeO_2-M_{20} (M=Li, Na and K) binary glass. Solid State Communications, 2006, 139：363-369.

[67] 冯衍, 陈晓波, 宋峰. 798nm 半导体激光激发下 Yb^{3+}, Tm^{3+}：ZBLAN 玻璃的上转换发光. 发光学报, 1999, 19 (4)：552-556.

[68] Sun H T, Dai S X, Xu S Q. Up-conversion emission in Er^{3+} doped novel bismuthate glass. Journal of Rare Earth, 2005, 23 (3)：331-335.

[69] 陈宝玖, 王海宇. Yb^{3+} 和 Er^{3+} 共掺杂氟硼酸盐玻璃材料光学跃迁及红外到可见光上转换. 发光学报, 2000, 21 (1)：38-42.

[70] Kojima A, Teshima K, Shirai Y, et al. Organometal Halide Perovskites as Visible-Light Sensitizers for Photovoltaic Cells. J Am Chem Soc, 2009, 131：6050.

[71] Im J H, Lee C R, Park J W, et al. 6.5% Efficient Perovskite Quantum-Dot-Sensitized Solar Cell. Nanoscale, 2011, 3: 4088.

[72] Zhou Y, Zhang W H, Organolead Halide Perovskite: A Rising Player in High-Efficiency Solar Cells. Chinese J Catal, 2014, 35: 983.

[73] Hyun S J, Park N G, Perovskite Solar Cells: From Materials to Devices. Small, 2014, DOI: 10.1002/smll.201402767.

[74] Christians J A, Fung R C, Kamat P V. An Inorganic Hole Conductor for Organo-Lead Halide Perovskite Solar Cells Improved Hole Conductivity with Copper Iodide. J Am Chem Soc, 2014, 136: 758.

[75] Chen Q, Zhou H, Hong Z, et al. Planar Heterojunction Perovskite Solar Cells via Vapor-Assisted Solution Process. J Am Chem Soc, 2014, 136 (2): 622-625.

[76] Kim H S, Lee C R, Im J H, et al. Lead Iodide Perovskite Sensitized All-Solid-State Submicron Thin Film Mesoscopic Solar Cell with Efficiency Exceeding 9%. Sci Rep, 2012, 2: 591.

[77] Im J H, Kim H S, Park N G. Morphology-Photovoltaic Property Correlation in Perovskite Solar Cells: One-Step Versus Two-Step Deposition of $CH_3NH_3PbI_3$. APL Materials, 2014, 2: 081510.

[78] Im J H, Jang I H, Pellet N, et al. Growth of $CH_3NH_3PbI_3$ Cuboids with Controlled Size for High-Efficiency Perovskite Solar Cells. Nat Nanotech, 2014, 9: 927-932.

[79] Mei A, Li X, Liu L, et al. A Hole-Conductor-Free, Fully Printable Mesoscopic Perovskite Solar Cell with High Stability. Science, 2014, 345: 295.

[80] Qin P, Tanaka S, Ito S, et al. Inorganic Hole Conductor-Based Lead Halide Perovskite Solar Cells with 12.4% Conversion Efficiency. Nat Commun, 2014, 5: 3834.

[81] Ku Z, Rong Y, Xu M, et al. Full Printable Processed Mesoscopic $CH_3NH_3PbI_3$/TiO_2 Heterojunction Solar Cells with Carbon Counter Electrode. Scientific Reports, 2013, 3: 3132.

[82] 张烨, 姚志博, 林仕伟, 等. 钙钛矿太阳能电池: 器件设计和 I-V 滞回现象. 化学学报, 2015, 73: 219-224.

[83] Petrovic Milos, Chellappan Vijila, Ramakrishna Seeram. Perovskites: Solar Cells & Engineering Applications-Materials and Device Developments. Solar Energy, 2015, 122: 678-699.

[84] Xiong J, Yang B, Wu R, et al. Efficient and Non-hysteresis $CH_3NH_3PbI_3$/PCBM Planar Heterojunction Solar Cells. Organic Electronics, 2015, 24: 106-112.

[85] Yin W J, Shi T, Yan Y. Unique Properties of Halide Perovskites as Possible Origins of the Superior Solar Cell Performance. Advanced Materials, 2014, 26: 4653-4658.

[86] Gangishetty M K, Scott R W J, Kelly T L, et al. Effect of relative humidity on crystal growth, device performance and hysteresis in planar heterojunction perovskite solar cells. Nanoscale, 2016, 8: 6300-6307.

[87] Chen L, Wang J R, Xie L Q, et al. Compact layer influence on hysteresis effect in organic-inorganic hybrid perovskite solar cells. Electrochemistry Communications, 2016, 68: 40-44.

[88] Nagaoka H, Ma F, Quilettes D W., et al. Zr Incorporation into TiO_2 Electrodes Reduces Hysteresis and Improves Performance in Hybrid Perovskite Solar Cells while Increasing Carrier Lifetimes. The Journal of Physical Chemistry Letters, 2015, 6 (4): 669-675.

[89] Huang C, Liu C, Di Y, et al. Efficient Planar Perovskite Solar Cells with Reduced Hysteresis and Enhanced Open Circuit Voltage by Using PW_{12}-TiO_2 as Electron Transport Layer. ACS Applied Materials & Interfaces, 2016, 8: 8520-8526.

[90] Heo J H, You M S, Chang M H, et al. Hysteresis-Less Mesoscopic $CH_3NH_3PbI_3$ Perovskite Hybrid Solar Cells by Introduction of Li-treated TiO_2 electrode. Nano Energy, 2015, 15: 530-539.

[91] Kim H S, Jang I H, Ahn N, et al. Control of I-V Hysteresis in $CH_3NH_3PbI_3$ Perovskite Solar Cell. The Journal of Physical Chemistry Letters, 2015, 6: 4633-4639.

[92] Jena A K, Chen H W, Kogo A, et al. The Interface between FTO and the TiO_2 Compact Layer Can be one of the Origins to Hysteresis in Planar Heterojunction Perovskite Solar Cells. ACS Applied Materials & Interfaces, 2015, 7: 9817-9823;

[93] 余鹏. 基于表面等离子增强的量子点太阳能电池的研究. 成都: 电子科技大学, 2015.

[94] Luque A, Marti A, Nozik A J. Solar cells based on quantum dots: multiple exciton generation and intermediate bands. Mrs Bulletin, 2007, 32 (3): 236-241.

[95] Nozawa T, Arakawa Y. Detailed balance limit of the efficiency of multilevel intermediate band solar cells. Applied Phys-

ics Letters, 2011, 98 (17): 3.

[96] Semonin O E, Luther J M, Choi S, et al. Peak external photocurrent quantum efficiency exceeding 100% via MEG in a quantum dot solar cell. Science, 2011, 334 (6062): 1530-1533.

[97] Pandey A, Guyot-Sionnest P. Slow electron cooling in colloidal quantum dots. Science, 2008, 322: 929-932.

[98] Laghumavarapu R B, El-Emawy M, Nuntawong N, et al. Improved device performance of InAs/GaAs quantum dot solar cells with GaP strain compensation layers. Applied Physics Letters, 2007, 91: 3.

[99] Sablon K A, Little J W, Mitin V, et al. Strong enhancement of solar cell efficiency due to quantum dots with built-in charge. Nano Letters, 2011, 11: 2311-2317.

[100] Sun W T, Yu Y, Pan Y, et al. CdS quantum dots sensitized TiO$_2$ nanotube-array photoelectrodes. J Am Chem Soc, 2008, 130: 1124.

[101] Wang Hua, Bai Yusong, Zhang Hao, et al. CdS quantum dots-sensitized TiO$_2$ nanorod array on transparent conductive glass photoelectrodes. The Journal of Physical Chemistry C, 2010, 114: 16451-16455.

[102] 刘英博. 基于多孔 TiO$_2$ 光阳极的量子点敏化太阳能电池. 天津: 天津大学, 2015.

[103] 胡璟璐, 徐婷婷, 陈立新, 等. ZnO 材料在染料/量子点敏化太阳能电池中的研究进展. 功能材料, 2016, 47 (12): 12083-12089.

[104] Zhitomirsky D, Voznyy O, Hoogland S, et al. Measuring charge carrier diffusion in coupled colloidal quantum dot solids. ACS Nano, 2013, 7: 5282-5290.

[105] Kramer I J, Sargent E H. Colloidal quantum dot photovoltaics: A path forward. ACS Nano, 2011, 5: 8506-8514.